スッキリわかる

サーブレット &JSP 入門 第3版

国本大悟・著
株式会社 フレアリンク・監修

インプレス

本書をスムーズに読み進めるためのコツ！

・本書掲載の主要なソースコードは**特設サイト「sukkiri.jp」**からダウンロード可能です。また、解説中に登場するツールの導入手順は「sukkiri.jp」で解説していますのでご参照ください（詳細は p.4 参照）。

・「ソースコードをちゃんと入力しているのにうまくいかない」「なぜか警告が出る」などの問題が起きましたら、まずは、陥りやすいエラーや落とし穴をまとめた**巻末付録「エラー解決・虎の巻」**(p.453)をご確認いただくと、解決できる場合があります。

インプレスの書籍ホームページ

書籍の新刊や正誤表など最新情報を随時更新しております。

https://book.impress.co.jp/

まえがき

　これまで、筆者は新入社員をはじめ多くのエンジニアの方々を対象に、「サーブレット／ JSP」の学習を 15 年近くお手伝いさせていただきました。しかし、すべての方が学習を順調に進められたわけではありません。なかなか思うように学習が進まず苦悩する姿も目にしてきました。そのような姿を見てきて、楽しく学ぶために何らかのサポートができないものかと思い悩み、その結果生まれたのが本書です。

　執筆に際しては、特に以下の 3 点を意識しています。

1.「楽しく」学べる

　「サーブレット／ JSP」は Java の応用分野のためか、関連する本は解説が難しいものが多い印象があります。本書は、『スッキリわかる Java 入門』シリーズで好評の親しみやすいイラストと会話を数多く使って紹介しています。MVC モデルといった初心者がつまずきやすい分野も、楽しくマスターできるでしょう。

2.「ひとり」でも学べる

　筆者はこれまでの研修を通じて、「サーブレット／ JSP」の学習の難しさは文法ではなく、トラブルシューティングにあると感じています。研修ならば、エラーが発生しても講師に質問して解決できます。しかし、本での独習ではそうはいきません。そこで本書では、多くの若手エンジニアがよく遭遇するエラーやトラブルと、それらの解決方法を「エラー解決・虎の巻」として巻末にまとめ、ひとりでもトラブルシューティングができるようにできるだけたくさんのヒントを盛り込みました。

3.「実務で役立つ」内容を学べる

　「サーブレット／ JSP」に関するすべての知識や技術を 1 冊の本で紹介するのは非常に困難です。本書では、「サーブレット／ JSP」の開発を行うプロジェクトに配属予定の方に向けて、配属前に学習しておくとよりよい内容を重点的に解説しています。また、インターネット活用の常態化を踏まえ、自力で調査できると思われる詳細な言語仕様の紹介は優先度を下げています。

　この第 3 版では、2022 年にかけて大きく変化した開発環境に対応して、自己学習をよりスムーズに進めやすくしました。また、セキュリティなど現場の実務を意識した内容を追加し、本格的な Web アプリケーションエンジニアへとつながる材料を盛り込んでいます。本書を通じて、読者の皆様が「サーブレット／ JSP」のおもしろさに出会い、ひいてはエンジニアへの第一歩を踏み出すお手伝いができれば、著者としてこれ以上の喜びはありません。

著者

【謝辞】
　本書の企画から発売まで多くのアドバイスとご支援をいただいた株式会社フレアリンクの中山清喬様、飯田理恵子様、インプレス編集部、シリーズ立ち上げに尽力いただいた樋田様、イラストを担当してくださった高田様、私に教え方を教えてくれた教え子の皆さん、応援してくれた家族、その他この本に直接的、間接的に関わったすべての皆さまに心より感謝申し上げます。

sukkiri.jp について

　sukkiri.jp は、「スッキリわかる入門シリーズ」の著者や製作陣が中心となって運営している本シリーズの Web サイトです。書籍に掲載したコード（一部）がダウンロードできるほか、**Web 付録**として本書で紹介しているツール類の導入手順や操作方法を掲載しています。また、プログラミングの学び方やシリーズに登場するキャラクターたちの秘話、新刊情報など、学び手の皆さんのお役に立てる情報をお届けしています。

『スッキリわかるサーブレット& JSP 入門 第 3 版』のページ
https://sukkiri.jp/books/sukkiri_servlet3

スッキリわかる入門シリーズ

　本書『スッキリわかるサーブレット& JSP 入門 第 3 版』をはじめとした、プログラミング言語の入門シリーズ。今後も続刊予定です。

※表紙は変更になる場合があります。

本書の見方

　本書には、理解の助けになるさまざまな用意があります。押さえるべき重要な
ポイントや覚えておくと便利なトピックなどを、要所要所に楽しいデザインで盛
り込みました。読み進める際にぜひ活用してください。

本文中の色文字:
本文中、重要な用語や特に注意したい部分に色を付けました。

アイコン:
各アイコンの示す内容については、このページの下「アイコンの種類」で確認してください。

吹き出し会話:
皆さんと一緒に学ぶ仲間たち(p.15参照)が繰り広げる会話です。学びの場や開発現場でありがちな疑問点やひらめき、さらには重要なヒントが含まれていることも。ぜひお見逃しなく!

コメント:
グレーの文字の部分は**コメント**です。

注目コード:
解説をスムーズに理解するため注目すべき部分です。

予約語:
予約語とそれに準じる語を色つきで表します。

コラム:
本書では詳細に取り上げないものの、知っておくと重宝する補足知識やトリビアなどを紹介します。

コードの背景色:
HTMLとJavaが混在するので、背景色で区別して読みやすくしました。濃い色はJava、薄い色はHTMLのコードです。

各章のまとめ:
その章で学んだことをまとめています。内容を正しく理解できているか確認し、達成度を測るチェック表としても使えます。

各章の練習問題:
各章の章末には練習問題があり、理解度を確認できます。難しいと感じる場合は、もう一度その章を読み返すとよいでしょう。

アイコンの種類

構文紹介:
構文の記述ルールと文法上の留意点などを紹介します。

ポイント紹介:
本文の解説で、特に重要なポイントをまとめています。

CONTENTS

第 Ⅱ 部 　**開発の基礎を身に付けよう**

CONTENTS

第 III 部　本格的な開発を始めよう

CONTENTS

第 V 部 設計手法を身に付けよう

CONTENTS

COLUMN

前提とするソフトウェアとバージョン

本書で使用している開発環境は、次のソフトウェアを前提としています。

- ・Eclipse 2022
- ・Apache Tomcat 9
- ・Java 17

※本書は、Java の基礎知識（姉妹書『スッキリわかる Java 入門 第 3 版』または同等程度）を持つ読者を対象としています。

サーブレット/
JSPを
学ぶにあたって

インターネット利用の日常化に伴い、アプリケーションの形態も変わりました。以前は利用者のコンピュータにインストールして利用する「デスクトップアプリケーション」が当たり前でしたが、今ではインストール不要かつブラウザで利用可能な「Webアプリケーション」が広く普及しています。

本書では、プログラミング言語JavaでWebアプリケーションを開発するための技術を学んでいきます。まずはその全体像と学習のロードマップを見てみましょう。

CONTENTS

0.1 Web アプリケーション開発を学ぼう

Web アプリケーションとは、Web のしくみを利用して動作するアプリケーションです。ホームページのようにインターネットなどのネットワーク上に公開されており、ブラウザから利用できます。

インターネット上にはさまざまなサービスが Web アプリケーションで提供されています。SNS、ショッピングサイト、インターネットバンキング、Wiki、ブログ、電子掲示板、Web 検索、Web メール、地図、乗換案内など、いまや日常生活に欠かせないものばかりです。企業でも、受発注、経理、顧客管理、営業支援などのシステムが Web アプリケーション化されています。

このように Web アプリケーションが急激に広まった要因としては、高速で安価なインターネット環境と、タブレットやスマートフォンなどの手軽に接続できるデバイスの普及が挙げられます。「いつでもどこでも快適に Web アプリケーションが利用できる」環境は今後も進化を続け、Web アプリケーションの重要性はさらに高まっていくでしょう。

図 0-1　Web アプリケーションで提供されるさまざまなサービス

0
章

　このような Web アプリケーションを作れるようになるには、**プログラミング言語のほかにも Web ページやサーバなどに関する幅広い知識が必要**です。そのため、敷居が高いと感じてしまう人が多いことは否めません。

　そこで本書では、まず基礎をしっかりマスターできるよう、次ページで紹介するロードマップに従って、1 つひとつのテーマに集中して解説しています。また、**よくあるミスやトラブルの解決に役立つ付録「エラー解決・虎の巻」も用意**しました。ぜひ学習に活用してください。

0.1.2　一緒に学ぶ仲間たち

　本書で皆さんと一緒に Web アプリケーション開発を学ぶ 2 人と、彼らを指導する先輩を紹介しましょう。

朝香 あゆみ(25)
湊の同期で一緒にJavaの基礎を勉強した仲。

菅原 拓真（32）
経験豊富なエンジニア。さまざまな開発のプロジェクトで頼りにされるエキスパート。開発のかたわら若手エンジニアの教育係もしており、湊と綾部のWebアプリケーション開発の教育も担当。結構お酒好き。

綾部 めぐみ(22)
入社1年目。関西出身で菅原の従妹。入社時にはJavaの基礎はすでにマスターしており新人研修では首席。ただ、まだ学生気分が抜けていない面もある。Webアプリケーションの開発経験はなく、湊と一緒に学習を命じられる。

湊 雄輔(23)
入社2年目。入社まではプログラムの経験はなく、入社1年目にJavaのプログラミングや開発について菅原に学ぶ。お調子者だったが、2年目になり少しは落ち着いたようす。しかし相変わらず難しいことはちょっと苦手。

0.1.3 　Web アプリケーション開発習得のロードマップ

　これから私たちは、湊くんや綾部さんと一緒に、全5部14章を通じて、Web アプリケーション開発の基礎から応用までを学びます。

　第Ⅰ部「Web のしくみを知ろう」では、Web アプリケーションを開発する上で必要となる Web ページやサーバといった Web のしくみを学習します。この部では HTML という言語を使って Web ページを作成します。

　第Ⅱ部「開発の基礎を身に付けよう」では、Java 言語を用いた Web アプリケーション開発の基礎を学びます。特に、Web アプリケーション開発の中核となる2つの技術、サーブレットと JSP の基礎を、簡単なプログラムの作成を通してしっかり理解しましょう。

0
章

　第 III 部「本格的な開発を始めよう」では、実用に耐える規模と複雑さを持つ Web アプリケーションの開発に欠かせない基礎知識を学びます。部の終わりには、それまで身に付けた知識を使って、つぶやき投稿ができる Web アプリケーションを作成します。

　第 IV 部「応用的な知識を深めよう」では Web アプリケーションの開発効率をさらに上げるだけでなく、より高度な Web アプリケーションの作成に役立つ、さまざまな応用知識を身に付けます。

　最後の第 V 部「設計手法を身に付けよう」では、文法やしくみから離れて、自分が望む Web アプリケーションを作成するための方法と手順を学びます。業務の現場で使用する本格的なものではありませんが、初学者にとって敷居が低く、実践しやすい設計手法を紹介します。ぜひ今後の Web アプリケーション開発に役立ててください。

Web のしくみを知ろう

Web ページを作ってみよう

 菅原さん、またよろしくお願いします。

 兄さん、私もよろしく。

 会社では「菅原さん」だぞ。ん？　湊くん、どうしたんだい？

僕、Java でも苦労したのに、Web アプリケーションなんてもっと
難しそうだし、ついていけるか心配で……。

 基礎からゆっくりやるから大丈夫だよ。楽しみながらやろう！

はい！　よろしくお願いします。

　第1部では、まず、Web アプリケーションの基礎となる Web のしくみの学習から
始めます。Web のしくみを理解すれば、Web ページを作って世界中に公開できるよう
になります。ちょっとワクワクしませんか。楽しみながら学習を進めましょう。

第1章

HTMLと Webページ

それでは Web アプリケーションの開発について学んでいきましょう。初めの一歩は、Web ページを記述するための言語「HTML」です。言語といっても難しく考える必要はなく、基本的な内容は簡単に習得できます。Web ページの作成を気軽に楽しみながら、学習していきましょう。

CONTENTS

1.1　WebページとHTML

1.1.1　Webアプリケーション開発の基礎知識

それでは、一緒にWebアプリケーション開発を学んでいこう。この技術を習得すれば、ブラウザで動くいろんなアプリケーションを作れるようになるよ。

ということは、僕が毎日使ってるつぶやきアプリみたいなものも作れるようになるんですか！？

そうだよ。でも、すぐにアプリ開発に取りかかるわけじゃない。まずはWebページの作り方から始めよう。

WebページとWebアプリケーションって何か関係があるん？

もちろん関係あるよ。WebページはWebアプリケーションの画面になるんだからね。

　これから学習するWebアプリケーションは、プログラミング言語（本書ではJava）の知識だけでは作成できません。特にWebページに関する知識は必須です。なぜなら、Webアプリケーションの画面は、Webページで作成されているからです。この章では、Javaはひとまず置いておき、まずはWebページを作成するために必要な知識を学習しましょう。

1.1.2　HTML とブラウザ

　Web ページを作成するのに必要なものが 2 つあります。1 つ目は **HTML**（HyperText Markup Language）です。HTML は **Web ページを記述する言語**です。

> また新しい言語を覚えないといけないのか……。

> Java に比べたらとても簡単だよ。この章だけで文法の基礎はマスターできるからね。

> そらまたエラい簡単そうやね。ちょっと気がラクになったわ。

　2 つ目が**ブラウザ**です。ブラウザは、**HTML で記述された「Web ページ」を表示**します。代表的なブラウザとして、「Microsoft Edge」「Google Chrome」「Mozilla Firefox」「Safari」があります。本書では広く利用されている Google Chrome を使用しますが、使い慣れているほかのブラウザでもかまいません。

> いつもブラウザで見ている Web ページが、HTML という言語で作られてるってことか……。なんかピンとこないなあ。

> よし、実際に見てみよう。

　ブラウザには、Web ページが HTML でどのように記述されているかを表示する機能があります。Google Chrome では画面上で右クリックし、ポップアップメニューから「ページのソースの表示」を選ぶと、開いている Web ページの HTML を表示します（次ページの図 1-1）。

図1-1　WebページのHTMLを表示する

　この機能を使って実際にWebページを開き、そのページのHTMLを見てみましょう。次に挙げる例は、本書と同シリーズの『スッキリわかるJava入門 第3版』を紹介するWebページのHTMLの一部です（図1-2、次ページのコード1-1）。

図1-2　『スッキリわかるJava入門 第3版』を紹介するWebページ
（https://book.impress.co.jp/books/1119101083）

1
章

コード 1-1　『スッキリわかる Java 入門 第 3 版』の HTML

```
1  <!DOCTYPE html>
2  <html lang="ja" dir="ltr">
3  <head>
4  <meta charset="utf-8" />
5  <title>スッキリわかるJava入門 第3版 - インプレスブックス</title>
…(省略)…
6  </head>
7  <body class = "module-sub-page">
…(省略)…
8  <p>基礎からオブジェクト指向まで、「なぜ？」が必ずわかる解説と、約300点
   の豊富なイラストで、スッキリマスターできる大人気Java入門書の改訂版登
   場。…(省略)…</p>
…(省略)…
9  </body>
10 </html>
```

「<」と「>」で囲まれた、見慣れないテキストが表示されていますね。これが
「HTML」です。**ブラウザはこの HTML を読み込み、Web ページとして表示する機能
を持っています**（図 1-3）。皆さんもブラウザで好きな Web ページを開いて、その
HTML を表示してみましょう。HTML の意味は今の段階でわかる必要はありま
せん。

図 1-3　HTML を読み込んで Web ページを表示する

Web ページの正体って、ただのテキストデータだったんや！

Word のような特別なデータだと思ってたよ。

　繰り返しになりますが、Web アプリケーションを作るには、まず、この「HTML」を使った Web ページの作成が必要です。そのために、この章で次の 2 つを学んでいきましょう。

・HTML 自体の基本的な文法（1.2 節）
・HTML で利用可能なさまざまなタグ（1.3 節）

 まずは文法を解説するよ。その後に、実際に HTML を使って Web ページを作成する練習をするからね。

はい！

Web ページの正体は HTML
・Web ページは HTML で作られている。
・ブラウザは HTML を読み込んで Web ページを表示する。

1.2　HTMLの基本文法

1.2.1　タグとは

　早速 HTML の文法を学習しましょう。HTML は言語といえども文法はいたってシンプルで、**タグ**と**属性**という 2 つの文法を覚えるだけです。それを身に付ければ、すぐに Web ページを作れるようになります。

> Web ページを作れるようになるなんて！　ワクワクしてきたわ♪

> 最高にかっこいい僕の自己紹介ページを作ってやるぞ！

　まずは「タグ」について解説します。「タグ」とは Web ページの構成要素を表すもので、下記の構文で記述します。

タグの書式

　開始タグと終了タグのペアで囲む、これがタグの文法です。開始タグと終了タグで囲まれた部分を「内容」といい、タグと内容を併せて「**要素**」と呼びます（「要素」全体を指して「タグ」と呼ぶこともあります）。
　HTML には多種多様なタグが用意されており、それらを使用すれば、**タイトル、**

段落、画像、リンクといった Web ページを構成する要素の作成や設定が可能です（図1-4）。たとえば、「title タグ」で Web ページのタイトルを、「p タグ」で段落を作成できます。title タグと p タグの使用例を次に挙げておきます。

・title タグ（title 要素）の使用例

```
<title> 湊日記 </title>
```

・p タグ（p 要素）の使用例

```
<p>今日は久しぶりに同期の朝香さんとご飯を食べに行きました。</p>
```

図1-4　Web ページの構成要素とタグ

　タグの中には内容を持たないものがあります。図 1-4 では、改行の br タグと画像の img タグがそれです。そのようなタグを**空要素**と呼びます。空要素は次のいずれかの方法で記述します。

空要素の書式

① <タグ名>

② <タグ名 />

※①は終了タグを省略した書き方。

※②は開始タグと終了タグを一緒にした書き方。本書では①の方法で空要素を記述。

たとえば、改行を表す br タグは、次のいずれかの方法で書けます。

・br タグの使用例

```
<br>
<br />
```

1.2.2　属性とは

これで HTML の文法の半分は紹介したよ。残りは「属性」だね。

「属性」とは、タグに加える補足的な情報です。次の構文で記述します。

属性の書式

<タグ名 属性名="値">…</タグ名>

どのような属性を加えられるかはタグによって異なります。たとえば、段落を作る p タグに「style」という属性を加えれば、次ページの図 1-5 のように、段落内での文字の揃え方を指定できます。

図 1-5　style 属性

　1 つのタグに複数の属性を加える場合は、半角スペースで区切ります。

　属性の書式（複数の属性を指定）

<タグ名 属性名="値" 属性名="値">…</タグ名>

1.2.3　HTML の基本構造

　これで HTML の基本的な文法の紹介は終わりです。とはいえ、テキストファイルにひたすらタグを書いていけば Web ページができあがる、というわけではありません。

　Java のプログラムを作成するには「クラス」や「main メソッド」という必要不可欠な基本構造があったように、HTML にも基本構造があります。その**基本構造に沿ってタグを書いていく必要がある**のです。

　必ず書かないといけない、というものがあるんやね。

　Java と一緒でまずは形で覚えたらいいよ。

図1-6　HTML の基本構造

　HTML の基本構造は、DOCTYPE 宣言と、html、head、body の 3 つの特別な
タグ（要素）で成り立っています。それぞれ次のような意味があります。

・DOCTYPE 宣言
HTML ファイルであることを宣言します。

・html タグ（html 要素）
HTML 全体をこのタグで囲む必要があります。タグの内容に head タグと
body タグを記述します。

・head タグ（head 要素）
タグの内容に、タイトル、文字コード、作者などの Web ページに関する情報
を記述します。ただし、タイトル以外の情報はブラウザに表示されません。

・body タグ（body 要素）
タグの内容に、ブラウザに表示される Web ページの本体を記述します。

　DOCTYPE 宣言は、このファイルが HTML 文書であることを宣言し、ブラウザ
に HTML として解釈するように要求します。DOCTYPE 宣言は必ず次のコード
1-2 のように書きます。

コード 1-2　DOCTYPE 宣言

```
<!DOCTYPE html>
```

　ざっくりいってしまえば、この節で紹介した **HTML の基本構造はお約束**です。
難しく考え過ぎず、形で覚えてしまいましょう。

これで Web ページを作るための基礎知識が身に付いたね。続いて、
実際に Web ページを作ってみよう。

待ってました！

DOCTYPE 宣言がない場合

　DOCTYPE 宣言がない場合は、各ブラウザはそれぞれの仕様に従って表示し
ます。このとき、同じ HTML ファイルに対して、ブラウザ A では正しく解釈さ
れても、ブラウザ B では正しく解釈されない可能性があります。このような事態
を避けるため、**業務に関わる Web ページを作成する場面では必ず DOCTYPE
を宣言しましょう。**

1.3　Webページの作成

1.3.1　基本的なタグ

> なんや、HTMLってルール自体は簡単やな。

> でも、実際にどんなタグを使っていけばいいんだろう？

　ここまで、私たちは HTML に関する基本的な記述ルールを学びました。あとは、HTML に用意されているタグを記述していけば Web ページができあがります。次の表 1-1 では、その中でも特に基本的なタグをまとめています。

　なお、私たちが普段見るような洗練されたページを作るには、これ以外にも非常にたくさんの種類のタグを知り、適切に利用する必要があります。

表1-1　基本的なタグ

使う場所	タグ名	意味
文書全体	html	HTML で記述された文書
html タグ内	head	Web ページの情報
	body	Web ページの本文
head タグ内	meta	文字コードの指定など
	title	タイトル
body タグ内	h1	見出し
	p	段落
	br	改行
	a	ハイパーリンク
	table	表組
table タグ内	tr	表組内の行
tr タグ内	td	表組内のデータ
	th	表組内の見出しデータ

最初からすべてのタグを覚えたり、使えたりする必要はないよ。まずは表 1-1 のタグをしっかり押さえておこう。

　それでは、表 1-1 に挙げた基本的なタグを使用して、自己紹介の Web ページを作ってみましょう。「スッキリメンバー一覧」ページと「湊　雄輔のプロフィール」ページを作成し、リンクでページ遷移ができるようにします（図 1-7）。

図 1-7　スッキリメンバー一覧ページと湊くんの自己紹介ページ

1.3.2　Web ページ作成の手順とルール

図 1-7 の Web ページの作成は、次の手順で行います。

①ファイルに HTML を入力

「メモ帳」などのテキストを入力できるエディタで HTML を入力します。タグ名や属性は**大文字／小文字のどちらでもかまいませんが、必ず半角で書きます**。

②ファイルを保存

HTML が入力できたらファイルを保存します。内容が HTML で書かれたファイルを **HTML ファイル**といい、次のルールに従う必要があります。
・ファイル名には半角英数や「_」（アンダーバー）、「-」（ハイフン）を使用する。
・拡張子は「.html」または「.htm」にする。

また、ほとんどのエディタでは保存時にファイルの文字コードを指定できます。**本書ではファイルの文字コードに「UTF-8」を使用**します。エディタとしてメモ帳を

使う場合は、図 1-8 に示した箇所で指定できます（文字コードについて不安があれば、下記のコラム「文字コード」を参照してください）。

図 1-8　HTML ファイルの保存時に文字コードを指定できる（メモ帳の場合）

文字コード

　すべての文字には**文字コード**が割り当てられています。たとえば、「あ」の文字コードは「1000001010100000」です。テキストファイルに「あ」を書いて保存すると、実際にはこの「1000001010100000」が保存されます。そして文字を表示するときは「1000001010100000」を「あ」に戻して表示しています。

　どの文字にどの文字コードを割り当てるかを決めたルールを**文字コード体系**（エンコード）といいます。日本語を表現する文字コード体系は複数存在しますが、「Shift_JIS」「Windows-31J」「EUC-JP」「UTF-8」が代表的です。多くのエディタでは、ファイルの保存時にどの文字コード体系を使用するかを指定できます。本書では、近年の実質的な国際標準である「UTF-8」を使用します。

　使用する文字コード体系が違えば、同じ「あ」でも適用される文字コードが異なります。先述の「1000001010100000」は Shift_JIS の例です。EUC-JP の場合は「1010010010100010」、UTF-8 の場合は「111000111000000110000010」になります。このため、**保存時と読み込み時に使用する文字コード体系が一致していないと、正しく文字が表示されない現象、いわゆる「文字化け」**

が発生します。

　なお、文字コード体系は単に文字コードと一般的に呼ばれるので、本書でも
そのように呼びます。

1.3.3　HTML ファイルの作成

　前項で紹介した手順とルールを意識して、各 HTML ファイルを作成してみま
しょう。まずは湊くんの紹介ページからです（コード 1-3）。

コード 1-3　湊くんの自己紹介ページ

minato.html

```
1   <!DOCTYPE html>
2   <html>
3   <head>
4   <meta charset="UTF-8">　──①
5   <title>スッキリメンバーの紹介</title>　──②
6   </head>
7   <body>
8   <h1>湊　雄輔のプロフィール</h1>　──③
9   <p>　──④                       ⑤
10  入社2年目の23歳。<br>入社まではプログラミングの経験はなく、入社1
    年目にJavaのプログラムを菅原に教えてもらう。<br>難しいことはちょっ
    と苦手。でも、、かっこよくて、最高！
11  </p>
12  <a href="memberList.html">一覧へ戻る</a>　──⑥
13  </body>
14  </html>
```

このコードで使用しているタグ（コード中の①～⑥）について、次に解説します。

① meta タグ（ブラウザの文字コード）

HTML ファイルの文字コードを設定します。これにより、文字化けの可能性を減らせます。また、このタグは空要素なので終了タグを省略できます。

② title タグ（タイトル）

Web ページの**タイトル**を作成します。タイトルはブラウザのタブに表示されます。また、インターネット検索でのキーワードとして重視されます。

③ h1 タグ（見出し）

Web ページの**見出し**を作成します。見出しには 1（最上位）〜 6（最下位）のランクを付与でき、タグ名の「h」に続けて記述する数値で指定します。たとえば、h1 タグは最上位ランクの見出しです。ランクによって、重要度や表示される文字の大きさが変わります。

④ p タグ（段落）

Web ページ内に**段落**を作成します。1 ページに複数の段落を作成できます。

⑤ br タグ（改行）

文章を**改行**します。このタグを使わず、テキストファイルで文章を改行するように HTML ファイルで単純に改行しても、ブラウザでは改行されません。また、このタグは空要素なので終了タグを省略できます。

⑥ a タグ（ハイパーリンク）

Web ページの大きな特徴である**ハイパーリンク**（単に「リンク」とも呼ばれる）を作成します。href 属性にリンク先となる Web ページの HTML ファイルを指定します。コード 1-3（p.36）の 12 行目でリンク先に指定しているファイルはこの後で作成します。

よし、できた！　……はず。

　次に、開発メンバー一覧の Web ページを作成します（次ページのコード 1-4）。このファイルはコード 1-3 と同じフォルダに保存してください。

第Ⅰ部

コード1-4　スッキリメンバー一覧ページ

memberList.html

```
1   <!DOCTYPE html>
2   <html>
3   <head>
4   <meta charset="UTF-8">
5   <title>スッキリメンバーの紹介</title>
6   </head>
7   <body>
8   <h1>スッキリメンバー一覧</h1>
9   <table border="1">            ①
10    <tr>                        ②
11      <th>名前</th>              ③
12      <th>年齢</th>
13    </tr>
14    <tr>
15      <td><a href="minato.html">湊　雄輔</a></td>   ③
16      <td>23</td>
17    </tr>
18    <tr>
19      <td>綾部　めぐみ</td>
20      <td>22</td>
21    </tr>
22    <tr>
23      <td>菅原　拓真</td>
24      <td>32</td>
25    </tr>
26  </table>
27  </body>
28  </html>
```

＊表組を作成する9〜26行は、字下げしてコードを見やすくしています。

ここで使用しているタグ（コード中の①〜③）について、次に解説します。

① table タグ

表組を作成します。枠線を表示したい場合は、border 属性で 1 を指定します。表組は、行、見出しデータ、データから構成されており、それぞれを次の②、③のタグで作成します。

② tr タグ

表組内で**行**を作成します。必ず table タグ内に書く必要があります。

③ th タグと td タグ

th タグは**見出しデータ**、td タグは**データ**を作成します。これらのデータは表の枠（セル）内に表示されます。どちらも必ず tr タグ内に書きます。

1.3.4　Web ページの表示

作成した HTML ファイルを保存できたら、ブラウザで読み込んで、Web ページを表示させてみましょう。この作業を、「HTML を実行する」ともいいます。表示は、次のいずれかの方法で行えます。

・HTML ファイルをダブルクリックしてブラウザを起動する。
・ブラウザのメニューからファイルを開く（Google Chrome の場合、ファイルメニュー→ファイルを開く）。
・ブラウザを起動しておき、HTML ファイルをドラッグ＆ドロップする（ブラウザによってはできないものがある）。

よっしゃ、メンバー一覧のページが表示された！

あれ、僕の自己紹介ページは真っ白……。

Web ページが表示されたら、図 1-7（p.34）のような結果になるかを確認しましょう。もし、ページが空白になったり、文字化けしたりした場合は、次の 1.3.5 項と 1.3.6 項を参考に解決してください。

1.3.5 空白の Web ページが表示される

表示された Web ページが空白の場合、HTML の記述に誤りがあります。湊くんが書いた HTML のどこが間違っているのでしょうか（コード 1-5）。

コード 1-5　湊くんの自己紹介ページ（間違いあり）

minato.html

```
1   <!DOCTYPE html>
2   <html>
3   <head>
4   <meta charset="UTF-8">
5   <title>スッキリメンバーの紹介<title>
6   </head>
7   <h1>湊　雄輔のプロフィール</h1>
8   <p>
9   入社2年目の23歳。…（中略）…でも、、かっこよくて、最高！
10  </p>
11  <a href="memberList.html">一覧へ戻る</a>
12  </body>
13  </html>
```

ミナト先輩はかっこよくも最高でもないから……。

それは関係ないだろ！　あっ、title の終了タグに「/」を忘れてた。

1
章

 </head> の後に、<body> も抜けてるよ。

　湊くんのうっかりを含め、HTML を学び始めた人がやりがちなミスを次にまとめました。空白のページが表示されたら参考にしてください。

 やってしまいがちなミス

・タグが正しく閉じられていない。

> <title> 湊　雄輔のプロフィール <title>　→終了タグに「/」がない

> <title> 湊　雄輔のプロフィール </titl>　→タグのつづりの誤り

・属性の間の半角スペースが全角になっている。

> <p align="center"□valign="top"> こんにちは </p>

・属性の半角ダブルクォーテーションが全角になっている。

> <p align="center"> こんにちは </p>

1.3.6　文字化けした Web ページが表示される

 あかん！　できてると思ってたけど、自分の自己紹介ページはめちゃくちゃやわ！

文字化けだね。これもよくやってしまうから直し方を紹介しておこう。

　作成したWebページを表示すると「文字化け」が発生する場合があります（図1-9）。これは、HTMLの文字コードとブラウザが使う文字コードの不一致が原因です（コラム「文字コード」、p.35）。

図1-9　文字化けの原因

　この不一致は、HTMLファイルの文字コードをブラウザに伝えていないことが原因です。metaタグを使用すればHTMLファイルの文字コードをブラウザに伝えられるので、忘れずに入れるようにしましょう（コード1-3の①、p.36）。

　また、metaタグで伝えた文字コードと、実際にHTMLファイルで使用する文字コードが一致している必要もあります。もし誤った文字コードを指定して保存してしまった場合は、正しい文字コードを指定して保存し直しましょう。多くのエディタの場合、ファイルメニューから「名前を付けて保存」を選択すれば、文字コードの指定をやり直せます（図1-8、p.35）。

metaタグを入れるのを忘れてたわ。

開発にミスはつきものだよ。ミスをした分だけ成長できるから、失敗を恐れずどんどんチャレンジしていこう！！

1.4　HTML リファレンス

よし。いい感じに私のプロフィールページもできたで。

　文字化けを修正した綾部さんは、自己紹介のページを正しく作成できたようです（図 1-10、コード 1-6）。

図 1-10　綾部さんの自己紹介ページ（コード 1-6 の実行結果）

コード 1-6　綾部さんの自己紹介ページ

`ayabe.html`

```
1  <!DOCTYPE html>
2  <html>
3  <head>
4  <meta charset="UTF-8">
5  <title>スッキリメンバーの紹介</title>
6  </head>
7  <body>
8  <h1>綾部　めぐみのプロフィール</h1>
9  <table border="1" style="width:400px">
```

```
10   <tr bgcolor="silver">
11   <th>写真</th><th>プロフィール</th>
12   </tr>
13   <tr>
14   <td><img src="ayabe.jpg" width="75" height="100" alt="綾部めぐみ
     の写真"></td>
15   <td>
16   <p>入社1年目の22歳。関西出身。入社時にはJavaの基礎はすでにマスター
     しており、新人研修は首席卒業。<br>Webアプリケーションの開発経験は
     まだなく、湊と一緒に開発を命じられる。菅原の従妹。</p>
17   </td>
18   </tr>
19   </table>
20   <hr>
21   <a href="memberList.html">一覧へ戻る</a>
22   </body>
23   </html>
```

すごい。画像を入れるとか、教えてもらっていないタグがあるけど、
どうやったの？

文法が簡単だから、リファレンスで調べながら書きました。

　HTML には多くのタグが用意されていますが、本書で扱うタグは基本的なも
のばかりです。ほかに**どのようなタグがあるのか、タグを使ってどんなことができる
のかなどを調べるには、HTML リファレンス（辞典）を利用**しましょう。HTML リファ
レンスには、次に挙げるような書籍やインターネット上で公開されている Web
サイトが多くあります。自分に合ったものを見つけましょう。

・『できるポケット Web 制作必携 HTML&CSS 全事典 改訂 3 版』加藤善規 (2022)インプレス

Web コンテンツの基盤技術である HTML や CSS について、要素や属性、プロパティや設定値などを詳細に解説しています。

・HTML クイックリファレンス（http://www.htmq.com/）

HTML の基本からリファレンスや色見本まで、豊富なサンプルとともに、初心者にもわかりやすく紹介しています。

なお、HTML5 はすでに廃止されましたが、現在の仕様と大きな違いはなく、初学者が利用するには大きな支障はないでしょう（コラム「HTML5 と Living Standard」、p.50）。

CSS と style 属性

　CSS（Cascading Style Sheet）とは、HTML の要素をどのように表示するかを指定するための言語です。CSS を使うことでサイズ・色・枠線・文字の揃え方・余白といった見栄えに関するスタイルを詳細に指定できます。CSS は HTML タグの style 属性で次のように使用します（これ以外の方法もあります）。

```
<タグ style="CSSによるスタイル指定">…</タグ>
```

　これを使用したのが図 1-5（p.30）の段落の文字揃えです。このような見栄えに関する指定は、CSS を使わなくても、一部の HTML タグに限っては属性で指定することもできます。たとえば、図 1-5 の段落の文字揃えは、p タグの align 属性でも指定できます（下記は中央揃えの例）。

```
<p align="center">…</p>
```

　しかし、このような属性による見栄えの指定は、現在の HTML 規格ではほとんど使用できません（例外的に table タグの border 属性などが残っているのみです）。そのため、Web ページの見栄えは CSS で指示する必要があります。

第Ⅰ部

1.5　この章のまとめ

HTML による Web ページの作成

・HTML は Web ページを記述する言語である。

・ブラウザは HTML ファイルを読み込み、Web ページを表示する。

・タグ（要素）で Web ページの構成要素を作成し、設定する。

・タグには属性で補足的な情報を加えられる。

・DOCTYPE 宣言、html、head、body タグを決められた構造で書く。

HTML の基本的なタグ（表 1-1 再掲）

使う場所	タグ名	意味
文書全体	html	HTML で記述された文書
html タグ内	head	Web ページの情報
	body	Web ページの本文
head タグ内	meta	文字コードの指定など
	title	タイトル
body タグ内	h1	見出し
	p	段落
	br	改行
	a	ハイパーリンク
	table	表組
table タグ内	tr	表組内の行
tr タグ内	td	表組内のデータ
	th	表組内の見出データ

1.6　練習問題

練習 1-1

次の文章の（1）〜（9）に適切な語句を入れてください。

　Web ページの作成には HTML という言語を使用する。HTML は　(1)　を使って、タイトルや段落、画像、リンクといったページの構成要素を作成できる。たとえば、段落を作成する場合は　(2)　、画像を作成する場合は　(3)　を使用する。また、　(1)　には　(4)　で補足的な要素を加えることができ、たとえばリンクの場合、リンクを表す　(5)　に　(6)　という　(4)　を加える必要がある。

　HTML の基本構造は、DOCTYPE 宣言、html タグ、head タグ、body タグで成り立っている。このうち、ページに関する情報を書くのは　(7)　、ページの本体（画面に表示される内容）を書くのは　(8)　である。HTML を Web ページとして表示するには　(9)　というソフトウェアを使用する。

練習 1-2

　次の図のように、「菅原　拓真のプロフィール」（sugawara.html）という Web ページを作成し、コード 1-4（p.38）の「スッキリメンバー一覧ページ」（memberList.html）を変更して、ページ遷移ができるようにしてください。また、コード 1-6（p.43）で作った「綾部　めぐみのプロフィール」（ayabe.html）についてもメンバー一覧ページから遷移できるようにしましょう。

1.7　練習問題の解答

練習 1-1 の解答
(1) タグ　(2) p タグ　(3) img タグ　(4) 属性　(5) a タグ　(6) href
(7) head タグ　(8) body タグ　(9) ブラウザ

練習 1-2 の解答
菅原さんのプロフィールページの解答例を以下に示します。

菅原　拓真のプロフィール

sugawara.html

```
1   <!DOCTYPE html>
2   <html>
3   <head>
4   <meta charset="UTF-8">
5   <title>スッキリメンバーの紹介</title>
6   </head>
7   <body>
8   <h1>菅原　拓真のプロフィール</h1>
9   <p>
10  経験豊富なエンジニア。<br>開発のかたわら、若手エンジニアの教育係
    もしている。<br>実は結構お酒好き。
11  </p>
12  <a href="memberList.html">一覧へ戻る</a>
13  </body>
14  </html>
```

次は、コード 1-4（p.38）の「スッキリメンバー一覧ページ」にリンクタグ（青字の部分）を加えてページ遷移を可能にした解答例です（行番号はコード 1-4 と共通）。

スッキリメンバー一覧ページ（リンクを追加）

memberList.html

```
18      <tr>
19        <td><a href="ayabe.html">綾部　めぐみ</a></td>
20        <td>22</td>
21      </tr>
22      <tr>
23        <td><a href="sugawara.html">菅原　拓真</a></td>
24        <td>32</td>
25      </tr>
```

HTML5 と HTML Living Standard

　現在、HTML のただ 1 つの標準規格とされているのが **HTML Living Standard** です。しかし、2021 年 1 月に廃止されるまで、長らくその役割を担っていたのが **HTML5** でした。

　HTML5 は、前の HTML4 が登場してからおよそ 15 年が経過した 2014 年に発表され、この間、Web サイトの主な目的は単なる情報の閲覧から Web アプリケーションの実行へと大きく広がりました。その実現のため、さまざまな技術が登場し、各ブラウザは独自に機能を拡張しました。それにより、機能が豊富で使いやすい Web サイトが数多く生まれましたが、特定のブラウザでしか意図どおりに動作しないといったブラウザ依存の弊害も発生し、利用者のみならず開発者にも大きな苦労をもたらしました。

　HTML5 には、それまで開発者が苦労してきた部分の改善や、よく使う機能などが多く盛り込まれました。それには、タグの追加や CSS3、JavaScript から操作可能な新しい API なども含まれます。これらを活用すれば、開発が容易になるだけでなく、Web アプリケーションをサーバではなくブラウザ上で動かせるため、Web アプリケーションのアーキテクチャに大きな影響を与えました。

　なお、HTML5 までの規格を定めたのは、**W3C**（World Wide Web Consortium）という Web のしくみそのものを開発した人物が創設した組織でした。HTML Living Standard は、Apple、Mozilla、Opera の開発者たちが設立した **WHATWG**（Web Hypertext Application Technology Working Group）が策定しています。これまで 2 つの団体によっていくつかのバージョンが併存していた HTML ですが、HTML Living Standard に統一されたことで、シンプルで効率的なコードの記述、ブラウザ依存の抑制などのメリットも期待できるでしょう。

第2章

Webのしくみ

この章ではWebページとWebアプリケーションのしくみを学びましょう。専門的な用語が多く登場するため、少し難しく感じるかもしれません。しかし、今後の学習の基礎となるものばかりなので、しっかりと覚えましょう。

CONTENTS ●

第Ⅰ部

2.1 Web ページの公開

2.1.1 Web ページを公開する方法

まずは、作った Web ページを公開してほかの人に見てもらうしくみ
について学ぼう。

　作成した Web ページ（HTML ファイル）を公開するには、**Web サーバ**として機能するコンピュータが必要です。Web サーバは常時稼働してブラウザからのアクセス（要求）を待ち続けます。そしてブラウザからの要求が届くと、要求された HTML ファイルなど Web ページの中身をブラウザに送信します。

　したがって、Web ページを公開するには、**公開したい Web ページの HTML ファイルを Web サーバに配置**しておきます。それにより、ユーザーはブラウザを使って HTML ファイル（Web ページ）を Web サーバに要求し、その内容を受け取って閲覧できるようになります（図 2-1）。

ブラウザからWebサーバへの要求

minato.htmlの中身を
送ってください

了解　minato.html
```
<html>
…
</html>
```

かっこいいって、
普通自分で
言う？

湊プロフィール
入社2年目
かっこよくて…

```
<html>
…
</html>
```

Webサーバ

やった。
見てもらえた

minato.htmlの内容

図 2-1　Web サーバとブラウザ

ブラウザから Web サーバへの要求を**リクエスト**、Web サーバからブラウザへの応答を**レスポンス**といいます。

> この 2 つの用語はこれから何回も登場するよ。絶対覚えよう。

> 要チェックやね！！

2.1.2　リクエストに必要なもの

Web サーバに配置された HTML ファイルには、次のように、**URL** という Web ページの住所が割り当てられます。

```
http://www.example.com/index.html
```
Web サーバのホスト名または IP アドレス　　　　HTML ファイル名

Web ページの閲覧者は、見たい HTML ファイル（Web ページ）がどれなのかを、URL を使ってブラウザに指示します（図 2-2）。

図 2-2　URL を使って閲覧したい Web ページをリクエストする

2.2　Web を支える通信のしくみ

2.2.1　HTTP とは

僕たちが Web ページを見ている裏では、ブラウザと Web サーバが
がんばっていたのか！

普段ブラウザを使ってさまざまなサイトを見ているとき、ブラウザと
Web サーバの間でどんなやりとりがされているか、その舞台裏も紹
介しておこう。

　ブラウザと Web サーバ間の通信のしくみを知っておくと、この後の Web ア
プリケーション開発に役立つので、少し詳しく学習しておきましょう。
　ブラウザと Web サーバは、実際には次ページの図 2-3 に示すように「GET
/index.html HTTP/1.1」や「HTTP/1.1 200 OK」といった文字列を送り合ってい
ます。
　ブラウザと Web サーバ間の通信で、どのようなデータをやりとりするかは、
HTTP というルール（プロトコル）で決められています。図 2-3 のリクエストと
レスポンスも HTTP に従って行われるため、「HTTP リクエスト」「HTTP レスポ
ンス」とも呼ばれます。

好き勝手にやりとりするんやなくて、話し方のルールがあるんやね。

　HTTP の詳細な仕様まで理解する必要はありませんが、まず知っておいてほし
いのは、次ページの図 2-3 の青い文字で表した 3 つの部分です。これらについ
て次項から詳しく説明します。

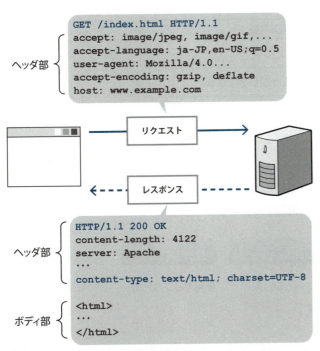

ヘッダ部
```
GET /index.html HTTP/1.1
accept: image/jpeg, image/gif,...
accept-language: ja-JP,en-US;q=0.5
user-agent: Mozilla/4.0...
accept-encoding: gzip, deflate
host: www.example.com
```

リクエスト

レスポンス

ヘッダ部
```
HTTP/1.1 200 OK
content-length: 4122
server: Apache
...
content-type: text/html; charset=UTF-8
```

ボディ部
```
<html>
...
</html>
```

図 2-3　リクエストとレスポンスは文字列のやりとり

うわ、難しそう……。

大丈夫、全部を理解する必要はないよ。

HTTP のバージョン

　HTTP にはバージョンがあり、図 2-3 はバージョン 1.1 の例です。HTTP/2 では、テキストデータではなくバイナリデータでやりとりするなど、通信の効率化が図られています。さらに、2022 年 6 月に標準化された HTTP/3 では、これまでと同等の信頼性を確保しつつ、より高速な通信を実現するしくみを取り入れ、リアルタイム性が求められる時代に即した進化を遂げています。

2.2.2　リクエストの中身

 まず、リクエストから解説するよ。

　図 2-3 (p.55) の「HTTP リクエスト」の 1 行目に注目してください。これは「リクエストライン」と呼ばれ、どの方法でリクエストするか？（リクエストの方法）、何をリクエストするか？（リクエストの対象）、どのプロトコルを使うか？（使用するプロトコル）の 3 つの情報で構成されています（図 2-4）。

リクエストの方法　　　　リクエストの対象　　　　使用するプロトコル

図 2-4　リクエストラインの構成

　この中で最も重要なのは最初の「リクエストの方法」です。リクエストの方法はいくつかあり、どのようなことを Web サーバに要求するかによって使い分けます。図 2-4 は **GET リクエスト**の例です。GET リクエストは、Web サーバから Web ページの情報を取得するときに使用するリクエストメソッドです。

　GET リクエスト以外にも **POST リクエスト**というリクエスト方法もあります。これは、アンケートフォームなどのユーザーが入力した情報をサーバに送りたい場合に使用します。詳しくは第 5 章で紹介しますので、ここでは名前だけ覚えておいてください。

　なお、リクエストの方法は、**リクエストメソッド**とも呼ばれます。

2.2.3　レスポンスの中身

　次に、図 2-3 の「HTTP レスポンス」を見てください。レスポンスで注目する行は 2 つあります。まずは 1 行目です。これは「ステータスライン」と呼ばれ、「リクエストを受けて Web サーバが動作した結果」が表示されています（次ページの図 2-5）。

使用するプロトコル　　　動作結果

図2-5　ステータスラインの構成

2章

ステータスラインの「200」は「問題なく処理されました」という結果を示すコードです。これを**ステータスコード**（または HTTP ステータスコード）といいます。右の「OK」は補足メッセージです。HTTP では非常に多くのステータスコードが定義されていますが、これから目にする機会があるのは主に次のコードです（表2-1）。

表2-1　主なステータスコードと補足メッセージ

ステータスコードと補足メッセージ	意味
200 OK	リクエストが成功した
404 Not Found	リクエストされた対象が見つからない
405 Method Not Allowed	リクエスト対象が、使用したリクエストメソッドを許可していない
500 Internal Server Error	サーバ内部でエラーが発生した

今の段階では表の内容を細かく理解する必要はありません。**Web サーバは、リクエストされた結果どうなったかをステータスコードという数値で返す**ことを知っておいてください。第3章以降でエラーを解決するのに役立ちます。

レスポンスの2行目以降は、「ヘッダ部」と「ボディ部」に分かれます（図2-3、p.55）。ヘッダ部にはWeb サーバがブラウザに送ったレスポンスに関する情報が、ボディ部にはレスポンスのデータの本体が記述されています。

HTML の head タグと body タグに似ているね。

ここで注目してほしいのが、ヘッダ部の最終行にある「content-type: ・・・」です。これを **content-type ヘッダ**といい、ボディ部が何のデータであるかを示しています。

え、そんなのHTMLに決まってるんとちゃうの？

　Webサーバは、HTMLだけでなく、画像や動画、PDFなど、さまざまなデータをレスポンスできます。つまり、ブラウザが受け取るデータはHTMLとは限らないので、データの中身（コンテンツ）がどんな種類なのかという情報がなければ、ブラウザは正しくデータを読み取れません。

　そこで「content-typeヘッダ」が必要になります。ブラウザはボディ部よりも先にヘッダ部を読み取るので、content-typeヘッダの内容からボディ部が何のデータなのかがわかるわけです（図2-6）。

■HTMLをレスポンスする場合

content-type: `text/html; charset=UTF-8`

HTMLの文字コード

■JPEGをレスポンスする場合

content-type: `image/jpeg;`

図2-6　content-typeヘッダ

 今から〇〇を送るよー、と伝えているわけやね。

宅配便の伝票に書く「品名」みたいだね。

 今後作るプログラムでは、content-typeヘッダを自分で設定するよ。

2.3　Web アプリケーションの しくみ

2 章

2.3.1　Web アプリケーション

Web ページを見るだけでも、いろいろなデータをやりとりしてるんだなぁ。

そうだね。そのしくみを活用して Web アプリケーションを作るんだよ。

　それでは、いよいよ Web アプリケーションについて解説していきます。これから学習する**Web アプリケーションとは、アプリケーションを Web サーバで公開し、ブラウザで実行できるようにしたもの**です。それには、これまで解説した HTTP のしくみを利用します。

毎日使っている検索やショッピングサイトも Web アプリケーションなんやね。

　Web アプリケーションが動作した結果、表示される画面が Web ページです。検索やショッピングサイトなどで表示される Web ページは、Web サーバ上に配置された Web アプリケーションの実行結果を HTML として作成し、それをブラウザにレスポンスすることで実現しています（次ページの図 2-7）。
　Web アプリケーションは、インストールが必要な一般的なアプリケーションと違い、ブラウザ経由で実行できるので、ユーザーはブラウザと通信環境さえあれば Web アプリケーションを利用できます。

図 2-7　Web アプリケーションが実行されるしくみ

2.3.2　サーバサイドプログラム

　Web アプリケーションの中核となるのが**サーバサイドプログラム**と呼ばれるプログラムです。

　サーバサイドプログラムは、ブラウザのリクエストによってサーバ上で動作し、その実行結果を HTML でレスポンスします。ユーザーは、ブラウザを通して、サーバサイドプログラムの実行と結果表示を繰り返し、Web アプリケーションを利用します（次ページの図 2-8）。

　サーバサイドプログラムのしくみを実現する技術はいくつかありますが、Java で開発する場合には、「サーブレット」や「JSP」という技術を使用します。

2.3.3　サーブレットと JSP による Web アプリケーション開発

　サーブレットとは、Java を用いてサーバサイドプログラムを実現する技術です。ブラウザから実行できる「サーブレットクラス」という特別なクラスを使用して、サーバサイドプログラムを実現します。

　JSP もまた、Java を用いてサーバサイドプログラムを実現する技術です。サーブレットクラスではなく「JSP ファイル」というプログラムを使用します。

図 2-8　サーバサイドプログラムのしくみ

　図 2-8 の検索や購入のプログラムは、サーブレットであれば「サーブレットク
ラス」、JSP であれば「JSP ファイル」になります。

　用いる技術によって完成したプログラムの種類は異なりますが、どちらを使っ
ても実現できることはほぼ同じです。なぜなら、**JSP ファイルは、実行するとサー
ブレットクラスに変換される**からです。

> やれることが同じなら、2 つある意味がないんちゃう？

> とてもいい疑問だね。その答えは後で明らかになるから、頭の片隅に
> 残しておいてほしい。

　綾部さんと同じ疑問を抱いた人もいるかもしれません。その謎は以降の章で
徐々に解けますので、この章では「Java によるサーバサイドプログラムの実現に
は 2 つのやり方がある」ことをまずは覚えておきましょう。なお、「サーブレッ
トクラス」を「サーブレット」、「JSP ファイル」を「JSP」と呼ぶ場合もあります。

2.3.4　アプリケーションサーバとは

 つまり、Web サーバに「サーブレットクラス」という Java のプログラムを「ポン」と置けばいいんやね。

「ポン」と置くかどうかはともかく、ただの Web サーバじゃダメなんだよ。

　通常の Web サーバは HTTP を使ってブラウザと通信する機能がありますが、プログラムを実行する機能はありません。そのため、Web アプリケーションを動作させるには、**(Web)アプリケーションサーバ**と呼ばれるサーバが必要です。このサーバは Web サーバの機能に加えて、プログラムを実行する機能（実行環境）を持っています。

　特にサーブレットクラスの実行環境は**サーブレットコンテナ**といいます。Java で Web アプリケーションを開発するには、このサーブレットコンテナの機能を持つアプリケーションサーバが必要です。

　つまり、本書におけるアプリケーションサーバとは、Web サーバの機能とサーブレットクラスを実行する機能（サーブレットコンテナ）を持つサーバを指します（以降、単に「サーバ」と表記することもあります）。

図 2-9　アプリケーションサーバの機能

アプリケーションサーバって、どうやって用意したらいいんやろ？

2
章

コンピュータにアプリケーションサーバソフトウェアをインストールして実行すれば、そのコンピュータをアプリケーションサーバとして使用できます。表2-2 に代表的なアプリケーションサーバソフトウェアを挙げます。

表 2-2　代表的なアプリケーションサーバソフトウェア

製品名	開発元
Apache Tomcat（オープンソース）	Apache ソフトウェア財団
Jetty（オープンソース）	Eclipse 財団
WebSphere Application Server（商用製品）	IBM 社
Oracle WebLogic Server（商用製品）	オラクル社

本書では、**Apache Tomcat** をインストールし、図 2-9（p.62）のような動作を実現する環境を準備します（詳しい手順は次節で解説）。このソフトウェアは無料で使用できるため、個人の学習や企業研修などでよく利用されています。

無料なのはありがたいけど、Apache Tomcat 以外を使うことになったら、また勉強し直さないといけないのかな。

湊くんの心配はもっともです。確かに、導入するアプリケーションサーバソフトウェアによって設定方法や使用方法は異なりますが、サーブレットや JSP の文法は標準化されており、**基本的にどのアプリケーションサーバを用いたとしても学んだ文法にもとづいて開発ができる**ので、安心して学習してください。

お疲れさま。これで Web アプリケーション開発に必要な知識の学習は終わったよ。ちょっと難しかったかな？

確かに難しく感じる部分もありました。でも、これでやっとプログラムを作れますね。

うん。でも、その前に開発環境を整えないとね。

Apache Tomcat

　Apache Tomcatは、学習用としてだけでなく、実際にサービスを提供する現場でも高いシェアを占めています。その最大の魅力はコストです。無料で利用できるので、商用のアプリケーションサーバを利用するよりも、構築と保守のコストを大幅に抑えられます。

　機能面では、商用のアプリケーションサーバに比べて劣るところもありますが、その分シンプルで扱いやすく、動作も速いというメリットがあります。不足している機能はほかの製品を組み合わせて補えるので、シンプルなシステム構成でスタートして、必要に応じて拡張して運用できます。

アプリケーションサーバソフトウェアの呼び方

　表2-2（p.63）に挙げたようなアプリケーションサーバーソフトウェアと、サーブレットコンテナ、アプリケーションサーバのそれぞれの用語は、厳密には意味が異なります。しかし、アプリケーションサーバソフトウェアを用いれば、サーブレットコンテナの機能を備えたアプリケーションサーバを構築できるため、アプリケーションサーバソフトウェアを「サーブレットコンテナ」または「アプリケーションサーバ」とおおまかにまとめて呼ぶ場合があります。

2.4　開発環境を準備しよう

2章

2.4.1　開発に必要なもの

開発環境の準備か……。なんだか大変そうだなあ。

大丈夫！　たった 1 つのソフトウェアをインストールするだけだよ。
それだけで開発をスタートできるんだ。

　開発環境は **Pleiades**〔プレアデス〕というソフトウェアをインストールすればすべて揃います。Pleiades とは、統合開発環境 **Eclipse**〔イクリプス〕に、開発に便利な機能（プラグイン）を加え、さらに Web アプリケーションサーバ Apache Tomcat をセットにしたものです。

「とうごうかいはつかんきょう？」「いくりぷす？」

　「統合開発環境」とは、開発に関わるツール（コンパイラ、デバッガなど）とエディタを統合したソフトウェアです。**IDE**（Integrated Development Environment）とも呼ばれます。そして、Web アプリケーションの開発現場でよく使用されている代表的な統合開発環境が Eclipse です。
　Eclipse のような IDE を使用しなくても Web アプリケーション開発はできますが、非常に手間がかかるため、効率の良い開発のために IDE を使用するのが一般的です。

ただでさえ便利な Eclipse をより便利にしたのが Pleiades ってとこやね。

Pleiades ＞ Eclipse ＋ プラグイン ＋ Apache Tomcat なんだね。

だいたいそんな感じだね。Pleiades は多くの企業でも利用されているよ。

2.4.2　開発の準備をする

　必要なものがわかったところで実際に準備をしましょう。それには、次の作業を行います。

① Pleiades のインストールと Eclipse の起動
②動的 Web プロジェクトの作成

　動的 Web プロジェクトの**プロジェクト**とは、アプリケーションなどのひとまとまりのものを入れる Eclipse の単位です。プロジェクトにはいくつかの種類があり、Web アプリケーションのためのプロジェクトを**動的 Web プロジェクト**といいます。動的 Web プロジェクトの中に Web アプリケーションを構成するプログラムなどを格納します。難しく考えずに、**動的 Web プロジェクト = Web アプリケーション**であると理解すればよいでしょう。Web アプリケーションを 1 つ作成するごとに動的 Web プロジェクトを作成します。まずは、練習用の動的 Web プロジェクトを作成しましょう。

> **注意　動的 Web プロジェクト名とアプリケーション名**
> 　Eclipse では、特別な設定をしない限り、動的 Web プロジェクトの名前がアプリケーション名として利用されます。そして、この名前は、この後で作成するサーブレットや JSP などを実行するための URL の一部として利用されます (p.70)。

動的 Web プロジェクト

動的 Web プロジェクトは、原則 1 つの Web アプリケーションを表し、以下を格納できる。

・サーブレットクラス、JSP ファイル

・通常の Java のクラスファイル

・HTML ファイル、CSS ファイル、画像ファイルなど

---

　sukkiri.jp（p.4）に掲載されている Web 付録を参照して、①〜②の手順を行ってください。完了後、Eclipse の画面が図 2-10 のようになれば、正しく準備できています。

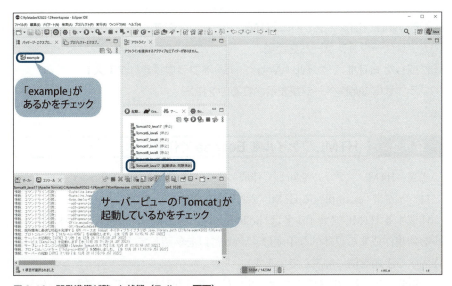

図 2-10　開発準備が整った状態（Eclipse 画面）

　さあ、これで Web アプリケーション開発の準備は整いました。あとは、楽しみながら学習していきましょう！

2.5　開発環境を体験しよう

2.5.1　体験する内容

　次章から Web アプリケーションの開発を始めます。その前に、インストールした開発環境を体験して手慣らしをしましょう。

　Web アプリケーション（動的 Web プロジェクト）内に HTML ファイルを作成し、それをブラウザでリクエストして Web ページを表示してみます。その手順は次のようになります。

①動的 Web プロジェクト内に HTML ファイルを作成
②アプリケーションサーバを起動
③作成した HTML ファイル（Web ページ）をブラウザでリクエスト
④ブラウザに Web ページが表示されるのを確認

2.5.2　HTML ファイルを Eclipse で作成

　まず、HTML ファイルを新しく作成しましょう（手順①）。Eclipse の動的 Web プロジェクト「example」に HTML ファイルを作成します。

　作成する HTML ファイル名は「hello.html」にします。Eclipse で HTML ファイルを新規作成する具体的な手順は、Web 付録を参照してください（hello.html を作成する手順を例に解説しています）。

　Eclipse で作成した HTML ファイルには、あらかじめ HTML の基本構造が記述されています。したがって、私たちはゼロから HTML を書く必要はありません。title タグと body タグの内容を変更すればよいだけです（次ページのコード 2-1 の青字部分）。ここでは、body タグに任意の内容を書きましょう。

コード 2-1　Eclipse が作成した HTML の内容を変更

hello.html (src/main/webapp ディレクトリ)

```
1  <!DOCTYPE html>
2  <html>
3  <head>
4  <meta charset="UTF-8">
5  <title>Hello,HTML</title>        ]—[ title タグの内容を変更 ]
6  </head>
7  <body>
8  こんにちはHTML！！              ]—[ body タグの内容を変更 ]
9  </body>
10 </html>
```

2.5.3　アプリケーションサーバを起動

　HTML ファイルが作成できたら、インストールした Apache Tomcat を起動します（手順②）。これにより現在操作しているコンピュータがアプリケーションサーバとなり、ブラウザからのリクエストに応えることが可能になります。

　Web 付録を参照してアプリケーションサーバを起動しましょう（すでに起動していた場合は必要ありません）。

2.5.4　HTML ファイルのリクエストと URL

　アプリケーションサーバが起動したら、次に、手順①で作成した HTML ファイルをブラウザからリクエストしてみましょう（手順③）。このとき、HTML ファイルのアイコンをダブルクリックすると、第 1 章で行ったように、HTML ファイルをただ開くだけになってしまいます（1.3.4 項）。ここでは、**アプリケーションサーバ上の HTML ファイルをリクエストするために、ブラウザで URL を指定**します。

　Web アプリケーション（動的 Web プロジェクト）内の HTML ファイルをリクエストする URL は次の形式になります。

第Ⅰ部

```
http://<サーバのホスト名>/<アプリケーション名>/<webappからのパス>
```

※ webapp は動的 Web プロジェクト内にあるディレクトリ名。
※ Eclipse の場合、通常、アプリケーション名は動的 Web プロジェクト名と同一となる（p.66）。

localhost:8080

①のURL：http://localhost:8080/example/hello.html
②のURL：http://localhost:8080/example/hoge/hello.html

図 2-11　HTML ファイルの URL

　本書の環境のように、**ブラウザと同じコンピュータにリクエストする場合、リクエスト先のサーバのホスト名は「localhost」**とします（図 2-11）。

「localhost」の後ろにある「:8080」って何だろう。

　ホスト名に続いて「:」とともに書かれた数値はポート番号と呼ばれます（コラム「ポート番号」、p.71）。「localhost:8080」とひとまとまりで覚えてしまいましょう。
　今回作成した HTML ファイルの URL は、図 2-11 の①で示したものになります。この URL をブラウザに入力してリクエストし、作成した Web ページが表示されたら成功です（手順④）。

　結果としてブラウザに Web ページが表示されるだけですが、表示までの流れ
が、第 1 章で操作した内容とは異なります（図 2-12）。

図 2-12　Web アプリケーション内の Web ページ表示の流れ

 第 1 章では Web サーバを利用せず、ブラウザに HTML ファイルを
直接渡して、Web ページを表示していたんだ。

ポート番号

　ポート番号は、リクエスト先のコンピュータ内のどのソフトウェア（サービス）
にリクエストするかを表す数値です。たとえるならば、localhost は住所、
8080 は宛名です。本書で使用する Tomcat には 8080 というポート番号がデフォ
ルト（初期値）で設定されているので、「localhost:8080」は「自分自身のコン
ピュータにある Tomcat にリクエストする」という意味になります。

　ポート番号を指定しない場合、ブラウザは 80 が設定されたサービスにリク
エストするので、Tomcat のポート番号を 8080 から 80 に変更すると、ホス
ト名に「localhost」と指定するだけでリクエストできるようになります。

2.5.5　404ページ

あれ、ページが表示されない……。「404」？　なんだこれ？

　URLを入力してリクエストすると図2-13のようなページが表示されることがあります。これは**404ページ**といい、リクエストされた対象がアプリケーションサーバ内に見つからない場合に、ステータスコード404とともにレスポンスされるページです。

　「404ページ」が表示されたら、アドレスバーに入力した**URL**に誤りがないかを見直すようにしましょう。

http://……

HTTPステータス 404 - /example/Hello.html

type ステータスレポート
メッセージ /example/Hello.html
説明 The requested resource is not available.

図2-13　404ページ

ミナト先輩、「Hello.html」じゃなくて「hello.html」ですやん。

ホントだ。「404ページ」は存在しないファイルをリクエストしてますよって知らせてくれるエラーなんだね。

　「404ページ」以外にも、「405ページ」や「500ページ」など、何らかの問題が発生したことを示すページがあり、これらのページが表示されたときは、問題を解決する必要があります。巻末の「エラー解決・虎の巻」（付録A、p.453）を参考にしながら解決してください。

2.5.6　Eclipse の実行機能

プログラムを作ったあとに、毎回ブラウザのアドレスバーに URL を入力するのってめんどうだなぁ……。

ははは。そう言うと思ったよ。Eclipse の機能を利用すれば、もっと手軽に実行できるんだ。

Eclipse の実行機能を利用すると、HTML ファイルを簡単にリクエストできます。 Web 付録を参照して試してみましょう。この機能は、「サーバを起動→ブラウザを起動→ URL を入力」の手順を自動で行ってくれます。

　なお、この機能は、この後の章で学習するサーブレットクラスや JSP ファイルのリクエストにも利用できます。

Eclipse の実行機能による利点
・HTML ファイルなどを簡単にリクエストできる。
・サーバ起動→ブラウザ起動→ URL 入力の手順が自動化される。

すごい！　楽チンだ！

せっかくの Eclipse の機能だからね。使えるようになろう。

2.5.7　問題解決に「虎の巻」を活用しよう

さあ、これでサーブレットの勉強に進めるぞ！

おっと、その前に。うまくいかないときの対処方法を伝えておくよ。

　以降の章からは、サーブレットクラス、JSP ファイルといったプログラムを学習していきますが、さきほどの「404 ページ」のように思うような結果にならない場面に遭遇するでしょう。

　Web アプリケーションには、Java、HTML、アプリケーションサーバなど複数の要素が絡むため、うまくいかないときの原因究明が難しいという問題があります。たとえば、プログラムだけを見直しても、解決につながらない可能性もあります。

Web アプリの技術自体はそんなに難しくない。Web アプリの難しさは、問題解決にあるんだよ。

　そこで、**初心者がよく遭遇するトラブルとその一般的な解決方法を「エラー解決・虎の巻」として巻末にまとめました。**トラブルが発生したら、ぜひ役立ててください。

Web サーバとアプリケーションサーバの分離

　業務で使用される本格的な Web アプリケーションの場合、アプリケーションサーバ内で Web サーバの機能を利用するのではなく、Web サーバ専用機を別に用意して、アプリケーションサーバと連係させる方式がよく採られます。そのほうが Web アプリケーションの性能などを高められるからです。

　個人の学習用としては準備などに手間がかかるので、本書では 1 つのサーバとして利用します。実務での開発を目指す場合は、分離する方式もあると知っておくとよいでしょう。

2.6　この章のまとめ

Web ページ公開のしくみ

・ブラウザは Web サーバに HTML ファイルをリクエストする。

・Web サーバはリクエストされた HTML ファイルの内容をレスポンスする。

・URL はブラウザのリクエスト先を表す。

リクエストとレスポンスのしくみ

・リクエストには GET リクエストや POST リクエストがある。

・レスポンスでは、リクエストの処理結果を表すステータスコードとレスポンス
するデータの種類を表す content-type ヘッダが送信される。

Web アプリケーション

・Web アプリケーションは、ブラウザを使って実行できるアプリケーションで
ある。

・Web アプリケーションの中核となるのがサーバサイドプログラムである。

・サーバサイドプログラムを実現する技術としてサーブレットや JSP がある。

・アプリケーションサーバは Web サーバ機能に加えプログラム実行機能を持つ。

・サーブレットの実行環境を特にサーブレットコンテナという。

Web アプリケーション開発環境

・サーブレットや JSP の開発には、Eclipse などの IDE を用いるのが主流である。

・Eclipse にプラグインを加え、Apache Tomcat を同梱したものが Pleiades
である。

・Web アプリケーションは Eclipse の動的 Web プロジェクトとして作成する。

2.7 練習問題

練習 2-1

次の文章の（1）～（12）に適切な語句を入れてください。

　Web ページを公開するには ⬚(1) というコンピュータに HTML ファイルを配置し、ブラウザを使って要求する。どの ⬚(1) のどの HTML ファイルを要求するかを指定するのに使用されるのが ⬚(2) である。

　ブラウザが ⬚(1) に要求することを ⬚(3) という。 ⬚(3) には、いくつかの方法があり、代表的なものは ⬚(4) と ⬚(5) である。また、 ⬚(1) がブラウザの ⬚(3) に応えることを ⬚(6) といい、応答するデータの種類を表す ⬚(7) と処理結果を表すステータスコードを、ヘッダ部を使って送信する。この ⬚(1) とブラウザのやりとりは ⬚(8) というプロトコルで決められている。

　Web アプリケーションはブラウザで実行できるアプリケーションで、その中核となるのがサーバサイドプログラムである。Web アプリケーションには、 ⬚(1) にサーバサイドプログラムを実行する機能（環境）を備えた、 ⬚(9) というコンピュータが必要となる。特に Java によるサーバサイドプログラムを ⬚(10) と呼び、 ⬚(10) を実行できる環境を ⬚(11) という。

　Java によるサーバサイドプログラムには ⬚(12) と呼ばれる技術も存在するが、これは ⬚(10) に変換され、最終的には同じものとなる。

練習 2-2

　以下の HTML ファイルをリクエストする URL を答えてください。サーバ名は「localhost」、Apache Tomcat のポート番号は「8080」、動的 Web プロジェクトの名前は「hoge」とします。

（1）webapp 直下に保存されている foo.html
（2）webapp 直下の bar ディレクトリに保存されている foo.html

2.8　練習問題の解答

練習 2-1 の解答

(1) Web サーバ　(2) URL　(3) リクエスト

(4) GET リクエスト　(5) POST リクエスト　(6) レスポンス

(7) Content-Type ヘッダ　(8) HTTP　(9)(Web)アプリケーションサーバ

(10) サーブレット　(11) サーブレットコンテナ　(12) JSP

※(4)(5)は順不同。

練習 2-2 の解答

(1) http://localhost:8080/hoge/foo.html

(2) http://localhost:8080/hoge/bar/foo.html

---

hoge、foo、bar の意味

　本書のところどころで登場する「hoge」「foo」「bar」が気になる人もいるかもしれません。これらは「メタ構文変数」と呼ばれ、特に意味は持たず、サンプルなどに名前を付けたい場合に使用されます。ざっくりいえば「○○」や「ほにゃらら」のようなものです。日本では「hoge」「piyo」「fuga」など、英語圏では「foo」「bar」「baz」などがよく使用されます。

　著者世代では有名な表記ですが、新入社員研修の受講者からはよく意味を問われます。どうやら若者の hoge 離れが進んでいるようです。IT 関係の技術書を読むとよく登場するので、知っておくとよいでしょう。

開発の基礎を身に付けよう

Web アプリを作ってみよう

 Web ページを作るのって楽しかったなあ。

 Eclipse が便利でびっくりしたわあ。

 気に入ってもらえてよかった。じゃあ、余韻に浸るのはそれぐらいにしてサーブレットと JSP の学習に入ろうか。

 いよいよやね！　楽しみやわあ。Java、バリバリ書きまくるで。

 はは。まずは基礎を固めるところからだよ。

　第 I 部では、Web のしくみを学び、統合開発環境をインストールしました。これで、サーブレットと JSP による Web アプリケーションを開発する準備が整い、いよいよ学習のスタートを切ることができます。第 II 部では、シンプルな Web アプリケーションを作りながら、サーブレットと JSP の基礎知識を身に付けていきましょう。

第3章

サーブレットの基本

さあ、サーブレットの学習のスタートです。といっても、サーブレットの文法は数多くあるので、一度にすべてはマスターできません。まずは基本部分の「作って、実行!」を繰り返し、楽しみながら学習していきましょう。

3.1　サーブレットの基本と作成方法

3.1.1　サーブレットとは

 さあ「サーブレット」の基本を学習しよう。リクエストするたびに結果が変わるような Web ページを作れるようになるよ。

　サーブレットは Java を使ってサーバサイドプログラムを作るための技術です。私たちはサーブレットの文法に従い、**サーブレットクラス**を開発することで、アプリケーションサーバ上でそれらを実行できるようになります。**サーブレットクラスはブラウザからのリクエストで実行され、その実行結果を HTML で出力**します。出力された HTML は、アプリケーションサーバによってブラウザにレスポンスされます（図 3-1）。

図 3-1　サーブレットクラス

 ブラウザからリクエストが届いたときに、HTML ファイルをその場で作って返すんやね。

3.1.2　サーブレットクラスの作成ルール

　サーブレットクラスは、通常のクラスと同様にクラス定義をして作成します。ただし、**サーブレットクラスを定義するには、いくつか守らなければならないルールがあります**。どのようにクラス定義をするか、基本的なサーブレットクラスの例としてコード 3-1 を見てみましょう。

3章

コード3-1　サーブレットクラスの基本形

HelloServlet.java

```
1  import java.io.IOException;
2  import javax.servlet.ServletException;
3  import javax.servlet.http.HttpServlet;
4  import javax.servlet.http.HttpServletRequest;
5  import javax.servlet.http.HttpServletResponse;
6
7  public class HelloServlet extends HttpServlet {
8    protected void doGet(HttpServletRequest request,
         HttpServletResponse response)
         throws ServletException, IOException {
9    }
10 }
```

ルール①
ルール②
ルール③

　サーブレットでは以下の 3 つのルール（コード 3-1 の①～③部分）に従ってクラス定義をします。これらは「お約束」なので難しく考えず、割り切って覚えましょう。しかも、**Eclipse では、これらの「お約束」があらかじめ記述されます**ので、細かく覚える必要はありません。

ルール①　サーブレット関係のクラスをインポートする

　サーブレット関係のクラスは、主に「javax.servlet」と「javax.servlet.http」の両パッケージに入っています。コード 3-1 でインポートしているクラスは、サーブレットクラスを作成するために最低限必要なクラスです。

ルール②　javax.servlet.http.HttpServlet クラスを継承する

HttpServlet クラスはサーブレットクラスの「もと」となるクラスです。このクラスを継承することで、サーブレットクラスという特別なクラスを一から作成する必要がなくなります。

ルール③　doGet メソッドをオーバーライドする

doGet() は、サーブレットクラスがリクエストされたときに実行されるメソッドです。いわば、サーブレットクラスの main メソッドと解釈すればよいでしょう。このメソッドはスーパークラスである HttpServlet クラスのメソッドをオーバーライドして作成するので、宣言部分が非常に長くなりますが、基本的にはコード3-1（p.83）のとおりに書く必要があります。

3.1.3　HttpServletRequest と HttpServletResponse

ブラウザからリクエストが届くと、アプリケーションサーバはサーブレットクラスの doGet() を呼び出します。このとき引数として渡される **HttpServletRequest** はブラウザから届いた「リクエスト」、**HttpServletResponse** はサーバから送り出す「レスポンス」に関係する情報と機能を持つインスタンスです。

サーブレットクラスでは、基本的に HttpServletRequest インスタンスに格納されているリクエストの詳細情報を取り出してさまざまな処理を行い、結果画面の HTML 情報を HttpServletResponse インスタンスを用いてブラウザに送り返します。

Web アプリケーション特有の処理のほとんどは、この 2 つのインスタンスを用いて実現できます。いわば、Web アプリケーション開発の 2 大道具なのです（図3-2）。

図 3-2　HttpServletRequest と HttpServletResponse

3.1.4　HTML を出力

 次は HTML の出力方法だ。これを理解すれば、実行結果をブラウザに表示できるようになるよ。

doGet() 内には、リクエストによって実行する処理を記述します。どのような処理を書くかはアプリケーションにより異なりますが、**HTML を出力する処理は必須**です。HTML の出力は HttpServletResponse インスタンスを使用して、コード 3-2 のように記述します。

コード 3-2　HTML の出力（doGet メソッド内）

HelloServlet.java

```
 8    protected void doGet(HttpServletRequest request,
          HttpServletResponse response)
          throws ServletException, IOException {
 9      response.setContentType("text/html; charset=UTF-8");    ── 処理①
10      PrintWriter out = response.getWriter();        ┐
11      out.println("<html>");                         │
12      out.println("…");                              │── 処理②
13      out.println("</html>");                        ┘
14    }
```

コード中に処理①、②と示した部分では、次のような処理を行っています。

処理①　content-type ヘッダの設定

HttpServletResponse の setContentType メソッドを使用して、レスポンスの content-type ヘッダ（p.57）を指定します。指定する内容は、サーブレットクラスが出力するデータの種類に合わせる必要があります。**HTML を出力する場合は「"text/html; charset=HTML の文字コード "」**とします。コード 3-2 は、文字コードが「UTF-8」の HTML を出力した例です。

処理②　HTMLの出力

実行結果のHTMLを出力する処理です。**この処理を行うのはcontent-typeヘッダの設定後でなければなりません。** HttpServletResponseのgetWriter()で取得できるjava.io.PrintWriterインスタンス（importが必要）のprintln()で行います。これは、Javaを知る人にはおなじみのSystem.out.println()と同じように使用できます。HTMLは、処理①のsetContentType()で設定した文字コードで出力されます。なお、HTMLを出力する文字コードは、サーブレットクラスファイル自体の文字コードには左右されません。

以上の処理をまとめたものが図3-3になります。**HTML出力の方法は、「お約束」の集まりです。構文として覚えてしまいましょう。**

図3-3　HTMLのレスポンス

サーブレットクラスでHTMLを出力する

response.setContentType("text/html; charset=HTMLの文字コード");

PrintWriter out = response.getWriter();

out.println("…");

※「java.io.PrintWriter」をインポートする必要がある。

※「response」はHttpServletResponseインスタンス。

3.1.5　サーブレットクラスのコンパイルとインスタンス化

　作成したサーブレットクラスを実行するには、通常のクラスと同様にコンパイルとインスタンス化が必要です。**コンパイルは、Eclipse を使用している場合、「上書き保存」すると自動で行われます。**また、**サーブレットクラスをリクエストするとアプリケーションサーバが自動的にインスタンス化する**ので、いずれも開発者が手動で行う必要はありません。

まず、サーブレットクラスを作成する（コーディング（❶）とコンパイル（❷）を行う）。
そして、ブラウザがサーブレットクラスをリクエストする（❸）と、
アプリケーションサーバがインスタンスを生成して実行する（❹）。

図 3-4　サーブレットのコンパイルとインスタンス化

　サーブレットクラスを実行したとき実際に動くのは、アプリケーションサーバが生成したサーブレットクラスのインスタンスです。これをイメージしたのが図 3-4 の右下のキャラクターです（以降で登場する際は、もととなるサーブレットクラスの名前が併記されることもあります）。今後も活躍しますので注目してください。

3.2　サーブレットクラスの実行方法

3.2.1　サーブレットクラスの URL

 サーブレットクラスの作り方はわかったかな。次は実行の方法について学ぼう。

えっ、HTML ファイルと一緒やないの？

 ちょっと違うんだ。違いを知っておかないと、せっかく作っても実行できないのでちゃんと理解しておこう。

　サーブレットクラスを実行するには、ブラウザでサーブレットクラスの URL を指定してリクエストします。ここまでは HTML ファイルと同じですが、指定する URL が異なります。サーブレットクラスの URL は、次の形式で指定します。

```
http://<サーバ名>/<アプリケーション名>/<URLパターン>
```

　サーブレットクラスの場合、URL の最後の部分にはファイル名ではなく、**URL パターン**を指定します。URL パターンは、サーブレットクラスをリクエストするときに使う名前で、開発者が自由に設定できます。

　たとえば、「HelloServlet」というクラス名が付いたサーブレットクラスに「hello」という URL パターンを設定した場合、そのクラスをリクエストする URL は、次のようになります。

```
http://<サーバ名>/<アプリケーション名>/hello
```

> URL パターンは、サーブレットクラスのアダ名みたいなもんか。

　言い換えれば、**サーブレットクラスは URL パターンを設定しないとリクエストしても実行できません**。したがって、URL パターンの設定方法の理解が非常に重要になるのです。

3.2.2　URL パターンの設定

　サーブレットクラスの URL パターンは **@WebServlet アノテーション**で設定します。**アノテーション**は、クラスやメソッドなどに関連情報を付加できる注釈のような機能です。アノテーションで付加された情報は、外部ツールから利用できます。

　サーブレットクラスに @WebServlet アノテーションを加えると、アプリケーションサーバがそれを読み取り、URL パターンを設定します。

@WebServlet アノテーション

@WebServlet("/URLパターン")

※ URL パターンは「/」から始める。

※ javax.servlet.annotation.WebServlet をインポートする必要がある。

　URL パターンには任意の文字列を設定できます。次ページのコード 3-3 は、サーブレットクラス HelloServlet に「hello」という URL パターンを設定している例です。「/servlet/hello」と設定して URL の階層を増やしたり、「hello.html」と設定して HTML ファイルのように見せたりもできます。

　もちろん、クラス名と同じにしても問題ありません。**Eclipse でサーブレットクラスを作成した場合、クラス名と同じ URL パターンが自動で設定されます**。

コード 3-3　URL パターンの設定

```
                                                    HelloServlet.java
1   import javax.servlet.annotation.WebServlet;

2       ⋮

3   @WebServlet("/hello")

4   public class HelloServlet extends HttpServlet {

5       ⋮

6   }
```

3.2.3　サーブレットクラスの実行

　サーブレットクラスに URL パターンを設定したら、ブラウザからリクエストして実行できるようになります。ブラウザからリクエストする方法には、HTML ファイルをリクエストするときと同様に、次の 2 つの方法があります。

方法①　ブラウザを起動して URL を入力する

　ブラウザを起動し、サーブレットクラスの URL を入力してリクエストします（このとき、アプリケーションサーバを起動しておく必要があります）。

方法②　Eclipse の実行機能を利用する

　リクエストするサーブレットクラスを選択し、右クリックから「実行」→「サーバーで実行」を選択します（Web 付録を参照）。これは、前章の 2.5.6 項で紹介した、Eclipse の実行機能による HTML ファイルのリクエストと同じ方法です。

　また、次のような方法もあります。

方法③　サーブレットクラスへのリンクをクリックする

　次のように記述したリンクをクリックして、サーブレットクラスをリクエストします。

```
<a href="URLパターン">リンク文字列</a>
```

　多くの場合、Web アプリケーションに対する最初のリクエストは、方法①や②によって実行されます。このリクエストに対するレスポンスの HTML にはリンクが含まれていることが多く、ユーザーは以後、方法③を用いてページからページへと渡り歩くことになります（図 3-5）。

図 3-5　サーブレットクラスを実行する 3 つの方法

　なお、サーバにリクエストを送る方法としては、今回紹介した 3 つのほかに、第 5 章で解説する「フォーム」を使って実行する方法もあります。

3.2.4　リクエストメソッドと実行メソッド

　URL の入力、またはリンクのクリックでサーブレットクラスをリクエストした場合、doGet メソッドが実行されます。 しかし、サーブレットクラスは常に doGet メソッドを実行するとは限りません。

第Ⅱ部

サーブレットクラスが実行するメソッドは、リクエストメソッド（2.2.2 項）によって決まります。具体的には、**GET リクエストされたら doGet メソッドを、POST リクエストされたら doPost メソッドを実行**します。

URL の入力、またはリンクのクリックでリクエストしたときは、ブラウザは自動的に GET リクエストを行います。そのため、図 3-5（p.91）では doGet メソッドが実行されていたのです。

doPost メソッドは doGet メソッドと名前が異なるだけで、引数や戻り値、throws に記述する例外は同じです。POST リクエストでサーブレットクラスをリクエストする場面は、第 5 章で登場します。

リクエストメソッドに応じたメソッドが実行される
- GET リクエストでは doGet() が実行される。
- POST リクエストでは doPost() が実行される。
- URL の入力とリンクのクリックによるリクエストは、自動的に GET リクエストとなる。

Web アプリケーションに関する設定の方法

サーブレットクラスの URL パターンなど、**Web アプリケーションに関する設定には、アノテーション以外に、web.xml という設定ファイルを使用する方法があります**。これはサーブレットが誕生したときから存在する方法で、XML 形式の設定ファイルに設定情報を記述します。

一方、アノテーションを使用する方法は、サーブレットのバージョン 3.0 以降から使用できます（サーブレットのバージョンについては付録 B.1.3 項を参照）。

3.3 サーブレットクラスを作成して実行する

3.3.1 Eclipse でサーブレットクラスを作成

 よし。お話はこれくらいにして Eclipse で実際に作ってみよう。せっかくだから、実行結果の Web ページが毎回変わるようにするよ。

　Eclipse を使って簡単な占いを作成してみましょう。占いの結果はランダムなので、結果の Web ページは実行のたびに変わります（図 3-6）。

図 3-6　サーブレットクラスで作成する占いプログラムの全体像

　サーブレットクラスの URL パターンは、クラス名と同じ「UranaiServlet」にします。Web 付録を参考にして動的 Web プロジェクト「example」にこのサーブレットクラスを新しく作成しましょう。

　Eclipse でサーブレットクラスを新規作成すると、インポートやアノテーションなどサーブレットクラスの「お約束」は自動で書かれます。コード 3-4 を参考

にコードを追加し、サーブレットクラスを完成させてください（Eclipse が記述するコメントは省略しています）。追加の **import 文は Eclipse が必要に応じて自動で記述してくれる**ので、主に doGet() の処理内容を追加しましょう。

コード 3-4　占い結果を HTML でレスポンスするサーブレットクラス

UranaiServlet.java
（servlet パッケージ）

```
1   package servlet;
2
3   import java.io.IOException;
4   import java.io.PrintWriter;
5   import java.text.SimpleDateFormat;
6   import java.util.Date;
7   import javax.servlet.ServletException;
8   import javax.servlet.annotation.WebServlet;
9   import javax.servlet.http.HttpServlet;
10  import javax.servlet.http.HttpServletRequest;
11  import javax.servlet.http.HttpServletResponse;
12
13  @WebServlet("/UranaiServlet")
14  public class UranaiServlet extends HttpServlet {
15      private static final long serialVersionUID = 1L;
16
17      protected void doGet(HttpServletRequest request,
            HttpServletResponse response)
            throws ServletException, IOException {
18          // 運勢をランダムで決定
19          String[] luckArray = { "超スッキリ", "スッキリ", "最悪" };
20          int index = (int)(Math.random() * 3);
21          String luck = luckArray[index];
22          // 実行日を取得
23          Date date = new Date();
24          SimpleDateFormat sdf = new SimpleDateFormat("MM月dd日");
```

基本的に Eclipse が自動で追加する（3〜6）

解説①（13）

解説②（15）

補足①（20）

補足②（24）

```
25      String today = sdf.format(date);
26
27      // HTMLを出力 ┐―■解説③
28      response.setContentType("text/html; charset=UTF-8");
29      PrintWriter out = response.getWriter();
30      out.println("<!DOCTYPE html>");
31      out.println("<html>");
32      out.println("<head>");
33      out.println("<meta charset=¥"UTF-8¥" />");
34      out.println("<title>スッキリ占い</title>");
35      out.println("</head>");
36      out.println("<body>");
37      out.println("<p>" + today + "の運勢は「" + luck + "」です</p>");
38      out.println("</body>");
39      out.println("</html>");
40    }
41  }
```

解説①　URL パターン

Eclipse でサーブレットクラスを作成すると、URL パターンには「/ クラス名」が自動的に設定されます。したがって、基本的にサーブレットクラスは下記の URL でリクエストできます。

```
http://<サーバ名>/<アプリケーション名>/<クラス名>
```

Eclipse で設定される URL パターンを初期の設定から変更する場合は、アノテーションを書き直してください。なお、Eclipse が @WebServlet アノテーションを自動で記述するのは、サーブレットクラスを「新規作成」したときだけです。既存のサーブレットクラスをコピーして作成、またはサーブレットクラスの名前を変更した場合、@WebServlet アノテーションは自動で変更されません。必要に応じて修正してください。また、1 つの動的 Web プロジェクトの中でサーブレットクラスの URL パターンが重複すると、サーバが起動しなくなるので注意してください。

解説② serialVersionUID フィールド

Eclipse でサーブレットクラスを作成すると、このフィールドが定義されます。本書では考慮する必要はありません。

解説③ HTML の出力

33 行目では、文字コードを指定する meta タグを出力するために、二重引用符(")にエスケープ文字をつけています。エスケープ文字は、環境により円記号(¥)ではなく、バックスラッシュ (\)が表示される場合があります。

補足① 運勢をランダムに決定

java.lang.Math クラスの random() は、0 ～ 1 未満の値による乱数を返します。その戻り値を N 倍して int 型にキャストすると、0 ～ N － 1 の整数による乱数を取得できます。今回は 0 ～ 3 未満の整数による乱数を取得して、運勢の判定に使用しています。

補足② 実行日の取得

java.util.Date のインスタンスを生成すると実行日時の情報が格納されます。java.text.SimpleDateFormat を使用すると、Date が持つ情報を指定したフォーマットで取得できます。今回は「MM 月 dd 日」という形式で取得して、変数 today に代入しています。

3.3.2　サーブレットクラスを実行

サーブレットクラスが定義できたら、実行しましょう。ブラウザを起動して「http://localhost:8080/example/UranaiServlet」と URL を入力するか、Eclipse の実行機能を使います（3.2.3 項）。

正常に実行できた場合は、図 3-7 の左に示す成功例のような Web ページが表示されます。

成功例

実行日　占いの結果
　　　（ランダムに変わる）

失敗例（500 ページ）

図 3-7　コード 3-4 の実行結果

あれ？　HTTP ステータス 500 って表示された……。

実行中に問題が発生した場合、アプリケーションサーバから、ステータスコード 500 とともにエラーページである **500 ページ** がレスポンスされます（図 3-7 右の失敗例）。

「500 ページ」などのエラーページが表示された場合、ページに表示されているメッセージや「エラー解決・虎の巻」を参考にして解決しましょう。

多くの場合は例外の発生が原因ですが、ソースコードを修正する際には、陥りやすい落とし穴があります。次の節では、サーブレットクラスを作成するときに発生しやすい問題と対処方法を解説していますので、修正前に目を通しておきましょう。

3.4　サーブレットの注意事項

3.4.1　サーブレットクラスを変更するときの注意点

> よし！　サーブレットクラスで自己紹介ページを作ったぞ！

http://……

湊 雄輔は、かっこいい！最高！

図 3-8　湊くんが作成したサーブレットクラスの実行結果

> またや……。自分でかっこいいとか、ありえん。こっそり変更しとこ！

コード 3-5　湊くんが作成したサーブレットクラスのソースコードの抜粋

```
1    String name = "湊 雄輔";
2    // HTMLをレスポンス
3    response.setContentType("text/html; charset=UTF-8");
4    PrintWriter out = response.getWriter();
5    out.println("<!DOCTYPE html>");
6    out.println("<html>");
7    out.println("<head>");
8    out.println("<meta charset=¥"UTF-8¥" />");
```

```
 9      out.println("<title>" + name + "のプロフィール</title>");
10      out.println("</head>");
11      out.println("<body>")
12      out.println(name + "は、かっこいい！最高！");
        out.println(name + "は、かっこいい？ ");
13      out.println("</body>");
14      out.println("</html>");
```

綾部さんが
勝手に変更

あっ、こらっ！

ほれっ、実行！……あれ？　変わってへん。

http://……

湊 雄輔は、かっこいい！最高！

図 3-9　綾部さんが変更を加えた後の実行結果

　このように**ソースコードを変更して実行しても、実行結果に反映されない場合があります**。この原因はサーブレットのしくみにあります。詳しくは第 11 章で解説しますので、現時点ではこのような場合の対処方法を覚えておきましょう。

対処方法①　サーバを再起動する
　サーバを再起動すると変更は必ず結果に反映されます。サーバは手作業で再起動できますが、**Eclipse の実行機能を使ってサーバの再起動を自動化**できます。
　Eclipse の実行機能を使用すると、サーバの再起動が必要な場合は次ページの図 3-10 のような再起動を促すダイアログが表示されます。「OK」をクリックすると、サーバ再起動→リクエスト→実行という処理が自動で行われます（手作業でサーバを再起動する方法は Web 付録を参照してください）。

図 3-10　サーバ再起動の確認メッセージ

対処方法② しばらく待つ

Apache Tomcat のオートリロード機能が有効の場合、サーブレットクラスの
ソースコードを上書き保存して少し待つと、Eclipse 画面下部の「コンソール」
ビューに「情報：このコンテキストの再ロードが完了しました」と表示されます
（図 3-11）。このメッセージが表示されていれば、サーブレットクラスの変更が
反映されています。ただし、**本書で使用する Apache Tomcat では、デフォルトで
オートリロード機能が有効になっていません**。有効にしたい場合は、Web 付録を参
照してください。

図 3-11　サーブレットクラスの変更が反映されたときのメッセージ

3.4.2　たくさん作って実行しよう

よし。なんとなくわかったから、次いこかー。

ダメダメ。体で覚えるまでは先を急がないこと。

3
章

　サーブレットクラスを作成して動かす方法は、頭で理解するだけではなく、**実際に作って実行できるようになりましょう**。この時点でしっかり学習して身に付けておけば、第 III 部以降の内容をスムーズに理解できるでしょう。湊くんが作った自己紹介ページのような簡単なものでよいので、Web ページを出力するサーブレットクラスをたくさん作って体で覚えましょう。余裕があれば、「java.util. Date」など API のクラスも利用してみてください。

わざとエラーを発生させて、どんなエラーページやメッセージが表示されるかを確認しておくのも効果的だよ。

3.4.3　サーブレットクラスの API ドキュメント

菅原さん、HttpServletResponse について詳しく調べたくて、API ドキュメントを見ているんですが、見つからなくて……。

自分で調べるとは感心だね。実は、Java SE の API ドキュメントには載っていないんだ。

　サーブレットは Java SE ではなく Java EE の技術なので、Java SE の API ドキュメントではなく Java EE の API ドキュメントに掲載されています（Java EE については付録 B.1.1 項を参照）。

● Java EE API ドキュメント

https://javaee.github.io/javaee-spec/javadocs/

> あった。あれ？　HttpServletResponse ってクラスじゃなくてインタフェースですよ。

　実は、HttpServletResponse はクラスではなくインタフェースです。インタフェースからはインスタンスを生成できないので、本章で登場した HttpServletResponse インスタンスは厳密にいえば存在しません。

> えっ。じゃあ何なんですか。

> 「あるクラス」のインスタンスだよ。

　HttpServletResponse インスタンスの正体は、HttpServletResponse インタフェースを実装した「あるクラス」のインスタンスです。「あるクラス」はアプリケーションサーバが裏で提供しているため、この「あるクラス」を開発者が意識する必要はありません。「あるクラス」は HttpServletResponse インタフェースを実装しているので、ざっくり捉えれば「HttpServletResponse クラス」として扱えます。よって本書では、「HttpServletResponse はクラスである」という表現をしています。

　これは、HttpServletResponse だけでなく、そのほかのサーブレット関係のインタフェースでも同様です。たとえば、第 8 章で登場する HttpSession も正体はインタフェースですが、HttpSession クラスとして扱っています。

> つまり、あまり気にせず、クラスと思っておけってことですね。

3.5　この章のまとめ

サーブレットクラスの基本
・サーブレットクラスはブラウザからリクエストして実行できる。
・サーブレットクラスの実行結果は、一般的には HTML（Web ページ）である。

サーブレットクラスの定義
・javax.servlet.http.HttpServlet を継承する。
・doGet() をオーバーライドして処理を記述する。
・doGet() の引数である HttpServletRequest はリクエストに関する情報と機能を持つ。また、HttpServletResponse はレスポンスに関する情報と機能を持つ。

HTML のレスポンス
・HttpServletResponse の setContentType() で content-type ヘッダを指定する。
・HttpServletResponse の getWriter() で取得した PrintWriter インスタンスを使って HTML を出力する。

サーブレットクラスの URL と URL パターン
・サーブレットクラスの URL は次の形式となる。
　http://< サーバ名 >/< アプリケーション名 >/<URL パターン >
・URL パターンは @WebServlet アノテーションを使って設定する。
・Eclipse は自動的にクラス名を URL パターンに設定する（新規作成時）。

サーブレットクラスの実行
・GET リクエストされた場合、doGet() が実行される。
・サーブレットクラスのソースコードを修正しても、すぐに実行結果に反映されないことがある。

3
章

3.6　練習問題

練習 3-1

　動的 Web プロジェクト「lesson」内にある次のサーブレットクラスに対して、ブラウザから URL「http://localhost:8080/lesson/ex1」にリクエストして実行するために、①から④に適切な記述をしてください。

```
// import文は省略
@WebServlet("①")
public class EX1 extends HttpServlet {
    protected void ②(HttpServletRequest request,
        HttpServletResponse response)
        throws ServletException, IOException {
    // UTF-8のHTMLをレスポンス
    response.setContentType("③");
    PrintWriter out = ④.getWriter();
    out.println("<html><body>Hello </body></html>");
  }
}
```

練習 3-2

　練習 3-1 の③部分で、誤った値として「ABCDE」を指定するようコードを修正してください。これを実行するとブラウザはどう動作したか、またなぜそのような動作になるか、「content-type ヘッダの意味」を含めて考えてください。

3.7 練習問題の解答

練習 3-1 の解答

① /ex1　② doGet　③ text/html; charset=UTF-8　④ response

練習 3-2 の解答

・ブラウザの動作

　コードの③部分を「ABCDE」に修正してブラウザから実行すると、多くのブラウザはサーバから送られてきた HTML 文字列を画面に表示せず、ファイルとして保存しようと動作します（実際の動作はブラウザの種類やバージョンに依存します。少数ですが別の動作をするブラウザも存在します）。

・動作の理由

　コードの③部分が正しく「text/html; charset=UTF-8」と指定されている場合、Web サーバは Web ブラウザに対して次のようにレスポンスします。

```
HTTP/1.1  200  OK
content-type: text/html; charset-UTF-8
  ⋮
<html><body>Hello </body></html> ]— レスポンスのボディ部
```

　ブラウザは、content-type ヘッダを見て、レスポンスのボディ部の情報がHTML であると理解し、HTML コードを正しく画面に表示します。③部分を問題文のように変更すると、ブラウザに返される HTTP レスポンスの content-typeヘッダは「ABCDE」という値に変化します。この値からは、ブラウザはレスポンスのボディ部の情報が HTML ／画像／音声／ PDF のいずれなのかを判別できません。画面に表示できない可能性も考慮し、多くのブラウザでは「処理方法が不明な種類のコンテンツを受信したら、レスポンスのボディ部をとりあえずファイ

第
II
部

ルとして保存する」という動作を採用していると想像できます。

---

doPost() から doGet() への転送パターン

　本章では、URL の入力とリンクのクリックによるリクエストは GET リクエストとなり、doGet() が実行されることを紹介しました（3.2.4 項）。しかし、GET と POST の両方のリクエストで同じ処理を実行したい状況もあります。その場合は、次のように doGet() から doPost() を呼び出せば、手軽に実現できます。

```
protected void doGet(HttpServletRequest request,
    HttpServletResponse response)
    throws ServletException, IOException {
  ⋯ ]── GET/POST リクエスト共通の処理
}

protected void doPost(HttpServletRequest request,
    HttpServletResponse response)
    throws ServletException, IOException {
  doGet(request, response); ]── doGet() を呼び出す
}
```

　なお、Eclipse では、doGet() と doPost() の両方にチェックを入れて作成を指示した場合、上記の doPost() の内容を自動で生成します。GET リクエストは情報の取得、POST リクエストは情報の登録という本来の役割を踏まえると、あまり好ましい処理ではありませんが、学習や開発時の動作確認に限定した手段として知っておきましょう。

JSP の基本

サーブレットの次はJSPの基本を学習しましょう。JSPもWebアプリケーションを作成するのに欠かせない知識です。サーブレットの基本を学習したときと同様に、JSPでも「作って、実行!」を繰り返して身に付けていきましょう。

CONTENTS ●

4.1　JSP の基本

4.1.1　JSP とは

> サーブレットって println() ばっかりで大変やな……。こんなんでかっこいいページを作ろうなんてムリやわー。

> 困っているようだね。そんなときは「JSP」を使うと楽に HTML を出力できるよ。

　JSP（JavaServer Pages）は、サーブレットと同じ、サーバサイドプログラムの技術です。サーブレットクラスの代わりに **JSP ファイル**を使用します（図 4-1）。

図 4-1　JSP のしくみ

　JSP ファイルは、リクエストされるとサーブレットクラスに変換されるため、サーブレットクラスでできることは JSP ファイルでも行えます（次ページの図 4-2）。

まず、JSPファイルをコーディング（❶）して作成する。ブラウザがJSPファイルをリクエスト（❷）すると、アプリケーションサーバがJSPファイルをサーブレットクラスに変換・コンパイルし（❸、❹）、そのインスタンスを生成して実行する（❺）。

図4-2　JSPファイルはサーブレットクラスに変換される

　図4-2右下のキャラクターは、JSPファイルを実行したとき実際に動くJSPファイルのインスタンスを表しています。図3-4（p.87）で紹介したキャラクター同様、これ以降の解説でひんぱんに登場します（キャラクターの下にファイル名がある場合は、もとになったJSPファイルを表します）。

　JSPファイルを使うと、とても楽にHTMLを出力できます。その秘密はJSPファイルの書き方にあります。次のコード4-1を見てください。

コード4-1　JSPファイルの例

```
1  <%
2    String name = "湊　雄輔";
3    int age = 23;
4  %>
```

```
5    <!DOCTYPE html>
6    <html>
7    <head>
8    <meta charset="UTF-8">
9    <title>JSPのサンプル</title>
10   </head>
11   <body>
12   私の名前は<%= name %>。年齢は<%= age %>才です。
13   </body>
14   </html>
```

　見慣れない記号を含んでいますが、文字が青色の箇所は Java のコード、それ以外は HTML で記述されています。このように、**JSP ファイルは HTML の中に Java のコードを埋め込んで作成**します。この JSP ファイルをリクエストして実行すると、次のコード 4-2 の HTML が出力されます。

コード 4-2　コード 4-1 を実行して出力される HTML

```
1    <!DOCTYPE html>
2    <html>
3    <head>
4    <meta charset="UTF-8">
5    <title>JSPのサンプル</title>
6    </head>
7    <body>
8    私の名前は湊　雄輔。年齢は23才です。
9    </body>
10   </html>
```

　HTML の部分はそのまま出力され、さらに name と age は具体的な値で出力されています。このように、JSP ファイルを用いれば、サーブレットクラスのように println() で HTML を 1 つひとつ出力する必要はありません。

いやー、HTML の出力がサーブレットクラスよりずっと楽になった
わー。

 JSP ファイルの特徴
・リクエストして実行する。
・HTML の中に Java のコードを埋め込む。
・サーブレットクラスより楽に HTML を出力できる。
・サーブレットクラスに変換され、サーブレットクラスと同じことができる。

**4
章**

JSP ファイルから作成されるサーブレットクラスの場所

　Eclipse を使用している場合、JSP ファイルから作成されたサーブレットク
ラスは、Eclipse ワークスペース内の以下の場所にあります。

.metadata¥.plugins¥org.eclipse.wst.server.core¥tmp0¥work¥Catalina¥l
ocalhost¥ プロジェクト名 ¥org¥apache¥jsp

　たとえば、JSP ファイル「hello.jsp」を作成して実行した場合、サーブレット
クラスのソースファイル「hello_jsp.java」と、それをコンパイルした「hello_
jsp.class」が上記の場所に作成されます。**まれに、JSP ファイルを修正したの
に実行結果に反映されないなど、実行結果に問題が発生する場合があります**が、
そのようなときは、このディレクトリの中身を削除すれば解消することがあり
ます（付録 A.2.3 項の**4**）。

注意　ソースコードの背景色について
　本書では HTML と Java のコードを背景色で区別して表しています（Java のほうがより濃い青
色）。両方が登場する JSP ファイルは、背景色で Java の部分（JSP の要素）を見分けられます。

4.2　JSP の構成要素

4.2.1　JSP ファイルの構成要素

 まずは、前章で学んだサーブレットクラスと同じようなことを、JSP ファイルでも実現するための知識を身に付けよう。

　コード 4-1（p.109）で見たように、JSP ファイルは HTML と Java のコードで構成されています。これらの JSP ファイルを構成する要素には名前が付いており、HTML で書かれた部分を**テンプレート**、Java のコード部分を**スクリプト**と呼びます。

　これらを含め、JSP ファイルを構成する要素を表 4-1 にまとめました。スクリプトはスクリプトレット、スクリプト式、スクリプト宣言に分類できます。同様に、ディレクティブ、アクションタグも細かい要素に分けられます。そして、それぞれの要素の役割（行えること）には違いがあります。

表 4-1　JSP ファイルを構成する要素

要素		本書での取り扱い
テンプレート		4.1 節
スクリプト	スクリプトレット	4.2.2 項
	スクリプト式	4.2.3 項
	スクリプト宣言	本書では扱わない
JSP コメント		4.2.4 項
ディレクティブ	page ディレクティブ	4.2.5 〜 4.2.7 項
	include ディレクティブ	
	taglib ディレクティブ	第 12 章
アクションタグ	標準アクションタグ	
	カスタムタグ	
EL 式		

　ここからは、基本的な JSP ファイルを作成する上で必要な要素である「スクリプトレット」「スクリプト式」「JSP コメント」「page ディレクティブ」について学習します（図 4-3）。残りの要素は第 12 章で学びますが、スクリプト宣言は使用頻度が低いため、本書では扱いません。

```
<%@ page … %>          ──── pageディレクティブ（4.2.5～4.2.7項）

<%
…
%>                     ──── スクリプトレット（4.2.2項）

<%-- … --%>            ──── JSPコメント（4.2.4項）

<!DOCTYPE html>
<html>
<head>
</head>                ──── テンプレート（4.1節）
<body>

<%= … %>               ──── スクリプト式（4.2.3項）

</body>
</html>                ──── テンプレート
```

図 4-3　基本的な JSP ファイルの構成要素

4.2.2　スクリプトレット

スクリプトレットは、JSP ファイルに Java のコードを埋め込むことができます。

スクリプトレット
<% Javaのコード %>

　スクリプトレットは 1 つの JSP ファイル内の任意の箇所に複数記述でき、ス

クリプトレット内で宣言した変数やインスタンスは、宣言した箇所以降に記述する同じ JSP ファイルのスクリプトレットで使用できます。

```
<% int x = 10; int y = 20; %>
...
<% int z = x + y; %>
```

また、for 文や if 文を複数のスクリプトレットに分けて書くこともできます。

```
<% for (int i = 0; i < 5; i++){ %>
  <p>こんにちは</p>
<% } %>
```

4.2.3　スクリプト式

スクリプト式（単に「式」とも呼びます）は、変数やメソッドの戻り値などを出力できます。おなじみの System.out.println() と同様、さまざまなものを出力したいときに使います。

スクリプト式

・**基本構文**

    <%= Javaのコード %>

    ※ Java のコードにセミコロンは不要。

・**出力される内容**

    <%= 変数名 %> → 変数に代入されている値

    <%= 演算式 %> → 演算結果

    <%= オブジェクト.メソッド() %> →メソッドの戻り値

    <%= オブジェクト %> → オブジェクト.toString()の戻り値

4.2.4　JSP コメント

JSP コメントを使うと、JSP ファイルにコメントを記述できます。コメントは
プログラムをわかりやすく説明するために欠かせません。コメントの入れ方をぜ
ひ覚えておきましょう。

4
章

JSP コメント

<%-- … --%>

ただし、スクリプトレット内に Java としてのコメントを記述する場合は、
Java の文法に従ったコメントを使用する必要があるので注意しましょう。

```
<%-- 変数宣言のサンプル --%>  ┫━ JSP コメント
<%
// 変数を宣言 ┫━━━━━━━━━━ Java コメント
int x;
%>
```

4.2.5　page ディレクティブ

JSP ファイルに対してさまざまな設定をするには、**page ディレクティブ**を使い
ます。

---

page ディレクティブ

<%@ page 属性名="値" %>

※属性の名前と設定する値を指定する。

※属性は半角スペースで区切って複数設定できる。

---

page ディレクティブで使用できる主な属性とその意味については、次の表 4-2 を参考にしてください。

表4-2　主な page ディレクティブの属性

属性名	設定内容	デフォルト値
contentType	レスポンスの content-type ヘッダ	text/html; charset=ISO-8859-1
import	インポートするクラスまたはインタフェース	java.lang.*
		javax.servlet.*
		javax.servlet.jsp.*
		javax.servlet.http.*
pageEncoding	JSP ファイルの文字コード	contentType 属性の指定に準じる
language	使用する言語	java
session	セッション使用の可否	true
errorPage	キャッチされなかった例外の処理 (エラーページ)	null
isErrorPage	エラーページかどうかの判断	false

この中でよく使用されるのは contentType 属性と import 属性です。まずはこれらを優先して覚えましょう。

4.2.6　page ディレクティブ　−　content-type ヘッダを指定

JSP ファイルもサーブレットクラス同様、出力する内容を content-type ヘッダ (p.57) で指定する必要があります。その指定を行うのが page ディレクティブの contentType 属性です。HTML を出力する場合、次のように指定します。

HTML を出力する JSP ファイルの設定

<%@ page contentType="text/html; charset=文字コード" %>

たとえば、文字コードが UTF-8 の HTML をレスポンスする場合、次のように記述します。これは JSP ファイルのお約束のようなもので、**Eclipse で JSP ファイルを作成したら自動で記述してくれます**。

```
<%@ page contentType="text/html; charset=UTF-8" %>
```

4.2.7　page ディレクティブ － クラス、インタフェースをインポート

page ディレクティブの import 属性を使用すると、クラス（またはインタフェース）をインポートできます。構文と例文を挙げておきましょう。

 JSP ファイルでのインポート

<%@ page import="パッケージ名.クラス名" %>

※クラス名は「*」でも可。

※以下の 4 つのパッケージは自動でインポートされる 。

　java.lang、javax.servlet、javax.servlet.jsp、javax.servlet.http

---

例①　単一のクラスをインポートする場合

```
<%@ page import="java.util.ArrayList" %>
```

例②　複数のクラスをインポートする場合

・カンマで区切って並べて書く

```
<%@ page import="java.util.Date,java.util.ArrayList" %>
```

・複数に分けて書く

```
<%@ page import="java.util.Date" %>
<%@ page import="java.util.ArrayList" %>
```

例③　1つの page ディレクティブに複数の設定をまとめる場合

```
<%@ page contentType="text/html; charset=UTF-8" import="java.util.*" %>
```

なお、**インポートするクラスはパッケージへの所属が必須なので、自作のクラスをインポートする場合はパッケージに所属させる**のを忘れないようにしましょう。

JSP コメントと HTML コメントの違い

HTML にもコメントの構文があります。JSP ファイルには HTML を記述できるので、次の書式で HTML コメントも記述できます。

```
<!-- コメント -->
```

実行時に無視される JSP コメントと異なり、HTML コメントはそのままレスポンスされます。レスポンスされた HTML コメントは、ブラウザの HTML の表示機能を使えば見えてしまうので、内容はユーザーに見られる前提で考えましょう。

試しに、次の JSP ファイルをリクエストして、レスポンスされる HTML を確認してみてください。

```
<%-- JSPコメント --%> ]── レスポンスされない
<html>
<head>
<title>2種類のコメント</title>
</head>
<body>
<!-- HTMLコメント --> ]── レスポンスされる
hello
</body>
</html>
```

4.3 JSP ファイルの実行方法

4.3.1 JSP ファイルの URL

簡単な JSP ファイルなら、なんとか書けるような気がします。

では次に、書いた JSP ファイルを実行する方法を紹介しよう。

　JSP ファイルを実行するにはブラウザからリクエストを送ります。HTML ファイルやサーブレットクラスのリクエストと同じで、次の 2 つの方法があります。

方法① ブラウザを起動して URL を入力する

　ブラウザを起動し、JSP ファイルの URL を入力してリクエストします（このとき、アプリケーションサーバを起動させておく必要があります）。

方法② Eclipse の実行機能を利用する

　リクエストする JSP ファイルを選択し、右クリックして「実行」を選択すると表示されるメニューから「サーバーで実行」を選択します。

　JSP ファイルの URL は次の形式になります。JSP ファイルの格納場所と URL との関係は、次ページの図 4-4 を参照してください。

```
http://<サーバ名>/<アプリケーション名>/<webappからのパス>
```

①のURL：http://localhost:8080/example/index.jsp
②のURL：http://localhost:8080/example/hoge/index.jsp

図4-4　JSP ファイルの URL

　JSP ファイルの正体はサーブレットクラスですが、URL パターンを設定する必要はありません。HTML ファイル同様、ファイル名を URL 内で指定します。

JSP ファイルの保存場所と URL

JSPファイルの正体はサーブレットクラスだが、扱い方はHTMLファイルと同様である。HTMLファイルと同じ場所（webappの下）に保存され、適用されるURLのルールも同じになる。

正体はサーブレットクラスだけど、扱いは HTML ファイルなのか。

ははは、ややこしや〜♪

4.4 JSP ファイルを作成して実行する

4.4.1　Eclipse で JSP ファイルを作成

> さっそく Eclipse で JSP ファイルを作ってみよう。

　サーブレットクラスとの書き方の違いを実感するために、第 3 章で作った占いのプログラム（コード 3-4、p.94）と同じものを JSP ファイルで作成しましょう（次ページのコード 4-3）。プログラムの全体像は図 4-5 のようになります。

```
<!DOCTYPE html>
<html>
<head>
<meta charset="UTF-8">
<title>スッキリ占い</title>
</head>
<body>
<p>○月×日の運勢は超スッキリです</p>
</body>
</html>
```

図 4-5　JSP ファイルで作成する占いプログラムの全体像

　JSP ファイルを新しく作成する手順は Web 付録を参照してください。今回は「uranai.jsp」という名前で作成します。**page ディレクティブなど必要最低限の内容は Eclipse が書いてくれる**ので、それをもとにコードを追加して完成させましょう。

コード 4-3　占い結果を HTML でレスポンスする JSP ファイル

uranai.jsp (src/main/webapp ディレクトリ)

```jsp
1  <%@ page language="java" contentType="text/html; charset=UTF-8"
2      pageEncoding="UTF-8" %>
3  <%@ page import="java.util.Date,java.text.SimpleDateFormat" %>
4  <%
5  // 運勢をランダムで決定
6  String[] luckArray = { "超スッキリ", "スッキリ", "最悪" };
7  int index = (int)(Math.random() * 3);
8  String luck = luckArray[index];
9
10 // 実行日を取得
11 Date date = new Date();
12 SimpleDateFormat sdf = new SimpleDateFormat("MM月dd日");
13 String today = sdf.format(date);
14 %>
15 <!DOCTYPE html>
16 <html>
17 <head>
18 <meta charset="UTF-8">
19 <title>スッキリ占い</title>
20 </head>
21 <body>
22 <p><%= today %>の運勢は「<%= luck %>」です</p>
23 </body>
24 </html>
```

解説①

解説① page ディレクティブの属性

　Eclipse で JSP ファイルを作成すると、contentType 属性以外にも language 属性と pageEncoding 属性が追加されます。それぞれの意味は表 4-2（p.116）を参照してください。

4.4.2 **JSP ファイルを実行**

　JSP ファイルが作成できたら、ブラウザからリクエストして実行しましょう。ブラウザを起動して JSP ファイルの URL「http://localhost:8080/example/uranai .jsp」を入力するか、Eclipse の実行機能を使います（4.3.1 項）。図 4-6 のような Web ページが表示されれば、正しく実行できています。

4 章

図 4-6　コード 4-3 の実行結果

4.4.3 **JSP ファイルの「500 ページ」**

菅原さーん、僕はまた「500 ページ」が出ちゃいました（涙）。

大丈夫、JSP エラーの直し方も学ぼう。

　JSP ファイル実行中に、コンパイルエラーや例外などの問題が起こると、アプリケーションサーバはステータスコード 500 とともに「500 ページ」をレスポンスします（次ページの図 4-7）。

図 4-7　JSP ファイルの「500 ページ」

　「500 ページ」などのエラーページが表示された場合、ページに表示されている
メッセージや「エラー解決・虎の巻」を参考にして解決しましょう。JSP ファイル
を修正したら上書き保存をして、再度リクエストして実行結果を確認しましょう。

　**JSP ファイルでは、内容を変更した直後のリクエストからすぐに変更が結果に反映
されます。**サーブレットクラスのようにサーバを再起動する必要はありません。
もし、リクエストしても JSP ファイルの変更が結果に反映されないときは、ブ
ラウザでページを再読み込みしてください。

> よし直った。さあ、いっぱい作って練習するぞ！！

ファイルの変更を反映させる方法

・サーブレットクラス

　サーバを再起動して、リクエストし直す (p.99)。

・JSP と HTML ファイル

　リクエストし直す。サーバの再起動は不要。

※上記でも反映されない場合は、付録 A.2.3 項の **1** ～ **4** を参照。

JSPの文法エラーと偽のエラー表示

　JSPファイルは、ブラウザからのリクエストが届いたタイミングでサーブレットクラスに変換され（p.108）、Javaプログラムとしてコンパイルされます。そのため、JSPに含まれるJavaのコードに構文的な誤りがある場合、図4-7のような「500ページ」がレスポンスされます。

　しかし、セミコロンがないなどの単純なミスは、リクエスト時ではなく、JSPファイルの編集中に指摘してほしいと感じる人もいるでしょう。Eclipseでは、所定の設定（手順はWeb付録を参照）を行うと、JSPファイルに文法エラーがある場合、Javaプログラムと同様に、赤い波線と記号を表示できます（付録A.1.2項）。

　文法エラーの箇所を示す波線

文法エラーのある行を示す記号

　しかし、困ったことに、**文法エラーがないにも関わらず、この波線と記号が表示されてしまう場合があります**。そのようなときは、エラーとなっている箇所を「切り取り」→「貼り付け」→「上書き保存」すると、エラー表示が消えます。

　Eclipseの操作に慣れていない状況では、自分の間違いと思い込んでしまいがちですが、正しくてもエラーが出る場合があると覚えておきましょう。

注意　JSPファイルの保存場所

　JSPファイルとHTMLファイルは動的Webプロジェクトのwebappディレクトリ以下に配置する必要があります。

　ただし、WEB-INFディレクトリの中に配置すると、リクエストしても実行できなくなります。うっかりファイルを移動してしまうことがあるので、注意しましょう。実行した結果、「404ページ」が表示されたら、まずはファイルの保存場所を確認してください。

　動的Webプロジェクトのディレクトリ構成のルールについては、付録B.2.1項で解説しています。

4.5　この章のまとめ

JSP ファイルの基本

・JSP ファイルはブラウザからリクエストして実行できる。
・JSP ファイルの実行結果は一般的には HTML（Web ページ）である。
・JSP ファイルは HTML に Java のコードを埋め込める。
・JSP ファイルはサーブレットクラスに変換される。

JSP ファイルの文法

・JSP ファイル内の HTML を「テンプレート」という。
・Java のコードを記述するには「スクリプトレット」を使用する。
・Java の変数、メソッドの戻り値などを出力するには「スクリプト式」を使用する。
・page ディレクティブの contentType 属性で content-type ヘッダの設定ができる。
・page ディレクティブの import 属性でインポートの設定ができる。

JSP ファイルの実行

・JSP ファイルは webapp の下に保存する。
・JSP ファイルの URL は以下の形式となる。
　http://< サーバ名 >/< アプリケーション名 >/<webapp からのパス >
・JSP ファイルの更新は、次の実行時に反映される。

4.6　練習問題

練習 4-1

```
                                                       Employee.java
                                                       (ex パッケージ)
package ex;
public class Employee {
  private String id;
  private String name;
  public Employee(String id, String name) {
    this.id = id; this.name = name;
  }
  public String getId() { return id; }
  public String getName() { return name; }
}
```

　上記のクラスのインスタンスを生成し、そのフィールドが出力されるように、下記の JSP ファイルの①〜⑤を埋めてください。出力文字コードは UTF-8、作成インスタンス名は「emp」、ID と名前は「0001」と「湊 雄輔」とします。

```
                                          ex.jsp (src/main/webapp ディレクトリ)
<%@ page contentType="①" import="②" %>
<% ③ %>
<!DOCTYPE html>
<html><body> ]——— head 要素は省略
<p>IDは④、名前は⑤です</p>
</body></html>
```

練習 4-2

　練習 4-1 の ex.jsp を修正し、ID と名前を 10 回繰り返して表示する JSP ファイルを作成してください。なお、1、4、7、10 行目だけ赤色の文字(style 属性で「color: red」を指定)で表示されるようにしてください。

4.7　練習問題の解答

練習 4-1 の解答

```
① text/html; charset=UTF-8      ② ex.Employee　または　ex.*
③ Employee emp = new Employee("0001", "湊 雄輔");
④ <%= emp.getId() %>            ⑤ <%= emp.getName() %>
```

練習 4-2 の解答

ex.jsp (src/main/webapp ディレクトリ)

```
<%@ page contentType="text/html; charset=UTF-8" import="ex.*" %>
<% Employee emp = new Employee("0001", "湊 雄輔"); %>
<!DOCTYPE html>
<html>         head 要素は省略
<body>
<% for (int i = 0; i < 10; i++) { %>
<% if (i % 3 == 0) { %>
<p style="color:red">
<% } else { %>
<p>
<% } %>
IDは<%= emp.getId() %>、名前は<%= emp.getName() %>です</p>
<% } %>
</body>
</html>
```

＊HTML では、タグ間のどこにでも改行を入れられます。

第5章

フォーム

この章では、Web アプリケーションを作成する上で重要な技術の 1 つである「フォーム」を学びます。「フォーム」を使えばユーザーが Web アプリケーションにデータを入力できるので、これをマスターして、本格的な Web アプリケーション製作への第一歩を踏み出しましょう。

5.1　フォームの基本

5.1.1　フォームとは

毎回結果が変わる Web ページは作れるようになったけど、一方的で、ページを見てるほうはおもろないなぁ。

そうだね。ではここで、ブラウザでデータを入力して送信するしくみを学んで、本格的なアプリケーションに近づけよう。

　一般的なアプリケーションは、ユーザーがデータを入力できるしくみを持ちます。Web アプリケーションでは**フォーム**でそれを実現します。**フォームを使うと、Web ページに入力したデータをサーバサイドプログラムに送信できます**。このフォームは、検索サイトやショッピングサイトなどのほとんどの Web サイトで使われており、Web アプリケーションには欠かせない存在です。

　まずは「検索」を例に、フォームのおおまかなしくみを理解しましょう（図 5-1）。

図 5-1　フォームのしくみ

　ユーザーが「送信」ボタン（図5-1では「検索」ボタン）をクリックすると、ユーザーが入力したデータはリクエストとともにアプリケーションサーバへ送られます。アプリケーションサーバはリクエストされたサーバサイドプログラム（サーブレットクラスまたはJSPファイル）を実行し、その際に、送られてきたデータを渡します。サーバサイドプログラムは、渡されたデータを使用して処理（図5-1の場合は、検索処理）を行います。

5.1.2　フォームの構造

> ボタンを用意したり、データを送ったり……フォームって難しそうだな。

> 大丈夫。HTMLのタグで簡単に作れるよ。

　フォームは複数のHTMLのタグを組み合わせて作成しますが、フォームの構造を理解すれば簡単に作成できます。図5-2にシンプルなフォームの例を挙げるので、フォームの構造とタグの関係を理解しましょう。

図 5-2　基本的なフォーム

　Webページにある**入力項目のひとまとまり**が「**フォーム**」です。フォーム自体はブラウザに表示されませんが、図5-2左の点線枠で囲まれた部分と考えればよいでしょう。フォームの中には、データ入力や送信のための**部品**（コントロールとも呼びます）を配置します。この例では、「テキストボックス」「ラジオボタン」「送信ボタン」の3種類の部品が入っています。

　この構造をタグで書くと次のコード5-1のようになります。図5-2と見比べてみましょう（各タグの詳細はこの後で解説します）。

コード5-1　3つの部品を持つフォームの例

```
1  <form action="FormServlet" method="post">
2  名前:<input type="text" name="name"><br>
3  性別:
4  男<input type="radio" name="gender" value="0">
5  女<input type="radio" name="gender" value="1"><br>
6  <input type="submit" value="送信">
7  </form>
```

ようわからん属性もあるけどマネしたらできたわ！！　今日からフォームマスターや！

こらこら。それじゃ、張り子のフォームになっちゃうよ。

　このように、フォームはタグを書くだけで作れるので、フォームの「見た目」を作るのは難しくありません。HTMLリファレンスを参照しながら独力で作成できるでしょう。

　ただし「見た目」ができていても、綾部さんのようにまねをしただけではデータを正しく送信できません。データを送信するには、次の3つの事柄を学ぶ必要があります。

・フォームの部品（5.1.3 項）
・フォームの作成（5.1.4 項）
・データ送信のしくみ（5.1.5 項）

順番に解説しますのでしっかりと理解しましょう。

5.1.3　フォームの部品

HTML には、データ入力や送信のための部品（コントロール）が用意されています（図 5-3 左）。各部品はタグを使って作成します。

5
章

図 5-3　主なフォームの部品と識別名

部品の作成自体はタグを書くだけなので難しくありませんが、部品の識別名には注意が必要です。**各部品には識別のために固有の名前を付けます**（図 5-3 右）。名前を付け忘れたり、複数の部品で重複する名前を付けたりすると、正しくデータを送信できません（一部の部品には例外もあります）。

部品に識別名を付ける
部品には固有の名前を必ず付ける。名前は重複させない。

　本章では、図 5-2（p.131）にも登場した代表的な 3 つの部品を作成するタグを紹介します（ほかの部品を調べるには、HTML リファレンスの書籍や Web サイトを参照してください）。

部品①　テキストボックス

1 行のテキストを入力できる部品です。**入力したテキストの値が送信**されます。

テキストボックス

<input type="text" name="名前">

部品②　ラジオボタン

　1 つの選択肢グループの中から、1 つだけを選択する部品です。**name 属性の値が同じものが 1 つの選択肢グループ**になります。**選択したボタンの value 属性の値が送信**されます。

ラジオボタン

<input type="radio" name="名前" value="値">

部品③　送信ボタン

　クリックするとフォームに入力したデータを送信します。**フォームに最低 1 つは必要**です。

送信ボタン

<input type="submit" value="送信">

※ name 属性は必須ではない。

※ value 属性の値がボタンのラベルとして画面に表示される。

5.1.4　フォームの作成

次は部品を入れるフォーム自体の書き方について学ぼう。

　フォームは form タグで作成します。この form タグの内容に 5.1.3 項で紹介したフォームの部品を書きます。**form タグの外に部品を書くと、その部品の値は送信されない**ので注意してください。なお、1 つの form タグに入れる送信ボタンは原則 1 つにします。2 つ以上作成すると、混乱を招くことがあります。

　また、form タグでは、action 属性、method 属性を使って送信に関する情報を指定する必要があります。

　action 属性には送信先となるサーバサイドプログラム（サーブレットクラスまたは JSP ファイル）を指定します。フォーム内の送信ボタンをクリックすると、ブラウザはこの属性に指定した先を**リクエストすると同時に、データを送信**します。リクエストを受けたサーバサイドプログラムは、リクエストとともに送信されてきたデータを実行時に取得できます。

　method 属性にはリクエストメソッドを指定して、送信先のサーバサイドプログラムへのリクエストを **GET リクエストにするか POST リクエストにするかを選択**します（p.56）。

5
章

---

form タグの構文

`<form action="送信先" method="リクエストメソッド">…</form>`

・action 属性：送信先を指定する。

　　サーブレットクラスの場合→　URLパターン

　　JSPファイルの場合→　webappからのパス

・method 属性：リクエストメソッドを指定する。

　　「get」（GETリクエスト）か「post」（POSTリクエスト）を指定する。

　　method属性を省略するとGETリクエストになる。

どちらのリクエストメソッドを指定するかにより、データの送信方法が変わります。その違いと使い分けに関しては 5.1.6 項で解説します。

> 送るものを中に入れ、宛先と送り方を書く。なんか、フォームって小包みたいやな。

5.1.5　データ送信のしくみ

> リクエストメソッドの違いについて説明する前に、フォームに入力されたデータがどのように送信されるのか、そのしくみについて学ぼう。

フォームの送信ボタンをクリックすると、フォームの部品に入力したデータは「部品名 = 値」の形式で送信されます。この形式を**リクエストパラメータ**といいます（図 5-4）。

図 5-4　リクエストパラメータ

リクエストパラメータは、送信の際に「URL エンコード」という変換処理が行われます。ここでは変換処理の詳しい解説を割愛しますが、**URL エンコードはブラウザが使用する文字コードをもとに行われます**（次ページの図 5-5）。

そのため、変換されたリクエストパラメータを受け取ったサーバサイドプログラムでは、**URL エンコードに使用された文字コードと同じ文字コードを使って元に戻す必要があります**。

図 5-5 URL エンコード

　リクエストパラメータが URL エンコードされると、実際は図 5-5 のような表記になります。しかし、本書では、読みやすさを優先し、図 5-4 のように変換前の文字列で表します。

5.1.6　GET リクエストと POST リクエスト

　リクエストパラメータを送信するリクエストのリクエストメソッドには、GETまたは POST を使用します。どちらのリクエストメソッドを使用するかは、フォームの作成者が form タグの method 属性で決定します (p.135)。

「GET」と「POST」か……。どうやって使い分けたらいいんだろう？

　GET リクエストは新しい情報（Web ページなど）を取得するような場面で使用し、**POST リクエストはフォームに入力した情報を登録する**ような場面で使用する、という決まりになっています。フォームの作成者は、フォームのリクエスト先のプログラムが受け取ったリクエストパラメータを使って何を行うかで、GET かPOST かを選択する必要があります。

GET リクエストと POST リクエストの使い分け①＜ HTTP 仕様＞

・GET リクエストを使う

　　→　リクエストパラメータが、情報を取得するために利用される場合

　　　　（例：検索）

・POST リクエストを使う

　　→　リクエストパラメータが、情報の登録に利用される場合

　　　　（例：ユーザー登録や掲示板への投稿）

これが HTTP の仕様で定められている使い分けの大原則だ。そして、2 つのリクエストによるいちばんの違いが、リクエストパラメータが外から「見える」か「見えないか」なんだ。

　リクエストパラメータが「見える」か「見えないか」の違いは、GET リクエストと POST リクエストでは、リクエストパラメータの送信方法が異なる点に起因します。

・GET リクエストで送信する場合

　ブラウザは、リクエスト先の URL の末尾にリクエストパラメータを付加して送信する。

・POST リクエストで送信する場合

　ブラウザは、リクエストのボディ部にリクエストパラメータを入れて送信する。

　ブラウザは、レスポンスを受け取った後、最後にリクエストした URL をアドレスバーに表示するため、上記のような違いにより、結果としてリクエストパラメータの見え方が異なります。**GET リクエストの場合はブラウザのアドレスバーにリクエストパラメータが表示されますが、POST リクエストの場合は表示されません。**

　フォームに入力されたデータがリクエストパラメータとして送信され、レスポンスされるまでの流れを次ページの図 5-6 で確認してみましょう。特に、レスポンス後のアドレスバーの違いに着目してください。

<フォームの送信先が「http://localhost:8080/example/Register」であるとき>

■GETリクエストの場合
アドレスバーには「リクエスト先のURL?リクエストパラメータ」が表示されている

```
http://localhost:8080/example/Register?name=minato&age=23
```

■POSTリクエストの場合
アドレスバーには「リクエスト先のURL」が表示されている

```
http://localhost:8080/example/Register
```

図 5-6　GET リクエスト時と POST リクエスト時に表示される URL

　こうしたリクエストパラメータの見え方の違いから、GET リクエストと POST リクエストを次のように使い分ける場合もあります。

 GET リクエストと POST リクエストの使い分け②< URL 表示>

・GET リクエストを使う

　→　送信した結果を保存、共有する場合

　　　（例：アドレスバーに表示されるURLをブックマークやSNSで利用）

・POST リクエストを使う

　→　データをアドレスバーに表示したくない場合

　　　（例：個人情報や機密情報の送信）

本来は GET を使いたいときでも、ブラウザのアドレスバーに見えたら困るパスワードみたいな情報を送るには、POST を選ぶこともあるってわけやね。

でも、入力したパスワードがアドレスバーに表示されても、ブラウザ画面は自分しか見ないんだから別にいいんじゃないかな。

　ブラウザは自分しか見ないとは限りません。背後からの盗み見（ショルダーハッキング）や、会議でのプロジェクターの操作中に他人に見られてしまう可能性もあります。また、リクエストに使用した URL はブラウザの履歴に残ったり、通信機器やサーバのログにも記録されたりするので、後から不特定多数の人が閲覧できます。そのため、パスワードなどの機密情報を送信する際は POST リクエストを使用するようにしましょう。

　ただし、**POST リクエストであっても、セキュリティの問題がなくなるわけではありません。**HTTP の通信は暗号化されないため、送信された情報は盗聴などで漏えいする可能性があります。この問題に対応するには、通信を暗号化する SSL などのしくみを利用する必要があります。

　なお、セキュリティについては専門的で高度な知識を含むため本書では詳しく解説していません（概要のみ付録 B.5 節で紹介）。Web アプリケーションを公開する上でセキュリティ対策は必須となりますから、具体的な方法については専門書を参考にしてください。

そのほかのリクエストメソッド

　ここまで紹介した GET、POST 以外にも、PUT（情報の上書き）や DELETE（情報の削除）といったリクエストメソッドがあります。ただし、それらのリクエストメソッドを使用するには、JavaScript や WebAPI など別の技術の利用が必要です。

5.2 リクエストパラメータの取得

5.2.1 リクエストパラメータを取得する方法

 フォームでデータを送信する方法がわかったら、次は送信先のプログラムでデータを受け取る方法を学ぼう。

リクエストパラメータは、アプリケーションサーバによって HttpServletRequest インスタンスに格納され、送信先（リクエスト先）のサーブレットクラスまたはJSP ファイルに渡されます（図 5-7）。

図 5-7　リクエストパラメータは HttpServletRequest インスタンスが受け取る

　サーブレットクラスや JSP ファイルは、HttpServletRequest のメソッドを使用してリクエストパラメータを取り出せます。

5.2.2 サーブレットクラスでリクエストパラメータの値を取得

　まず、サーブレットクラスでリクエストパラメータを取得する例を見ましょう。次ページのコード 5-2 は、図 5-2（p.131）のフォームで送信されるリクエストパラメータを取得するサーブレットクラスです。

コード 5-2　リクエストパラメータを取得するサーブレットクラス

```
…(import文は省略)…
1  @WebServlet("/FormServlet")  ┣━注意①
2  public class FormServlet extends HttpServlet {
3    protected void doPost(HttpServletRequest request,
           HttpServletResponse response)          注意②
         throws ServletException, IOException {
4      // リクエストパラメータの文字コードを指定
5      request.setCharacterEncoding("UTF-8");  ┣━解説①
6
7      // リクエストパラメータの取得
8      String name = request.getParameter("name");
9      String gender = request.getParameter("gender");  解説②
       …(以降は省略)…
10   }
11 }
```

解説①　リクエストパラメータの文字コードを指定する

　URL エンコードで変換されたリクエストパラメータを元に戻すため、URL エンコードで使用した文字コードを、setCharacterEncoding() の引数に指定します。これはお約束の処理と考えればよいでしょう。

解説②　リクエストパラメータを取得する

　getParameter() でリクエストパラメータの値を取得します。たとえば、リクエストパラメータ「name=minato」の値「minato」を取得するには、リクエストパラメータの名前である「name」を引数に指定します。

　リクエストパラメータはひんぱんに取得するので、次ページの構文を確認しておきましょう。

リクエストパラメータの取得

request.setCharacterEncoding("送信元HTMLの文字コード");

String xxx = request.getParameter("リクエストパラメータの名前");

※指定した名前のリクエストパラメータがない場合は null が返される。

※リクエストパラメータは大文字と小文字を区別する。

　さらに、リクエストパラメータの送信先になるサーブレットクラスを作成するときは、次の 2 点に注意しなければなりません。

注意①　URL パターンの一致

　サーブレットクラスの URL パターンは、送信元フォームの action 属性で指定された URL パターンと一致させる必要があります。

注意②　実行メソッドの一致

　サーバサイドプログラムが実行するメソッド名は、送信元フォームの method 属性で指定されたリクエストメソッドと対応させる必要があります。つまり、method 属性が post の場合は doPost()、get の場合は doGet() にします（3.2.4 項）。

POST リクエストって、フォームを使ってリクエストを送ったときだけ使うのかな？

確か、ブラウザのアドレスバーに URL を入力したときと、リンクをクリックしたときは GET リクエストやったね。

リクエストメソッドと実行メソッドの関係は重要だから、ここでちょっと整理しておこう。

　リクエストメソッドが GET になるか POST になるかは、どのようなリクエストを行ったかで決まります。

 リクエストメソッドとブラウザの操作

GETリクエストが送信されるのは……

　　・アドレスバーに URL を入力したとき

　　・リンクをクリックしたとき

　　・ブックマーク（お気に入り）を選択したとき

　　・method 属性が「get」である送信ボタンをクリックしたとき

POST リクエストが送信されるのは……

　　・method 属性が「post」である送信ボタンをクリックしたとき

　送信されるリクエストメソッドに合わせて、リクエスト先のサーブレットクラスに実行メソッドを準備する必要があります（図 5-8）。

図 5-8　リクエストメソッドと実行メソッド

5.2.3　JSP ファイルでリクエストパラメータの値を取得

JSP ファイルでリクエストパラメータを受け取る方法についても紹介しておこう。

　前項では、フォームの送信（リクエスト）先がサーブレットクラスの例を紹介しましたが、フォームの送信先には JSP ファイルも指定できます。

　コード 5-1（p.132）のフォームの送信先に JSP ファイルを指定した場合、送られてくるリクエストパラメータを取得するには、次のように記述します。

```
<%
request.setCharacterEncoding("UTF-8");
String name = request.getParameter("name");
String gender = request.getParameter("gender");
%>
```

サーブレットクラスで受け取るときと一緒だね。

doGet() とか doPost() がないから楽でいいなあ。あれ？　そうすると、この「request」って、どこで宣言してるんや？

いいところに気づいたね。これは暗黙オブジェクトっていうんだ。

　JSP ファイルのスクリプトレットまたはスクリプト式には、**暗黙オブジェクト**という、特別なオブジェクトがあります。これらは定義済みのため、宣言せずに利用できます。

　次ページの表 5-1 に暗黙オブジェクトをまとめました。

表 5-1　暗黙オブジェクト

オブジェクトの名前	オブジェクトの型
pageContext	javax.servlet.jsp.PageContext
request	javax.servlet.http.HttpServletRequest
response	javax.servlet.http.HttpServletResponse
session	javax.servlet.http.HttpSession
application	javax.servlet.ServletContext
out	javax.servlet.jsp.JspWriter
config	javax.servlet.ServletConfig
page	java.lang.Object
exception	java.lang.Exception

うわー。たくさんある……。

大丈夫！　全部を覚える必要はないよ。

　本書で使用するのは、「request」「session」「application」オブジェクトのみです。これらについては第 III 部で紹介するので、現時点では細かく覚える必要はありません。暗黙オブジェクトという特別なオブジェクトが JSP には存在することだけを覚えておいてください。

> **注意　JSP ファイルではリクエストパラメータ値を取得しない**
>
> 　ここでは、JSP ファイルでリクエストパラメータの値を取得する方法を紹介しましたが、第 III 部で紹介する MVC モデルに従った設計では、原則として取得しません。そのため、この方法を実際に試す必要はないでしょう。

5.3 フォームを使った プログラムの作成

5.3.1 フォームを使ったプログラムの作成に挑戦しよう

説明はこれくらいにして、実際にフォームを使ってみよう。世の中の Web サイトでよく見るユーザー登録のようなものにしようか。

だいたい理解したつもりだけど、うまくできるかな……。

心配しなくても大丈夫。エラーは出るかもしれないが、まずは紹介するコードのとおりに入力して動かしてごらん。

　湊くんのように不安になる人も多いでしょう。しかし、自分の手でコードを入力して実際に動かしてみるのは、学んだ内容を定着させるための近道です。たとえエラーが起きたとしても、その原因を探る過程で因果関係が整理され、理解の手助けになるはずです。

　まず、コードを入力する前に、これから作成するプログラムの全体像を確認しましょう。フォームを使いこなすためのポイントと、よく発生する問題も後で紹介するので、エラーが出た場合に参考にしてください。

それなら安心かも。よし！　挑戦してみるぞ。

　ここでは、フォームを利用した「ユーザー登録もどき」を作ります。もどきなので、実際にはファイルやデータベースにデータを記録しません。とはいえ、これまで練習してきたものよりも少し規模が大きくなるので、手始めに画面遷移の様子から見てみましょう（次ページの図 5-9）。

図5-9 ユーザー登録プログラムの画面遷移

　名前と性別の両方を入力していれば「登録結果画面（成功）」を表示し、そうで
なければ「登録結果画面（失敗）」を表示します。このような動きをするプログラ
ムを、次ページの図5-10のようにJSPファイルとサーブレットクラスを組み合
わせて作成します。

> ふーん、図5-10の最初のリクエスト先はJSPファイルなんか。と
> いうことは、【登録情報入力画面】のフォームはJSPファイルで表示
> するんやね。

注意　サーブレットクラスとJSPファイルの使い分け

　現段階では、サーブレットクラスとJSPファイルをどのように使い分けるかを解説していない
ので、今回のプログラムではこの2種類の組み合わせ方を深く考える必要はありません。使い分け
については、第 III 部で解説します。

図 5-10　ユーザー登録プログラムの構成

5.3.2　プログラムを作成する

　全体像のイメージがつかめたら、次のコード 5-3 の JSP ファイル「form.jsp」を、動的 Web プロジェクト「example」の webapp 直下に作成してください。

コード 5-3　登録情報入力画面（フォーム）をレスポンスする JSP ファイル

form.jsp（src/main/webapp ディレクトリ）

```
1  <%@ page language="java" contentType="text/html; charset=UTF-8"
2      pageEncoding="UTF-8" %>
3  <!DOCTYPE html>
4  <html>
5  <head>
6  <meta charset="UTF-8">
7  <title>ユーザー登録もどき</title>
```

```
 8   </head>
 9   <body>
10   <form action="FormServlet" method="post">
11   名前:<br>
12   <input type="text" name="name"><br>
13   性別:<br>
14   男<input type="radio" name="gender" value="0">
15   女<input type="radio" name="gender" value="1">
16   <input type="submit" value="登録">
17   </form>
18   </body>
19   </html>
```

次に、動的 Web プロジェクト「example」に「servlet.FormServlet」を作成します（コード 5-4）。Eclipse を用いて doPost() を持つサーブレットクラスを作成するには、**サーブレットクラスの作成時に doGet() ではなく、doPost() にチェックを入れてください**（Web 付録を参照）。

コード 5-4　登録結果画面をレスポンスするサーブレットクラス

FormServlet.java
（servlet パッケージ）

```java
 1   package servlet;
 2
 3   import java.io.IOException;
 4   import java.io.PrintWriter;
 5   import javax.servlet.ServletException;
 6   import javax.servlet.annotation.WebServlet;
 7   import javax.servlet.http.HttpServlet;
 8   import javax.servlet.http.HttpServletRequest;
 9   import javax.servlet.http.HttpServletResponse;
10
11   @WebServlet("/FormServlet")
12   public class FormServlet extends HttpServlet {
```

```
13    private static final long serialVersionUID = 1L;
14
15    protected void doPost(HttpServletRequest request,
          HttpServletResponse response)
          throws ServletException, IOException {
16      // リクエストパラメータを取得
17      request.setCharacterEncoding("UTF-8");
18      String name = request.getParameter("name");
19      String gender = request.getParameter("gender");
20
21      // リクエストパラメータをチェック
22      String errorMsg = "";
23      if (name == null || name.length() == 0) {        解説①
24        errorMsg += "名前が入力されていません<br>";
25      }
26      if (gender == null || gender.length() == 0) {
27        errorMsg += "性別が選択されていません<br>";
28      } else {
29        if (gender.equals("0")) { gender = "男性"; }
30        else if (gender.equals("1")) { gender = "女性"; }
31      }
32
33      // 表示するメッセージを設定
34      String msg = name + "さん(" + gender + ")を登録しました";
35      if (errorMsg.length() != 0) {
36        msg = errorMsg;
37      }
38
39      // HTMLを出力
40      response.setContentType("text/html; charset=UTF-8");
41      PrintWriter out = response.getWriter();
42      out.println("<!DOCTYPE html>");
```

```
43        out.println("<html>");
44        out.println("<head>");
45        out.println("<meta charset=¥"UTF-8¥">");
46        out.println("<title>ユーザー登録結果</title>");
47        out.println("</head>");
48        out.println("<body>");
49        out.println("<p>" + msg + "</p>");
50        out.println("</body>");
51        out.println("</html>");
52    }
53 }
```

解説①　リクエストパラメータの未入力チェック

　一般的な未入力チェックでは、入力値が空文字「""」(文字数が 0 の文字列)と一致するかを比較します。さらに null との比較で、リクエストパラメータがきちんと送信されてきているかもチェックしています。

5.3.3　プログラムを実行する

　プログラムが作成できたら、「form.jsp」を次のいずれかの方法で実行して動作を確認しましょう。

方法①　次の URL をブラウザのアドレスバーに入力してリクエストする。
　　　　http://localhost:8080/example/form.jsp

方法②　Eclipse の実行機能で実行する。

　なお、作成したサーブレットクラス「FormServlet.java」は、doGet() を持たないため、こちらを最初に実行してしまうとリクエストメソッドに対応した実行メソッドが見つからず、**405 ページ**が表示されます。リクエストする順番に気をつけましょう。

5.3.4　4つの連係ポイント

菅原さ～ん、やっぱりエラーが出ちゃいます……（泣）。

私はうまくいったで！　性別が選択されてへん言われたけどな（笑）。

　みなさんはどうだったでしょうか。うまくいかなかった場合はもちろん、うまくいった場合でも、フォーム利用時の注意点をここで知っておきましょう。

　フォームを利用したプログラムを作成する場合、フォームで送信したデータをサーブレットクラスで正しく取得するために、送信元のフォームと送信先のサーブレットクラスの間できちんと一致させなければならないポイントが4つあります。次の表5-2を見てください。

表5-2　フォームとサーブレットクラスで一致させるポイント

	送信元のフォーム	送信先のサーブレットクラス
①	action 属性	サーブレットクラスの URL パターン
②	method 属性	サーブレットクラスの実行メソッド
③	HTML の文字コード	setCharacterEncoding() の引数
④	各部品の name 属性	getParameter() の引数

　コード上で、これら4つのポイントを対応させる箇所を確認しましょう。フォーム（コード5-3の抜粋）の①～④の部分と、サーブレットクラス（コード5-4の抜粋）の①～④の部分を一致させればよいのです。

コード5-3の抜粋

```
1  <%@ page language="java" contentType="text/html; charset=UTF-8"
2      pageEncoding="UTF-8" %>                                    ③
…（省略）…
```

```
10    <form action="FormServlet" method="post">
                      └──①              └──②
11    名前:<br>
12    <input type="text" name="name"><br>
                              └──④
…(省略)…
17    </form>
```

コード 5-4 の抜粋

```
…(省略)…
11    @WebServlet("/FormServlet")
                    └──①
12    public class FormServlet extends HttpServlet {
…(省略)…
15      protected void doPost(HttpServletRequest request,
                        └──②
            HttpServletResponse response)
            throws ServletException, IOException {
16      // リクエストパラメータを取得
17      request.setCharacterEncoding("UTF-8");
                                      └──③
18      String name = request.getParameter("name");
                                            └──④
…(省略)…
```

　もし、表 5-2（p.153）の①から④のポイントが一致していない場合、次のような問題が発生します。

①が一致していない　→　送信ボタンを押すと「404 ページ」が表示される。

②が一致していない　→　送信ボタンを押すと「405 ページ」が表示される。

③が一致していない　→　取得したリクエストパラメータが文字化けする。

④が一致していない　→　取得したリクエストパラメータが null になる。

　このような問題が発生した場合は、対応するポイントがフォームとサーブレットクラスで一致しているかを確認しましょう。それでも問題を解決できない場合は、「エラー解決・虎の巻」を参照してください。

5.4　リクエストパラメータの応用

5.4.1　開発者がプログラムにデータを送る

 章の最後に、より本格的な Web プログラムを作るときに必要となる知識について解説しよう。読んで難ければ、理解は後回しでもいいよ。

　規模が大きい本格的な Web アプリケーションでは、利用者がフォームの送信ボタンやリンクをクリックした際、利用者自身は何も指定していなくても、あるリクエストパラメータがコッソリとサーバに送信されるようなしくみを作りたい場面があります。このようなとき、次の 2 つの方法を利用できます。

方法①　hidden フィールドを使用

　フォーム内に hidden フィールドという部品を配置します。送信したいリクエストパラメータの名前と値を、name 属性と value 属性で指定します。

---

hidden フィールド

<input type ="hidden" name="名前" value="値">

※この部品は画面には表示されない。

　たとえば、次ページのように記述すると「hoge=foo」というリクエストパラメータが送信されます。リクエスト先では「request.getParameter("hoge")」とすれば、「foo」を取得できます。

```
<form action="SampleServlet" method="get">
<input type="hidden" name="hoge" value="foo">
<input type="submit" value="送信">
</form>
```

方法②　リクエスト先 URL の末尾に指定

　リンクの href 属性で指定するリクエスト先に「?」を付け、その後ろにリクエストパラメータを追加します。

リクエスト先 URL の末尾に指定する

<a href="リクエスト先?名前=値">…</a>

※複数送る場合は「&」でつなぐ（例：a=10&b=20）。

※リンク先のサーブレットクラスは doGet() を実行する。

　次に例を示します。

```
<a href="SampleServlet?hoge=foo">リンク</a>
```

　これら 2 つの方法はよく使用するので覚えておきましょう（方法②を利用する場面は、第 8 章で登場します）。

5.5 この章のまとめ

フォームの利用

・フォームを利用することで、ユーザーはブラウザ画面上でデータを入力し、サーバに送信できる。

・フォームを構成する部品には固有の名前を付ける。

・フォームに準備した送信ボタンをクリックすると、フォームの各部品に入力された内容がリクエストパラメータとして送信される。

・リクエストパラメータは GET または POST リクエストで送信される。

・GET または POST は、以下を考慮して使い分ける。

　①リクエストパラメータの利用目的

　②リクエストパラメータの可視性

・送信元のフォームと、送信先のサーブレットクラス／ JSP ファイルで正確に一致させなければならないポイントが 4 つある。

表 5-2　フォームとサーブレットクラスで一致させるポイント（再掲）

	送信元のフォーム	送信先のサーブレットクラス
①	action 属性	サーブレットクラスの URL パターン
②	method 属性	サーブレットクラスの実行メソッド
③	HTML の文字コード	setCharacterEncoding() の引数
④	各部品の name 属性	getParameter() の引数

リクエストパラメータの取得

・リクエストパラメータは HttpServletRequest インスタンスに格納される。

・次の手順で HttpServletRequest インスタンスからリクエストパラメータを取得できる。

　①リクエストパラメータの文字コードを指定

　②リクエストパラメータの名前を指定して取得

5.6　練習問題

練習 5-1

次の JSP ファイルとサーブレットクラスがフォームで連係できるように、①
～④に適切な語句を入れて完成させてください。

■ JSP ファイル

```
<%@ page language="java" contentType="text/html; charset=UTF-8"
    pageEncoding="UTF-8" %>
…(省略)…
<form action="①" method="post">
名前:<br>
<input type="text" name="name"><br>
<input type="submit" value="登録">
</form>
…(省略)…
```

■サーブレットクラス

```
@WebServlet("/Ex5_1")
public class Exercise1 extends HttpServlet {
  protected void  ②  (HttpServletRequest request,
    HttpServletResponse response)
    throws ServletException, IOException {
  request.setCharacterEncoding("③");
  String name = request.getParameter("④");
  …(省略)…
  }
}
```

練習 5-2

　HTML フォームには、本章で紹介したもの以外にもさまざまなコントロールを配置できます。特に、input タグ以外では、次の 2 つがよく使われます。

・ドロップダウンリスト（セレクトボックスともいう）
・テキストエリア

　ドロップダウンリストは、select タグと option タグを使って実現します。テキストエリアは textarea タグを使って実現します。HTML リファレンスを調べながら、ドロップダウンリストとテキストエリアを用いた次のような「お問い合わせフォーム」を作成してください。

【お問い合わせフォームの仕様】
・ユーザーの「名前」を入力できるテキストボックスを「name」という名前で作成する。
・ユーザーが「お問い合わせの種類」を選択できるドロップダウンリストを「qtype」という名前で作成する。選択できるメニューと送信される値は、次のようにする。

表示	送信値
会社について	company
製品について	product
アフターサポートについて	support

・ユーザーが「お問い合わせ内容」を複数行で入力できるテキストエリアを「body」という名前で作成する。
・送信ボタンを押すと、「testenq」に対して POST メソッドでリクエストが送信される。

5.7　練習問題の解答

練習 5-1 の解答

① Ex5_1　　② doPost　　③ UTF-8　　④ name

練習 5-2 の解答

testenq.jsp（src/main/webapp ディレクトリ）

```
<!DOCTYPE html>
<html>
<head>
<meta charset="UTF-8">
<title>お問い合わせフォーム</title>
</head>
<body>
<form action="testenq" method="post">
  お名前: <input type="text" name="name"><br>
  お問い合わせの種類:
  <select name="qtype">
    <option value="company">会社について</option>
    <option value="product">製品について</option>
    <option value="support">アフターサポートについて</option>
  </select><br>
  お問い合わせ内容:
  <textarea name="body"></textarea><br>
  <input type="submit">
</form>
</body>
</html>
```

※ select、option、textarea タグが正しく使えていれば、厳密に同じでなくてもかまいません。

正規表現

　コード5-4（p.150）ではシンプルにnullと空文字をチェックしていますが、「正規表現」を使用すると、次のように「4文字の半角英数かどうか」といった柔軟なチェックができます。

　詳しくは『スッキリわかるJava入門 実践編 第3版』を参照してください。

```java
import java.util.regex.Pattern;
public class RegularExpressionSample {
  public static void main(String[] args) {
    // チェックする文字列
    String str = "java";
    // パターンの生成（半角英数4文字）
    Pattern pattern = Pattern.compile("^[0-9a-zA-Z]{4}$");
    // パターンと一致するか
    if (pattern.matcher(str).matches()) {
      // 一致したときの処理
    } else {
      // 一致しなかった時の処理
    }
  }
}
```

第 **III** 部

本格的な開発を始めよう

開発モデルを利用しよう

Webアプリケーションって楽しいね。Javaの基礎を勉強したときは、実行結果が文字ばっかりでちょっと退屈だったけど。

ほんまやね。文法も構文として割り切って覚えたら、そんなに難しくないし。そろそろ、ショッピングサイトでも作ろかな。

こらこら、調子にのるんじゃない。ここまでの基礎知識だけで本格的なWebアプリケーションを開発しようとすると、そのうち行き詰まってしまうだろう。

これからが学習の山場ってわけですね（ごくっ）。

でも、マスターしたらいろいろなアプリケーションが自由自在に作れるようになること間違いなしだよ。

よぉし、がんばるぞ！

　第II部の学習を終えたら、簡単なWebアプリケーションを作れるようになります。しかし、それだけでショッピングサイトのような複雑なWebアプリケーションを作るのは難しく、開発の効率もよくありません。この第III部では、Webアプリケーションを本格的に作成するための知識を学びます。最後の第10章では、これまでの学習内容を使ってWebアプリケーションの開発にチャレンジします。お楽しみに。

第6章

MVC モデルと
処理の遷移

前章までは 1 つのリクエストを 1 つのサーブレットクラスまたは JSP ファイルで処理していました。しかし、本格的な Web アプリケーションを開発するには、より効率的な方法があります。

この章では、実際の開発現場でも採用されている、Web アプリケーションの模範的な構造と開発手法を学びます。

CONTENTS ●

6.1　MVC モデル

6.1.1　サーブレットと JSP ファイルを組み合わせる

 サーブレットと JSP の基本を勉強してみてどうだったかな？

JSP のほうが楽ですね♪　だから、サーブレットは使わないでおこうっと。

 私はサーブレットのほうが Java らしくて好きやし、こっちを使うことにするわ。

ははは。それじゃそろそろ、サーブレットと JSP のそれぞれ得意なことと苦手なことを紹介しよう。

　サーブレットクラスと JSP ファイルはどちらを用いても同じ処理を実現できます。とはいえ、Web アプリケーションの開発の現場ではいずれか片方だけを使うわけではありません。実際は、**サーブレットクラスと JSP ファイルを組み合わせて Web アプリケーションを作成するのが一般的**です。両者のよいところを引き出すことで、効率よく開発ができるのです。

　サーブレットクラスと JSP ファイルを組み合わせて開発するときに、参考になるのが「MVC モデル」です。まずは、この MVC モデルの学習から始めましょう。

6.1.2　MVC モデルとは

　MVC モデルは、GUI アプリケーションのための模範的な構造です。ざっくり

いえば、「ユーザーがボタンなどを使って操作するアプリケーションはこんな内部構造で作れば『いいこと』があるよ」というお手本やガイドラインのようなものだと思えばよいでしょう。

　私たちが本書で学習しているサーブレットや JSP による Web アプリケーションも GUI アプリケーションなので、まさにこの MVC モデルをお手本とした開発が有効なのです。

「いいこと」って何やの？

それはあとで紹介するよ。まずは、アプリケーションをどんな構造にするのかを学習しよう。

6
章

　MVC モデルでは、アプリケーションを、表 6-1 に挙げた 3 つの要素、**モデル**（Model）、**ビュー**（View）、**コントローラ**（Controller）に分けて開発することを定めています。**各要素は担当する役割が決められており、ほかの役割は担いません。**

表 6-1　MVC モデルにおける開発の 3 つの要素

要素	役割
モデル（Model）	アプリケーションの主たる処理（計算処理など）や処理に関わるデータを格納する
ビュー（View）	ユーザーに対して画面の表示を行う
コントローラ（Controller）	ユーザーからの要求を受け取り、処理の実行をモデルに依頼し、その結果の表示をビューに依頼する

　これらの要素が次の❶〜❼のように連係して、アプリケーションの機能をユーザーに提供します（次ページの図 6-1）。

❶ユーザーが、アプリケーションの提供する機能（検索など）を要求する。
❷コントローラが要求を受け付ける。
❸コントローラがモデルに処理の実行を依頼する。

❹モデルが処理を実行する。

❺コントローラが結果の表示をビューに依頼する。

❻ビューがユーザーの要求の結果を表示する。

❼ユーザーは要求の結果を見る。

<MVCモデルの3つの要素により、❶〜❼の順で処理が進められる>

図 6-1　MVC モデルのイメージ

　いわば、コントローラは受付兼指示係、モデルは実務係、ビューは表示係といったところです。このように**役割を分担しておくことで、どの要素に手を加えたらよいかが明確になり、アプリケーションの保守や拡張がしやすくする**というメリットがあります。

> 会社で、法律に関することは法務部、お金に関することは経理部というように、担当が分かれているのに似てますね。

> そうだね。役割や責任を分担すると、全体の効率アップにつながるんだ。

　では、サーブレットや JSP を用いた Web アプリケーションで、MVC モデルをどのように実現するかを、もう少し具体的に紹介しましょう（次ページの図 6-2）。

<ユーザーからの要求（リクエスト）を受け、❶〜❹の順で処理が進められる>

図 6-2　Web アプリケーションにおける MVC モデルの実現イメージ

　ユーザーからの要求（リクエスト）を受けて全体の制御を行うコントローラは、サーブレットクラスが担当します。リクエストの受付は JSP ファイルでもできますが、コントローラ役には複雑な制御や例外処理が求められます。そのような処理は、Java が主体のサーブレットクラスのほうが適しています。

　ユーザーの要求（検索など）に応える処理や、その処理に関係するデータ（検索語や検索結果）を表すモデルは、一般的な Java のクラスが担当します。ここでいう一般的なクラスとは、HttpServletRequest のような Web アプリケーションに関するクラスやインタフェースを含まないクラスのことです。そのようなクラスにモデルの役割を受け持たせることで、Web アプリケーションの知識がない人でも、モデルの開発に参加できるようになります。

　出力を行うビューは、HTML の出力を得意とする JSP ファイルが担当します。サーブレットクラスでも HTML の出力はできますが、println() を大量に必要とするため処理が煩雑になってしまいます。また、JSP ファイルは HTML をそのまま書けるので、Web ページのデザイン担当者に Java の知識がなくても画面を作成できる、という利点もあります。

うーん。なんとなくわかったけど、正直、いままでみたいにスッキリせーへんとこあるなぁ。ついていかれへんよーになったらどうしよ。

心配しなくていいよ。君たち新人には、まだ開発経験がないからね。本当のことを言うと、僕も最初はチンプンカンプンだったよ（笑）。

　MVC モデルは先人たちの経験から生まれた作法なので、経験が少ない開発者にはメリットを理解しにくいのは仕方ありません。**最初は「そういうものだ」と割り切って、次のポイントだけは覚えておきましょう。**

！　**MVC モデルと Web アプリケーション**
　・リクエストを受けるのはサーブレットクラス（コントローラ）
　・レスポンスをするのは JSP ファイル（ビュー）
　・処理を担うのは一般的な Java のクラス（モデル）

　次の第 7 章からは、プログラムを MVC モデルに沿って紹介します。さまざまな例に触れて徐々に MVC モデルに慣れましょう。経験が増えれば、理解できるところも増えていきます。

とりあえずは黄金パターンに慣れろってことやね。

そうそう。形から入ることも学習には大事だよ。

6.2　処理の転送

6.2.1　フォワードとは

早速 MVC モデルにチャレンジしてみようと思ったんやけど……。
困ったわあ。

チャレンジするとは感心だね。どうしたんだい？

サーブレットから JSP ファイルを利用するのって、どうやるんやろ？

いいところに気づいたね。解決の方法を紹介しよう。

　MVC モデルで開発する場合、コントローラのサーブレットクラスが、ビューの JSP ファイルに処理結果の表示を依頼する必要があります（図 6-2 の❸、p169）。しかし、JSP ファイルは、Java のクラスのように new で生成して呼び出すわけにもいきません。これを解決するのが**フォワード**です。
　フォワードを使用すると、処理を別のサーブレットクラスや JSP ファイルに転送できます。サーブレットクラスから JSP ファイルにフォワードすることで、出力処理の担当を JSP ファイルに任せられます（次ページの図 6-3）。

フォワードは MVC モデルの実現には欠かせないんだ。

リクエスト

あとは
お願い

サーブレットクラス

フォワード

レスポンス

続きは
任せてー

JSPファイル

図6-3　フォワードの流れ

第III部

6.2.2　フォワードの実現方法

フォワードは、**RequestDispatcher** インスタンスの **forward()** で行います。

フォワードの指示

RequestDispatcher dispatcher =

　　　request.getRequestDispatcher("フォワード先");

dispatcher.forward(request, response);

※「javax.servlet.RequestDispatcher」をインポートする必要がある。

　フォワード先には JSP ファイルだけでなくサーブレットクラスも指定できますが、同じ Web アプリケーションに属している必要があるため注意してください。

フォワード先に指定するもの

　・JSPファイルの場合　　　→　webappからのパス

　・サーブレットクラスの場合　→　URLパターン

6.2.3　JSP ファイルへの直接リクエストを禁止する

> MVC モデルを使うと、ユーザーから JSP ファイルを直接リクエストされる機会はないから、ここで 1 つ安全対策をしておこう。

　MVC モデルに従って Web アプリケーションを作ると、ブラウザからリクエストされるのは基本的にサーブレットクラスになります。JSP ファイルはサーブレットクラスからフォワードされて動くのが前提になるので、ブラウザから直接呼び出されるとエラーや不具合が発生することがあります。

　そこで、フォワード先としてしか利用しない JSP ファイルは、ブラウザから直接リクエストできないように対策をしておきましょう。

　直接のリクエストを防ぐには、次の図 6-4 の場所に JSP ファイルを配置します。**ブラウザは、「WEB-INF」ディレクトリ以下に配置されたファイルを直接リクエストできません**。以降、本書では、フォワード先として利用される JSP ファイルは「WEB-INF/jsp」に配置します。

図 6-4　フォワードされる JSP ファイルの配置場所（本書の場合）

　次ページの図 6-5 に、これまで利用してきた場所も含め、4 通りの配置場所とそれぞれに対応するフォワードの指示を整理しました。今後は、フォワード先となる JSP ファイルを④の場所に配置して指示します。

① request.getRequestDispatcher("index.jsp")
② request.getRequestDispatcher("hoge/index.jsp")
③ request.getRequestDispatcher("WEB-INF/index.jsp")
④ request.getRequestDispatcher("WEB-INF/jsp/index.jsp")

図 6-5　配置場所ごとの JSP ファイルへのフォワード指示

6.2.4　フォワードの動作を試してみよう

それでは、フォワードの動作を確認するプログラムを作ってみましょう。

今回作成するアプリケーションは、サーブレットクラスをリクエストすると画面が表示されるという、一見シンプルなものです（図 6-6）。しかし、これまでのようにリクエストしたサーブレットクラスが画面を表示するのではなく、リクエストしたサーブレットクラスからフォワードされた JSP ファイルが HTML を出力し、それをブラウザに表示します。

図 6-6　フォワードするプログラムの動作

　次のサーブレットクラスと JSP ファイルを作成し、これらを図 6-7 のように組み合わせます。

・ForwardServlet.java　：リクエストを処理するコントローラ
・forward.jsp　　　　　：「フォワード結果」画面を出力するビュー

図 6-7　フォワードするプログラムの流れ

　今回のサーブレットクラスは、JSP ファイルにフォワードする処理だけを行います。ブラウザには、フォワードされた JSP ファイルが出力する内容が表示されます。

　それでは、コード 6-1（p.176）とコード 6-2（p.177）を参考にフォワードのプログラムを作成してください。作成後、「ForwardServlet.java」を次のいずれかの方法で実行して動作を確認しましょう。

・「http://localhost:8080/example/ForwardServlet」にブラウザでリクエストする。
・「ForwardServlet.java」を Eclipse の実行機能で実行する。

コード6-1　フォワードを行うサーブレットクラス

ForwardServlet.java
(servlet パッケージ)

```
1  package servlet;
2
3  import java.io.IOException;
4  import javax.servlet.RequestDispatcher;
5  import javax.servlet.ServletException;
6  import javax.servlet.annotation.WebServlet;
7  import javax.servlet.http.HttpServlet;
8  import javax.servlet.http.HttpServletRequest;
9  import javax.servlet.http.HttpServletResponse;
10
11 @WebServlet("/ForwardServlet")
12 public class ForwardServlet extends HttpServlet {
13   private static final long serialVersionUID = 1L;
14
15   protected void doGet(HttpServletRequest request,
        HttpServletResponse response)
        throws ServletException, IOException {
16     // フォワード
17     RequestDispatcher dispatcher =
          request.getRequestDispatcher("WEB-INF/jsp/forward.jsp");
18     dispatcher.forward(request, response);
19   }
20 }
```

追加する部分（Eclipse が
自動でインポートする）

次ページのコード 6-2 の JSP ファイルは、「WEB-INF/jsp ディレクトリ」内に
保存します。jsp ディレクトリは、前項で解説した方法で作成します。

コード 6-2　フォワード先の JSP ファイル

forward.jsp (src/main/webapp/WEB-INF/jsp ディレクトリ)

```
1  <%@ page language="java" contentType="text/html; charset=UTF-8"
2      pageEncoding="UTF-8" %>
3  <!DOCTYPE html>
4  <html>
5  <head>
6  <meta charset="UTF-8">
7  <title>フォワードの実験</title>
8  </head>
9  <body>
10 <h1>フォワードの実験</h1>
11 <p>フォワードされたページです</p>
12 </body>
13 </html>
```

できた！　これで MVC モデルに一歩前進や！！

6.2.5　リダイレクトとは

フォワードもマスターしたし、これで処理の転送は完璧ですね。

実はフォワード以外にも処理を転送する方法があるんだ。それも紹介しておこう。

　処理を別の処理へ転送する方法はフォワードだけではありません。もう 1 つ、**リダイレクト**という方法があります。**リダイレクトは、ブラウザのリクエスト先を変更して処理の転送を行います**。リダイレクトでは、次の図 6-8 のように処理が進行します。

❶ブラウザがリクエストを送ると、サーブレットクラスから「ここにリクエストをしなさい」という命令がレスポンスされる。
❷命令を受けたブラウザは、指示された先に**自動的に**再リクエストを行う。
❸再リクエストの結果が、ブラウザに表示される。

図 6-8　リダイレクトの流れ

　なお、図 6-8 ではサーブレットクラスへリダイレクトしていますが、ブラウザがリクエストできる先ならばどこへでもリダイレクトできます。

6.2.6　リダイレクトの実現方法

リダイレクトは、HttpServletResponse インスタンスの **sendRedirect()** で行います。

リダイレクトの指示

response.sendRedirect("リダイレクト先のURL");

※リダイレクト先は、ブラウザがリクエストできる先であればどこでも可能。

リダイレクト先は URL で指定します。ただし、リダイレクト先が同じアプリケーションの場合は、次のように URL を使用せずにリダイレクト先を指定できます。

6章

リダイレクト先に指定するもの（同じアプリケーションの場合）

・サーブレットクラスの場合　→　URL パターン

・JSP ファイルの場合　　　→　webapp からのパス

・URL で指定する例

```
response.sendRedirect("http://www.example.com/example/SampleServlet");
```

・URL パターンで指定する例

```
response.sendRedirect("SampleServlet");
```

6.2.7　リダイレクトの動作を試してみよう

リダイレクトの動作を確認するプログラムを作りましょう。フォワードの場合と同様、ブラウザからサーブレットクラスをリクエストすると画面が表示される

だけです。結果画面は、リクエストしたサーブレットクラスではなく、リダイレクト先が出力するのがポイントです（図 6-9）。

図 6-9　リダイレクトするプログラムの動作

次のサーブレットクラスを図 6-10 の流れになるように組み合わせます。

- RedirectServlet.java　：リクエストを処理するコントローラ
- UranaiServlet.java　　：占いを行い、結果を出力するサーブレットクラス（第3章で作成済み）

図 6-10　リダイレクトするプログラムの流れ

　リクエストされたサーブレットクラス（RedirectServlet）は、リクエストを受けると、リダイレクトのみを行います。リダイレクト先は第3章で作成したサーブレットクラス（UranaiServlet）です（コード3-4、p.94）。実行すると、サーブレットクラスが出力した占いの結果がブラウザに表示されます。

　それでは次のコード6-3を参考に、リダイレクトのプログラムを作成してください。作成後、「RedirectServlet.java」を次のいずれかの方法で実行して、動作を確認しましょう。

・「http://localhost:8080/example/RedirectServlet」にブラウザでリクエストする。
・「RedirectServlet.java」をEclipseの実行機能で実行する。

コード6-3　リダイレクトを行うサーブレットクラス

RedirectServlet.java
（servletパッケージ）

```
1  package servlet;
2
3  import java.io.IOException;
4  import javax.servlet.ServletException;
5  import javax.servlet.annotation.WebServlet;
6  import javax.servlet.http.HttpServlet;
7  import javax.servlet.http.HttpServletRequest;
8  import javax.servlet.http.HttpServletResponse;
9
10 @WebServlet("/RedirectServlet")
11 public class RedirectServlet extends HttpServlet {
12   private static final long serialVersionUID = 1L;
13
14   protected void doGet(HttpServletRequest request,
          HttpServletResponse response)
          throws ServletException, IOException {
15     // リダイレクト
16     response.sendRedirect("UranaiServlet");    ]─■解説①
```

```
17   }
18 }
```

解説①　リダイレクト先の指定

次のように、URL を使ったリダイレクト先の指定もできます。

```
response.sendRedirect("http://localhost:8080/example/UranaiServlet");
```

6.2.8　フォワードとリダイレクトの使い分け

結局、フォワードとリダイレクトのどっちを使っても同じことなのかな？

「処理が転送される」という結果は同じだけど、転送の内容が違うんだよ。ちょっと振り返ってみよう。

　フォワードとリダイレクトの動作や転送を比較すると、それぞれ次のような特徴があります。

！　フォワードとリダイレクトの動作と転送の比較

フォワード

・同じアプリケーション内のサーブレットクラスや JSP ファイルに処理を移す。

・リクエスト／レスポンスは 1 往復する。

リダイレクト

・ブラウザに別のサーブレットクラスや JSP ファイルをリクエストさせ、実行し直す。

・リクエスト／レスポンスは 2 往復する。

　結果が似ているので難しく感じるかもしれませんが、フォワードとリダイレクトは、転送元と転送先の関係で使い分けるのが基本です。

　転送元と転送先の Web アプリケーションが「別」の場合は、リダイレクトを使うしかありません。一方、**転送元と転送先の Web アプリケーションが「同じ」場合、フォワードとリダイレクトの両方を使用できます。**基本的には、フォワードのほうがリクエスト／レスポンスの往復が少ないぶん、転送処理が速いので、フォワードを使用します。

外部への転送はリダイレクトで、内部への転送はフォワードか。

まず基本としてそう覚えよう。これ以降、サーブレット→ JSP ファイルは、フォワードを使って転送するよ。

ははーん、基本ということは、例外もあるんやね？

鋭いね。内部への転送でもリダイレクトを使用する例を、次の項で 1 つ紹介しよう。

6.2.9　転送後の URL の違い

　フォワードとリダイレクトの転送方法の違いは、ブラウザのアドレスバーに表示される URL に現れます。

転送後のアドレスバーに表示される URL

・フォワード後　　→　URL はリクエスト時のまま。

・リダイレクト後　→　リダイレクト先の URL に変更される。

　リダイレクトは、ブラウザに再度リクエストさせるため、アドレスバーの URL が書き換わるのです。たとえば、サーブレットクラス「Hello」をリクエストし、そのサーブレットクラスが処理を「GoodBye」へ転送した場合、実行後に次の URL が表示されます。

・フォワードで転送した場合

```
http://localhost:8080/example/Hello
```

・リダイレクトで転送した場合

```
http://localhost:8080/example/GoodBye
```

　フォワードで転送すると、画面は「GoodBye」によって出力された結果が表示されますが、URL は「Hello」のままです。このように、**フォワードを使うと URL と画面の表示内容にズレが生じる場合があります**。このような URL と画面のズレは、**不具合の原因になるケースもあるので、できるだけ避けましょう**。この場合、フォワードではなくリダイレクトを使用すれば解決します（該当の例は第 10 章で登場します）。

> 具体的な場面は想像しにくいかもしれないけど、ここでは、「内部の転送でもリダイレクトを使う場合がある」とだけ覚えておこう。

6.2.10　フォワードとリダイレクトの比較

> お疲れさま。最後に 2 つの転送処理の違いを整理しておこうか。

　フォワードとリダイレクトの違いを整理すると、次ページの表 6-2 のようになります。

表 6-2　フォワードとリダイレクトの違い

	フォワード	リダイレクト
転送先	サーブレットクラスまたは JSP ファイル	ブラウザがリクエストできるものすべてが対象（サーブレットクラス、JSP ファイル、HTML ファイルなど）
転送先の Web アプリケーション	転送元と同じ Web アプリケーションのみ	すべての Web アプリケーションに転送できる（他サイトでもよい）
アドレスバーに表示される URL	リクエスト時のまま変わらない	リダイレクト先の URL に変わる
リクエストスコープの引き継ぎ※	できる	できない

※「リクエストスコープの引き継ぎ」に関しては第 7 章の 7.4.1 項で解説します。

リダイレクトはブラウザのアドレスバーを書き換えて、強制的にリクエストさせるみたいな感じやね。

気づかないうちにリクエストが発生してるなんて、なんかちょっと気持ち悪いなあ。

昔の Internet Explorer では、リクエストすると「カチッ」という音が鳴ったから、その音で「あ、リダイレクトしたな」って気づけたんだけどね。

昔、「カチカチカチカチ」って鳴って、変なサイトのページが開いたことがあります。あれはリダイレクトだったんですね！！

……(何のページを見てたんやろ)。

6.3　この章のまとめ

MVC モデル

・MVC モデルは、Web アプリケーションなどの GUI アプリケーションを効率よく開発するための模範的な構造である。

・MVC モデルは、アプリケーション内のプログラムを、モデル（実務係）、ビュー（表示係）、コントローラ（受付兼指示係）という 3 要素に分けて開発する。

・通常、サーブレットが「コントローラ」を、JSP が「ビュー」を、一般的な Java のクラスが「モデル」を担当する。

処理の転送

・処理を転送する方法には、「フォワード」と「リダイレクト」がある。

・フォワードは、同じ Web アプリケーション内のサーブレットクラスや JSP ファイルに処理を移す。

・リダイレクトは、ブラウザに別のサーブレットクラスや JSP ファイルなどをリクエストさせる。

・リダイレクトはアドレスバーの URL を転送先の URL に書き換える。

---

2 種類のモデル

　表 6-1（p.167）では、MVC モデルの 3 つの要素（モデル、ビュー、コントローラ）について紹介しました。「モデル」は、さらに次の 2 種類に分けられます。

・データモデル　　：アプリケーションが扱う**情報の保持**を行う。

・ロジックモデル：アプリケーションが行う**処理ロジック**を担う。

　同じモデルに分類されますが、両者はまったく異なるクラスです。図 6-2（p.169）では、「検索語」と「結果」がデータモデル、「検索処理クラス」がロジックモデルに相当します。2 種類のモデルがあることを念頭に読み進めてください。

6.4　練習問題

練習 6-1

以下は MVC モデルと処理の遷移に関する記述です。（1）から（10）に適切な語句を入れて文章を完成させてください。

MVC モデルはアプリケーション内部をモデル、ビュー、コントローラの３つの要素に分けて開発を行うことを推奨している。それぞれの要素には役割が決められており、　(1)　はユーザーの要求に応える処理を担当し、　(2)　はユーザーへの表示を担当する。　(3)　は、ユーザーからの指示とデータを受け取る窓口となり、指示とその結果の表示を専門の担当に依頼する司令塔の役割を果たす。

Java による Web アプリケーションでは、　(4)　でコントローラを、　(5)　でモデルを、　(6)　でビューを作成するのが一般的である。

なお、　(4)　から　(6)　へ処理を遷移させる方法は２つあり、Web サーバ内で処理を即時転送する　(7)　と、転送先 URL にアクセスするようブラウザに指示する応答を返す　(8)　がある。　(7)　をした場合、転送後のアドレスバーには　(9)　の URL が表示される。一方、　(8)　をした場合、転送後のアドレスバーには　(10)　の URL が表示される。

練習 6-2

redirected.jsp と forwarded.jsp の２つの JSP ファイルが動的 Web プロジェクト「ex」の webapp に用意されています。このとき、ブラウザで「http://localhost:8080/ex/ex62」に GET でアクセスすると動作し、発生させた乱数（0 ～ 9）が奇数ならば redirected.jsp にリダイレクトし、偶数ならば forwarded.jsp にフォワードするサーブレットクラスを作成してください。JSP ファイルはともに webapp の直下に配置するものとします。

6.5　練習問題の解答

練習 6-1 の解答

（1）モデル　　　　　　　（2）ビュー　　　　　　（3）コントローラ
（4）サーブレットクラス　（5）一般的な Java のクラス　（6）JSP ファイル
（7）フォワード　　　　　（8）リダイレクト　　　　（9）転送元（フォワード元）
（10）転送先（リダイレクト先）

練習 6-2 の解答

　次のようなサーブレットクラスを動的 Web プロジェクト「ex」に作成します。
サーブレットクラス名は任意です。

```
…(import文省略)…
@WebServlet("/ex62")
public class Ex62Servlet extends HttpServlet {
  protected void doGet(HttpServletRequest request,
      HttpServletResponse response)
      throws ServletException, IOException {
    int rand = (int)(Math.random() * 10);
    if (rand % 2 == 1) {
      response.sendRedirect("redirected.jsp");
    } else {
      RequestDispatcher dispatcher = request.getRequestDispatcher(
          "forwarded.jsp");
      dispatcher.forward(request, response);
    }
  }
}
```

第7章

リクエスト
スコープ

第6章では、フォワードを使ってサーブレットクラスからJSPファイルへ
処理を転送する方法を学びました。しかし、それだけではサーブレット
クラスとJSPファイルの連係は完成しません。なぜなら、フォワード転
送は処理だけの連係であり、データは連係できないからです。このまま
では、JSPファイルでサーブレットクラスの処理結果を出力できません。
そこで、この章では、フォワードの転送元と転送先でデータを連係させ
る方法を学びましょう。

CONTENTS

<table>
<tr><td>7.1</td><td>スコープの基本</td></tr>
</table>

7.1.1　スコープとは

> あれ？　綾部さん、しかめっ面してどうしたんだい？

> それが……。サーブレットからJSPファイルに転送する方法はわかったけど、インスタンスはどうやって渡したらいいんやろ。

> 確かに。引数で渡せないし、ファイルとかデータベースを使うのかな。

> 2人とも悩んでいるね。いい方法があるから紹介しよう。

　Webアプリケーションでは、あるサーブレットクラスで生成したインスタンスを別のサーブレットクラスやJSPファイルで利用したい場面が多くあります。しかし、それぞれのサーブレットクラスやJSPファイルは独立しているため、**フォワード元のサーブレットクラスで生成したインスタンスは、フォワード先のJSPファイルでは利用できません。**

　第3章ではサーブレットクラスだけで占って結果を表示しましたが、占い処理を行うサーブレットクラスと、結果表示のHTMLを組み立てるJSPファイルに分けて作る場合で考えてみます。

　サーブレットクラスで占った後、その結果を含むHTMLを組み立てるためにJSPファイルへフォワードします。しかし、JSPファイルは、サーブレットクラスが生成した占い結果のStringインスタンスを使用できません（次ページの図7-1）。

サーブレットクラスが占い結果を生成し（**❶**）、その出力依頼をJSPファイルにフォワード（**❷**）しても、
JSPファイルはその結果（インスタンス）を取得できない（**❸**）。

図7-1　インスタンスを共有できず結果出力できない

　サーブレットクラスが生成したインスタンスを JSP ファイルで利用するには、
スコープを使います。**スコープとはインスタンスを保存できる領域**であり、サーブ
レットクラスと JSP ファイルが任意のインスタンスを保存したり、保存された
インスタンスを取得したりできます。**スコープを経由させることで、サーブレット
クラスと JSP ファイルの間でインスタンスの共有が可能になる**のです（図 7-2）。

図7-2　スコープによるインスタンスの共有

　スコープには「ページスコープ」「リクエストスコープ」「セッションスコープ」
「アプリケーションスコープ」の 4 種類があり、**種類によって保存したインスタンス
の有効期限が異なります。**

> 4 種類もあるのか。ややこしそう……。

> 違いについてはこれからじっくり学習するから大丈夫だよ。まずはど
> のスコープでも共通の知識から覚えよう。

7.1.2　スコープに保存可能なインスタンス

> まず、スコープに保存する「もの」の特徴を理解しよう。

　スコープには何でも保存できるわけではなく、保存できるのは「インスタンス」
に限られます。int 型や double 型などの**基本データ型変数はインスタンスではない
ので、スコープには保存できません。**基本データ型をスコープに保存したい場合は、
ラッパークラス（基本データ型の情報だけを格納する Integer や Double などのク
ラス）を使用します。

> **！　スコープに保存できるもの**
> スコープに保存できるのはインスタンス「だけ」である。

　そして、スコープには一般的なクラスのインスタンスを保存できますが、**原則、
「JavaBeans」と呼ばれるクラスのインスタンスを保存**します。

> じゃばびーんず？　コーヒー豆……、シャレかい！

JavaBeans とは、Java のクラスの独立性を高め、部品として再利用しやすくするためのルール、またはそのルールを守っているクラス（のインスタンス）です。Web アプリケーションに限らず広い分野で利用されています。

難しく考える必要はないよ。いろんなアプリケーションで使い回すための「お約束」を守っているクラスのことなんだ。

その「お約束」を覚えたらいいんやね。

JavaBeans のルール

ルール①　直列化可能である（java.io.Serializable を実装している）。

ルール②　クラスは public でパッケージに所属する。

ルール③　public で引数のないコンストラクタを持つ。

ルール④　フィールドはカプセル化（隠蔽化）する。

厳密には JavaBeans のルールはこれだけではありませんが、スコープへの保存を目的とした JavaBeans であれば、これだけで十分です。

7.1.3　JavaBeans の例

次ページのコード 7-1 は、人間に関する情報（今回は名前と年齢のみ）を持つ JavaBeans の例です。これを使って、各ルールの適用方法を解説します。

なお、JavaBeans を含め、一般的な Java のクラスを Eclipse で新規に作成する方法は、Web 付録を参照してください。

コード 7-1　JavaBeans の例

```
Human.java
(model パッケージ)

1  package model; ──ルール②
2  import java.io.Serializable;
3
4  public class Human implements Serializable { ──ルール①と②
5    private String name;
6    private int age;        ──ルール④
7
8    public Human() { } ──ルール③
9    public Human(String name, int age) {
10     this.name = name;
11     this.age = age;
12   }
13   public String getName() { return name; }
14   public void setName(String name) { this.name = name; }
15   public int getAge() { return age; }          ──ルール④
16   public void setAge(int age) { this.age = age; }
17 }
```

JavaBeans のルール①　直列化可能である

　直列化を可能にするために java.io.Serializable インタフェースを実装します。
直列化とは、インスタンスのフィールドの内容をバイト列に変換してファイルなどに保存し、それをまたインスタンスに復元する技術です。JavaBeans を作ったり利用したりするだけであれば、詳しい内容を理解する必要はありません。

JavaBeans のルール②　クラスは public でパッケージに所属する

　package 文でパッケージ宣言を行い、クラスを public で修飾します。

JavaBeans のルール③　public で引数のないコンストラクタを持つ

　今回のコードのように、明示的に引数なしのコンストラクタを定義するか、コ

ンストラクタを1つも定義しません。なお、追加で引数を持つコンストラクタを定義してもかまいません。

JavaBeans のルール④　フィールドはカプセル化する

　フィールド変数を「private」で修飾して外部から直接アクセスされるのを禁止します。また、フィールド変数を読み書きする getter/setter を必要に応じて定義します。getter は呼び出し元にフィールドの値を戻し、setter は渡された引数の値をフィールドに保存する public なメソッドです。これらを定義する場合、次の命名規則に従って定義します。

---

getter と setter の命名規則

getterの命名規則
- ・メソッド名は「get」から始め、それに続く単語の頭文字は大文字にする。ただし、戻り値の型が boolean の場合は「is」から始める。
- ・引数はなし。戻り値はフィールド。

setterの命名規則
- ・メソッド名は「set」から始め、それに続く単語の頭文字は大文字にする。
- ・引数は1つでフィールドに設定する値を受け取る。戻り値はなし。

※Eclipse の「ソースメニュー」→「getter および setter の生成」を選択すると、命名規則に従ったgetter/setter を自動生成できる。

なんだ、また新しいことを覚えなきゃいけないのかと心配したけど、それほど難しくなかった。

安心したかい？　でも、JavaBeans にはプロパティというちょっとややこしい概念があるから気をつけよう。

7.1.4　JavaBeans のプロパティ

JavaBeans の**プロパティ**とは、インスタンスの属性（特性、特質といった情報）のことです。たとえば、先述の Human クラスの場合なら「age」「name」というプロパティを持ちます。

> それってフィールドやん。つまり「フィールド＝プロパティ」？

> そうなることがほとんどだけど、厳密には違うんだ。

　結果的に「フィールド＝プロパティ」となる場合がほとんどですが、これらは個別に定義されます。「name」というフィールドを作っても「name」プロパティは作られません。JavaBeans の**プロパティは getter または setter を作ることで定義されます**。たとえば、「name」プロパティは「getName()」や「setName()」の作成によって定義されるのです。

```
public class Human implements Serialize {

    private String name;                         ────▶ nameフィールドの定義
    …

    public void setName(String name){…}          ────▶ nameプロパティ（変更可能）の定義
    public String getName(){…}                   ────▶ nameプロパティ（読み取り可能）の定義
}
```

setName(・・・)
プロパティ名

定義されるプロパティは
「Name」ではなく「name」だよ

図7-3　フィールドとプロパティの定義

　getter や setter の「get」または「set」以降に付けられた名前が、プロパティ名になります（1 文字目は小文字に変換される）。たとえば、「getName()」または「setName()」を作ると「name プロパティ」ができます。また、getter と setter の

どちらを作るかによって、プロパティの読み取りや変更の可否が決まります（図7-3、p.196）。

プロパティと getter ／ setter

getter ／ setter とプロパティは次のように対応する。

・プロパティを読み取る＝ getter を実行する
・プロパティを変更する＝ setter を実行する

このように、フィールドとプロパティは成立する過程が異なるので、次のように、**フィールド変数名とプロパティ名が一致していなくても、プロパティは定義され**ます。

```
private int age; // フィールド

public void setNenrei(int nenrei) { this.age = nenrei; }    「nenrei」プロ
public int getNenrei() { return age; }                       パティの定義

// 戻り値がbooleanのgetter（戻り値の型がbooleanの場合isから始める）
public boolean isAdult() { return age >= 18; }   「adult」プロパティの定義
```

Web アプリケーションにおける JavaBeans の役割は、関連する複数の情報をひとまとめにして保持することです。たとえば、コード 7-1 の Human という JavaBeans は、人間の名前と年齢の 2 つの情報をまとめて保持します。

　サーブレットクラスでは、複数の情報を JavaBeans にまとめて格納し、その JavaBeans をスコープに保存します。一方の JSP ファイルでは、その JavaBeans をスコープから取り出して、複数の情報をまとめて受け取ります。

7.2　リクエストスコープの基礎

7.2.1　リクエストスコープの特徴

> スコープの基礎がわかったところで、お待ちかねの「リクエストスコープ」を紹介しよう。

　リクエストスコープは、リクエストごとに生成されるスコープです。**このスコープに保存したインスタンスは、レスポンスが返されるまで利用できます。**このスコープを利用することで、フォワード元とフォワード先でインスタンスの共有が可能になります（図 7-4）。

サーブレットクラスが、生成した占い結果を表すインスタンスをリクエストスコープに保存し（❶）、その出力依頼をJSPファイルにフォワードする（❷）と、JSPファイルはそのインスタンスを取得して（❸）結果をブラウザに返す。

図 7-4　リクエストスコープの働き

7.2.2　リクエストスコープの基本操作

　リクエストスコープの正体は、おなじみの HttpServletRequest インスタンスです。**リクエストスコープを操作するのは、言い換えると HttpServletRequest インスタンスのメソッドを使うのと同じ**です。

　具体的な方法を見てみましょう。次のコード 7-2 は、サーブレットクラスで JavaBeans インスタンス（コード 7-1 の Human クラス、p.194）をリクエストスコープに保存し、保存したインスタンスをリクエストスコープから取得する例です（request には、HttpServletRequest インスタンスが代入されています）。

コード 7-2　サーブレットクラスでリクエストスコープを利用する

```
1   // リクエストスコープに保存するインスタンスの生成
2   Human human = new Human("湊 雄輔", 23);
3
4   // リクエストスコープにインスタンスを保存
5   request.setAttribute("human", human);          解説①
6
7   // リクエストスコープからインスタンスを取得
8   Human h = (Human)request.getAttribute("human");   解説②
```

解説①　リクエストスコープにインスタンスを保存

　リクエストスコープにインスタンスを保存するには、HttpServletRequest インスタンスの setAttribute() を使用します。

リクエストスコープにインスタンスを保存する

request.setAttribute("属性名", インスタンス);

※第 1 引数は String 型、第 2 引数は Object 型。

※第 2 引数にはあらゆるクラスのインスタンスを指定できる。

※すでに同じ属性名のインスタンスが保存されている場合、上書きされる。

　第 1 引数は、スコープに保存するインスタンスの管理用の名前を指定します。この名前を**属性名**ともいい、スコープに保存したインスタンスを取得する際に必要です。なお、属性名は大文字と小文字が区別され、同じ属性名で保存した場合には上書きされます。第 2 引数は、保存するインスタンスを指定します。引数の型が Object なので、あらゆるクラスのインスタンスを渡せます。

解説② リクエストスコープ内のインスタンスを取得

　リクエストスコープに保存したインスタンスを利用するには、HttpServletRequest の getAttribute() で取得します。

リクエストスコープからインスタンスを取得

取得するインスタンスの型 変数名 =

　　　(取得するインスタンスの型) request.getAttribute("属性名");

※引数には取得するインスタンスの属性名を String 型で指定する。

※属性名は大文字と小文字を区別する。

※戻り値は Object 型で返されるため、取得したインスタンスは元の型に**キャスト**(型変換)する必要がある。

※指定した属性名のインスタンスが保存されていない場合、null を返す。

　引数には、取得するインスタンスの属性名 (setAttribute() の第 1 引数に指定した名前)を指定します。このメソッドは Object 型のインスタンスを返すので、コード 7-2 (p.199)に示したように**キャストで元の型に戻す必要があります**。

> あいまいになってしまったモノを改めて「Human」として捉え直すんですね。

> そうだね。キャストを含めて構文として覚えてしまおう。また、instanceof 演算子を使えばより安全に取り出せるよ。

7.2.3	JSPファイルでリクエストスコープを利用する

　MVC モデルでの JSP ファイルの役割は、リクエストスコープに保存されている JavaBeans インスタンスを取得し、そのプロパティの値を出力するビューである場合がほとんどです。**JSP ファイルでリクエストスコープを利用するには、暗黙オブジェクトである request（p.146）を使用**します。

　次のコード 7-3 は、リクエストスコープに保存された Human インスタンス（コード 7-1、p194）を取得して、name と age プロパティの値を出力しています。

コード 7-3　JSP ファイルでリクエストスコープを利用する

```
1  <%@ page language="java" contentType="text/html;
2     pageEncoding="UTF-8" %>
3  <%@ page import="model.Human" %>  ┤ 取得するインスタンスのクラスをインポート
4  <%
5  // リクエストスコープからインスタンスを取得
6  Human h = (Human)request.getAttribute("human");
7  %>
8  <!DOCTYPE html>
   …（省略）…
9  <%= h.getName() %>さんは<%= h.getAge() %>歳です
   …（省略）…
```

　パッケージに入っていないクラスはインポートできません。スコープに保存する JavaBeans のクラスを作成する際に、**パッケージに入れる**ことを忘れないようにしましょう。

> これで、サーブレットクラスからも JSP ファイルからもリクエストスコープを操作できるようになったね。

7.3 リクエストスコープを使った プログラムの作成

7.3.1 健康診断アプリケーションを作ってみよう

 リクエストスコープを使って、Web アプリケーションを MVC モデルで作ってみよう。

　リクエストスコープを使って、「健康診断アプリケーション」を作ってみましょう。身長と体重から「BMI」（ボディマス指数）を算出して体型（肥満度）を判断します。BMI の算出には、次の計算式を使います。

> BMI＝体重（kg）÷（身長（m）×身長（m））
> ※身長の単位は cm ではなく m であることに注意。

　算出した BMI から、次の基準で体型（肥満度）を判定できます（判定基準は国によって異なります。表は日本肥満学会の基準から抜粋したものです）。

表 7-1　BMI 判定基準

BMI	体型
18.5 未満	痩せ型
18.5 以上、25 未満	普通
25 以上	肥満

　この「健康診断アプリケーション」は、次ページの図 7-5 のように画面を遷移します。

 画面では身長を cm で入力してもらうんやね。普通は背の高さをメートルで考えへんしな。

図7-5　健康診断アプリケーションの画面遷移

このアプリケーションでは、次のクラスやJSPファイルを作成します。

- ・Health.java　　　　　　　：健康診断に関する情報（身長、体重、BMI、体型）
  を持つJavaBeansのモデル
- ・HealthCheckLogic.java：健康診断に関する処理（BMI値算出、体型判定）
  を行うモデル
- ・healthCheck.jsp　　　　：健康診断画面を出力するビュー
- ・healthCheckResult.jsp：健康診断結果画面を出力するビュー
- ・HealthCheck.java　　　 ：健康診断に関するリクエストを処理するコント
  ローラ

> モデル、ビュー、コントローラ、全部揃ってますね。

> 記念すべきMVCモデルWebアプリケーション開発、初体験っちゅー
> わけやな！

> おっと、いきなり作り始める前に、まずはアプリケーションの全体像
> を確認しておこう。

　このアプリケーションは、さきほどの5つのファイルを次ページの図7-6の
ように連係させます。

203

図 7-6　健康診断アプリケーションの構成

7.3.2　健康診断アプリケーションの作成

　それでは、次ページ以降のコード 7-4 ～ 7-8 を参考に、「健康診断アプリケーション」を作成しましょう。今回は、ソースコードをシンプルにするため、入力値のチェックは行っていません。そのため、身長や体重を数値以外で入力した場合は、実行時エラーが発生して「500 ページ」が表示されるので注意してください。

　作成後、次のいずれかの方法で実行して図 7-5 のように動作するかを確認しましょう。

· 「http://localhost:8080/example/HealthCheck」にブラウザでリクエスト
する。

· 「HealthCheck.java」を Eclipse の実行機能で実行する。

コード7-4　健康診断に関する情報を持つ JavaBeans

Health.java
（model パッケージ）

```java
package model;

import java.io.Serializable;

public class Health implements Serializable {
  private double height, weight, bmi;
  private String bodyType;

  public double getHeight() { return height; }
  public void setHeight(double height) { this.height = height; }
  public double getWeight() { return weight; }
  public void setWeight(double weight) { this.weight = weight; }
  public void setBmi(double bmi) { this.bmi = bmi; }
  public double getBmi(){ return this.bmi; }
  public void setBodyType(String bodyType) {
      this.bodyType = bodyType; }
  public String getBodyType() { return this.bodyType; }
}
```

コード7-5　健康診断に関する処理を行うモデル

HealthCheckLogic.java
（model パッケージ）

```java
package model;

public class HealthCheckLogic {
  public void execute(Health health) {
```

205

```
5        // BMIを算出して設定
6    double weight = health.getWeight();
7    double height = health.getHeight();
8    double bmi = weight / (height / 100.0 * height / 100.0);
9    health.setBmi(bmi);
10
11       // BMI指数から体型を判定して設定
12   String bodyType;
13   if (bmi < 18.5) {
14     bodyType = "痩せ型";
15   } else if (bmi < 25) {
16     bodyType = "普通";
17   } else {
18     bodyType = "肥満";
19   }
20   health.setBodyType(bodyType);
21   }
22 }
```

コード7-6　健康診断に関するリクエストを処理するコントローラ

HealthCheck.java
（servlet パッケージ）

```
1  package servlet;
2
3  import java.io.IOException;
4  import javax.servlet.RequestDispatcher;
5  import javax.servlet.ServletException;
6  import javax.servlet.annotation.WebServlet;
7  import javax.servlet.http.HttpServlet;
8  import javax.servlet.http.HttpServletRequest;
9  import javax.servlet.http.HttpServletResponse;
10 import model.Health;
```

```
11    import model.HealthCheckLogic;

12

13    @WebServlet("/HealthCheck")

14    public class HealthCheck extends HttpServlet {

15      private static final long serialVersionUID = 1L;

16

17      protected void doGet(HttpServletRequest request,
            HttpServletResponse response)
              throws ServletException, IOException {

18        // フォワード

19        RequestDispatcher dispatcher =
              request.getRequestDispatcher
                ("WEB-INF/jsp/healthCheck.jsp");

20        dispatcher.forward(request, response);

21      }

22

23      protected void doPost(HttpServletRequest request,
            HttpServletResponse response)
              throws ServletException, IOException {

24        // リクエストパラメータを取得

25        String weight = request.getParameter("weight"); // 体重

26        String height = request.getParameter("height"); // 身長

27

28        // 入力値をプロパティに設定

29        Health health = new Health();

30        health.setHeight(Double.parseDouble(height));

31        health.setWeight(Double.parseDouble(weight));

32

33        // 健康診断を実行し結果を設定

34        HealthCheckLogic healthCheckLogic = new HealthCheckLogic();

35        healthCheckLogic.execute(health); ]― 解説①

36
```

7
章

```
37        // リクエストスコープに保存
38        request.setAttribute("health", health);
39
40        // フォワード
41        RequestDispatcher dispatcher =
              request.getRequestDispatcher
              ("WEB-INF/jsp/healthCheckResult.jsp");
42        dispatcher.forward(request, response);
43    }
44 }
```

解説①　引数で渡したインスタンスの変更

　メソッドにインスタンスを引数で渡した場合、呼び出し先のメソッドで引数のインスタンスを変更すると呼び出し元のインスタンスも変更されます（参照渡し）。そのため、execute() 内で引数の Health インスタンスに BMI と体型を設定すると、サーブレットクラスの Health インスタンスにも BMI と体型が設定されます。

コード7-7　健康診断画面を出力するビュー

healthCheck.jsp（src/main/webapp/WEB-INF/jsp ディレクトリ）

```
1  <%@ page language="java" contentType="text/html; charset=UTF-8"
2      pageEncoding="UTF-8" %>
3  <!DOCTYPE html>
4  <html>
5  <head>
6  <meta charset="UTF-8">
7  <title>スッキリ健康診断</title>
8  </head>
9  <body>
10 <h1>スッキリ健康診断</h1>
11 <form action="HealthCheck" method="post">
12 身長:<input type="text" name="height">(cm)<br>
```

第Ⅲ部

```
13    体重:<input type="text" name="weight">(kg)<br>
14    <input type="submit" value="診断">
15    </form>
16    </body>
17    </html>
```

コード 7-8　健康診断結果画面を出力するビュー

healthCheckResult.jsp (src/main/webapp/WEB-INF/jsp ディレクトリ)

```
1    <%@ page language="java" contentType="text/html; charset=UTF-8"
2        pageEncoding="UTF-8" %>
3    <%@ page import="model.Health" %>
4    <%
5    // リクエストスコープに保存されたHealthインスタンスを取得
6    Health health = (Health)request.getAttribute("health");
7    %>
8    <!DOCTYPE html>
9    <html>
10   <head>
11   <meta charset="UTF-8">
12   <title>スッキリ健康診断</title>
13   </head>
14   <body>
15   <h1>スッキリ健康診断の結果</h1>
16   <p>
17   身長:<%= health.getHeight() %><br>
18   体重:<%= health.getWeight() %><br>
19   BMI:<%= health.getBmi() %><br>
20   体型:<%= health.getBodyType() %>
21   </p>
22   <a href="HealthCheck">戻る</a>
```

7章

```
23    </body>
24    </html>
```

ん？　ミナト先輩の作ったやつおかしいで。

えっ！？　どこがおかしい？

あ、背の高さ、cm やなくて m で入力してもうてた。

……。

MVC モデルと分業

　MVC モデルは分業で真価を発揮します。**開発の現場ではすべてを 1 人で作ることはほとんどなく、手分けをするのが一般的です。**モデルの開発担当者は、Web アプリケーション全般の知識がなくても担当する処理の知識さえあれば開発に参加できます（p.205 のコード 7-4 とコード 7-5 に Web アプリケーション関係のコードが登場しないことに注目してください）。同様に、ビュー（JSP ファイル）の開発担当者は主に HTML の知識、コントローラ（サーブレットクラス）の開発担当者は主に Web アプリケーション関係の知識があれば、ユーザーの要求に応える処理（今回の健康診断や検索など）の知識がなくても参加できます。

　このように、**MVC モデルは手分けして開発を行う場面でより真価を発揮します。**分業の状況をイメージしながら、掲載されたソースコードを見たり書いたりすれば、MVC モデルの理解が早まるでしょう。

7.4　リクエストスコープの注意点

7.4.1　リクエストスコープでできないこと

できた！　リクエストスコープがあれば何でも作れそうだね。

ショッピングサイトを作って、ひと儲けしようかなあ。

まだまだ。リクエストスコープだけでは作れるアプリケーションには限界があるよ。それを知っておこう。

　リクエストスコープの正体である HttpServletRequest インスタンスは、レスポンスが返されると同時に消滅します。それに伴ってリクエストスコープに保存していたインスタンスも消えてしまいます。

　そのため、**リクエストスコープに保存したインスタンスは、次回のリクエストでは取得できません。**

 リクエストスコープに保存したインスタンスの限界
インスタンスはリクエストをまたいで共有できない。

　しかし、ショッピングカートの情報やログイン情報など、Web アプリケーションにはリクエストをまたいで共有すべきインスタンスが多くあります（次ページの図 7-7）。

図 7-7　リクエストスコープはリクエストをまたぐデータを共有できない

　リクエストをまたいでインスタンスを共有するには、リクエストスコープではなく別の種類のスコープを使用します。詳しくは次の章で解説します。

 こんなん作れたらおもしろそうやなぁ！

　また、リダイレクトはフォワードと異なり、転送前に一度レスポンスを返します。したがって**リダイレクト元でリクエストスコープに保存したインスタンスは、リダイレクト先では取得できない**ので注意しましょう（次ページの図 7-8）。

図7-8　リクエストスコープはリダイレクト先と共有できない

リダイレクトとフォワードの違いはここにもあるんやな。要チェック
や！

フォワードとリクエストスコープは相性良し、リダイレクトとリクエ
ストスコープは相性悪し、だね。

! **リクエストスコープの寿命と転送**

リクエストスコープの内容は、サーバーから HTTP レスポンスが返ると消失
する。つまり……

・ブラウザに HTTP レスポンスを返さず転送するフォワードでは消失しない。

・ブラウザに HTTP レスポンスを返して転送するリダイレクトでは消失する。

7.5　この章のまとめ

スコープ

・サーブレットクラスや JSP ファイルがインスタンスを共有する領域を「スコープ」という。
・スコープには「アプリケーションスコープ」「セッションスコープ」「リクエストスコープ」「ページスコープ」の 4 種類がある。
・スコープには「JavaBeans」に従って作成されたインスタンスしか保存できない。

JavaBeans

・JavaBeans は、再利用性を高めるために決められたルールを満たすクラス、またはそのインスタンスである。
・Web アプリケーションのデータ管理は JavaBeans で行う。
・getter/setter によって「プロパティ」が定義される。

リクエストスコープ

・リクエストスコープの正体は HttpServletRequest インスタンスである。
・サーブレットクラスの場合、doGet()/doPost() の引数を介して受け渡される。
・JSP ファイルの場合、HttpServletRequest インスタンスは暗黙オブジェクト「request」で利用できる。
・インスタンスの保存には setAttribute()、インスタンスの取得には getAttribute() を使用する。
・保存したインスタンスはブラウザにレスポンスが返されるまで使用できる。
・保存したインスタンスはリクエストをまたいで使用できない。
・保存したインスタンスは、フォワード先では取得できるが、リダイレクト先では一度レスポンスが返されるため取得できない。

7.6　練習問題

練習 7-1

次の(1)～(5)に適切な語句を入れて文章を完成させてください。

　スコープは、サーブレットクラスと JSP ファイルが自由にオブジェクトを保存したり取り出したりできる共有領域であり、アプリケーションスコープ、[(1)]スコープ、[(2)]スコープ、ページスコープの4種類がある。

　スコープに保存するオブジェクトは、[(3)]という再利用性を高めるためのルールを実装しているクラスに限定される。[(3)]には[(4)]という、getXxx() / setXxx() で定義される属性がある。たとえば getFullName() というメソッドを定義すると[(5)]という[(4)]が定義される。

練習 7-2

下記の Fruit クラスがあります。

```
package ex;
public class Fruit implements java.io.Serializable {
  private String name;
  private int price;
  public Fruit() {}
  public Fruit(String name, int price) {
    this.name = name;
    this.price = price;
  }
  public String getName() { return name; }
  public int getPrice() { return price; }
}
```

Fruit.java
(ex パッケージ)

7
章

GET リクエストによって起動し、次のような動作をするサーブレットクラス (FruitServlet.java)を ex パッケージに作成してください。

・「700 円のいちご」を表す Fruit インスタンスを生成する。
・生成した Fruit インスタンスをリクエストスコープに「fruit」という名前で格納する。
・webapp 内の WEB-INF/ex/fruit.jsp に処理をフォワードする。

また、fruit.jsp の内容について、次の①〜③に適切な記述をしてください。

fruit.jsp (src/main/webapp/WEB-INF/ex ディレクトリ)

```
<%@ page contentType="text/html; charset=UTF-8" %>
<%@ page import="①" %>
<% Fruit fruit = ②; %>
<!DOCTYPE html>
<html>
…(省略)…
<body>
<p><%= fruit.getName() %>の値段は③円です。</p>
</body>
</html>
```

7.7　練習問題の解答

練習 7-1 の解答

（1）セッション　（2）リクエスト

（3）JavaBeans　（4）プロパティ　（5）fullName

※（1）（2）は順不同。

練習 7-2 の解答

FruitServlet.java
（ex パッケージ）

```java
protected void doGet(HttpServletRequest request,
    HttpServletResponse response)
    throws ServletException, IOException {
  Fruit fruit = new Fruit("いちご", 700);
  request.setAttribute("fruit", fruit);
  RequestDispatcher dispatcher =
      request.getRequestDispatcher("WEB-INF/ex/fruit.jsp");
  dispatcher.forward(request, response);
}
```

① ex.Fruit

② (Fruit)request.getAttribute("fruit")

③ <%= fruit.getPrice() %>

7 章

第8章

セッション
スコープ

第7章で学んだリクエストスコープには、リクエストをまたいでインスタンスを共有できないという限界がありました。本章では、その限界を克服するセッションスコープについて学びます。

セッションスコープは、本格的な Web アプリケーション開発に欠かせない大変重要なポイントです。時間をかけてじっくり取り組みましょう。

8.1 セッションスコープの基礎

8.1.1 セッションスコープの特徴

 リクエストスコープは使えるようになったけど、保存したインスタンスがリクエストをまたげないんじゃ不便だなぁ……。

そこで、リクエストをまたぐ方法を学習しよう。これを身に付けたら作れるアプリケーションの幅が「ぐっ」と広がるよ。

 逆に、身に付けないと、作れるものが限られるということやね。

　リクエストスコープに保存したインスタンスは、そのリクエストの終了とともに消滅してしまい、次のリクエスト時には利用できない（リクエストをまたげない）ことを前章で学びました。

　リクエストをまたいでインスタンスを利用するには、リクエストスコープではなく**セッションスコープ**を使用します。**セッションスコープに保存したインスタンスの有効期間は開発者が決める**ことができます。レスポンス後もインスタンスを残せるので、リクエストをまたいでインスタンスを利用できます（次ページの図 8-1）。

 セッションスコープに保存したインスタンスの寿命

・保存したインスタンスの有効期間は、開発者が決定できる。

・レスポンス後も保存したインスタンスを残せるため、リクエストをまたいで利用できる。

図 8-1　セッションスコープの働き

8.1.2　セッションスコープの基本操作

> リクエストスコープのときは、HttpServletRequest インスタンス
> を使いましたよね。もしかしてセッションスコープも……。

> 残念。セッションスコープでは、また別のものを使うんだよ。

　リクエストスコープの正体である HttpServletRequest インスタンスは、レス
ポンスが返されると消滅してしまうため、セッションスコープには使えません。
セッションスコープの正体は javax.servlet.http.**HttpSession** インスタンスです。
このインスタンスのメソッドを使用して、セッションスコープを操作できます。

次のコード 8-1 は、サーブレットクラスでセッションスコープに JavaBeans
インスタンス（コード 7-1 の Human クラス、p.194）を保存し、保存したインス
タンスを取得、削除しています（前提として、request には、HttpServletRequest
インスタンスが代入されています）。

コード 8-1　サーブレットクラスでセッションスコープを利用する

```
1    // セッションスコープに保存するインスタンスの生成
2    Human human = new Human();
3    human.setName("湊 雄輔");
4    human.setAge(23);
5
6    // HttpSessionインスタンスの取得
7    HttpSession session  = request.getSession();      解説①
8
9    // セッションスコープにインスタンスを保存
10   session.setAttribute("human", human);
11
12   // セッションスコープからインスタンスを取得
13   Human h = (Human)session.getAttribute("human");   解説②
14
15   // セッションスコープからインスタンスを削除
16   session.removeAttribute("human");
```

解説①　セッションスコープの取得

HttpSession インスタンスは、HttpServletRequest インスタンスの getSession()
で取得します。

セッションスコープの取得

HttpSession session = request.getSession();

※ javax.servlet.http.HttpSession をインポートする必要がある。

解説② セッションスコープの基本操作

セッションスコープにインスタンスを保存したり、保存したインスタンスを取得したりするには、リクエストスコープの場合と同様に、setAttribute() と getAttribute() を使用します。

セッションスコープにインスタンスを保存する

session.setAttribute("属性名", インスタンス);

※第1引数には保存するインスタンスの属性名を String 型で指定する。

※属性名は大文字と小文字を区別する。

※第2引数には保存するインスタンスを指定する。Object 型のためあらゆるクラスのインスタンスを指定できる。

※すでに同じ属性名のインスタンスが保存されている場合、上書きされる。

セッションスコープからインスタンスを取得する

取得するインスタンスの型 変数名 =

    (取得するインスタンスの型) session.getAttribute("属性名");

※引数には取得するインスタンスの属性名を String 型で指定する。

※属性名は大文字と小文字を区別する。

※戻り値は Object 型で返されるため、取得したインスタンスは元の型にキャストする必要がある。

※指定した属性名のインスタンスが保存されていない場合、null を返す。

使い方はリクエストスコープとまったく同じだね！

セッションスコープに保存したインスタンスは、removeAttribute() で明示的に削除できます。このメソッドが必要な理由は本章の最後で解説します。

セッションスコープからインスタンスを削除する

session.removeAttribute("属性名");

※引数には削除するインスタンスの属性名を String 型で指定する。

※属性名は大文字と小文字を区別する。

JSP ファイルでセッションスコープを利用するには、暗黙オブジェクトである **session を使用**します（p.146）。わざわざ getSession() を使って HttpSession インスタンスを取得する必要はありません。

次のコード 8-2 は、セッションスコープに保存されている JavaBeans インスタンス（コード 7-1 の Human クラス、p.194）を取得し、そのプロパティの値を出力しています。

コード 8-2　JSP ファイルでセッションスコープを利用する

```
1  <%@ page language="java" contentType="text/html;
2      pageEncoding="UTF-8" %>
3  <%@ page import="model.Human" %>  ┤取得するインスタンスのクラスをインポート
4  <%
5  // セッションスコープからインスタンスを取得
6  Human h = (Human)session.getAttribute("human");
7  %>
8  <!DOCTYPE html>
   …(省略)…
9  <%= h.getName() %>さんは<%= h.getAge() %>歳です
   …(省略)…
```

8.2 セッションスコープを使ったプログラムの作成

8.2.1 ユーザー登録機能を作ってみよう

> リクエストをまたいで情報を保持するアプリケーションを作ってみよう。
> 今回の機能は難しいから時間をかけて理解するつもりでね。

　セッションスコープを使ってユーザー登録機能を作ってみましょう。このプログラムは、次の図 8-2 のように画面遷移するものとします。

図 8-2　ユーザー登録の画面遷移

　このアプリケーションでは次のクラスや JSP ファイルを作成します。

・User.java：登録するユーザーを表す JavaBeans のモデル

- RegisterUserLogic.java ：ユーザー登録を行うモデル（ファイルやデータベースへの登録は行わない）
- registerForm.jsp ：ユーザー登録入力画面を出力するビュー
- registerConfirm.jsp ：ユーザー登録確認画面を出力するビュー
- registerDone.jsp ：ユーザー登録完了画面を出力するビュー
- RegisterUser.java ：ユーザー登録に関するリクエストを処理するコントローラ

図 8-3　ユーザー登録の構成

　このアプリケーションは、図 8-3（p.226）のように動作します。ここでの最大のポイントは、登録する User インスタンス（登録するユーザー情報）の扱いです。このインスタンスは、ユーザ登録入力画面から送信された情報をもとに RegisterUser によって作成されます。User インスタンスが持つ情報は、ユーザー登録確認画面のリクエスト先である RegisterUser でも利用が必要なため、セッションスコープに保存しておく必要があります。

　ユーザー登録確認画面がリクエストした RegisterUser では、セッションスコープから取得した User インスタンスを、ユーザー登録処理を担当する Register UserLogic に渡して登録を依頼します（今回はファイルやデータベースなどには登録しません）。

8.2.2　リクエストパラメータによる処理の振り分け

　このアプリケーションにはもう 1 つポイントがあります。図 8-3（p.226）のように、RegisterUser の doGet メソッドは、プログラムの開始時（リクエスト①）とユーザー情報の登録時（リクエスト③）の両方のリクエストによって実行されます。それぞれのリクエストにより doGet メソッドで行うべき処理が異なるため、どちらのリクエストかを判断して処理を分岐する必要があります。

　このように、**1 つの実行メソッドに対してリクエスト元が複数ある場合、その実行メソッドでは、どこからのリクエストなのかを判断する必要があります**。その判断材料によく使用されるのが、リクエストパラメータです。

　具体的には、リクエスト元ごとに異なる値のリクエストパラメータを送信するようにします。その結果、実行メソッドでは、リクエストパラメータによってリクエスト元を判断できるようになります。

　今回は、次ページの図 8-4 のように、「action」というリクエストパラメータでリクエスト元を判断します。プログラムの開始時（リクエスト①）に RegisterUser を GET リクエストするときは action の値を送信せず、ユーザー情報の登録時（リクエスト③）に RegisterUser を GET リクエストするときは「done」を設定して送信します。

　RegisterUser の doGet メソッドは、取得した action の値が null ならばリクエスト元はプログラム開始のリクエスト、「done」ならばユーザー情報登録のリクエストと判断できます。

図 8-4　リクエストパラメータによる処理の振り分け

リクエストとサーブレットクラスの対応

　今回のユーザー登録機能では、すべてのリクエストを RegisterUser に集中させましたが、必ずしもそうする必要はありません。リクエストごとにサーブレットクラスを作成する方法が採られる場合もあります。リクエストとサーブレットクラスの対応は、開発するアプリケーションの規模や複雑さ、設計方針などから決定します。

8.2.3　ユーザー登録機能の作成

　それでは、次ページからのコード 8-3 〜 8-8 を参考にプログラムを作成してください。作成後、次のいずれかの方法で実行して動作を確認しましょう。

・「http://localhost:8080/example/RegisterUser」にブラウザでリクエストする。
・「RegisterUser.java」を Eclipse の実行機能で実行する。

　なお、このサンプルプログラムは開発の途中で動作確認すると、コードが正し
くても思ったような結果にならない場合があります。そのようなときは、開いて
いるブラウザをすべて閉じてから動作確認をやり直してみてください。詳細は次
節で解説します。

セッションスコープを使うプログラム実行時の注意点
セッションスコープを使用するプログラムの実行結果がおかしいときは、ブラ
ウザをすべて閉じてから実行し直す。

コード 8-3　登録するユーザーを表す JavaBeans

8
章

User.java
（model パッケージ）

```java
1   package model;
2
3   import java.io.Serializable;
4
5   public class User implements Serializable {
6     private String id;
7     private String name;
8     private String pass;
9
10    public User() { }
11    public User(String id, String name, String pass) {
12      this.id = id;
13      this.name = name;
14      this.pass = pass;
15    }
```

```java
16    public String getId() { return id; }
17    public String getPass() { return pass; }
18    public String getName() { return name; }
19  }
```

コード 8-4　ユーザー登録を行うモデル

RegisterUserLogic.java
(model パッケージ)

```java
1  package model;
2
3  public class RegisterUserLogic {
4    public boolean execute(User user) {
5      // 登録処理（実際の登録処理は行わない）
6      return true;
7    }
8  }
```

　次のコード 8-5 では、リクエストパラメータ「action」の値によって、処理や遷移先を振り分ける点に注目してください。

コード 8-5　ユーザー登録に関するリクエストを処理するコントローラ

RegisterUser.java
(servlet パッケージ)

```java
1  package servlet;
2
3  import java.io.IOException;
4  import javax.servlet.RequestDispatcher;
5  import javax.servlet.ServletException;
6  import javax.servlet.annotation.WebServlet;
7  import javax.servlet.http.HttpServlet;
8  import javax.servlet.http.HttpServletRequest;
9  import javax.servlet.http.HttpServletResponse;
10 import javax.servlet.http.HttpSession;
```

```
11   import model.RegisterUserLogic;
12   import model.User;
13
14   @WebServlet("/RegisterUser")
15   public class RegisterUser extends HttpServlet {
16     private static final long serialVersionUID = 1L;
17
18     protected void doGet(HttpServletRequest request,
         HttpServletResponse response)
         throws ServletException, IOException {
19       // フォワード先
20       String forwardPath = null;
21
22       // サーブレットクラスの動作を決定する「action」の値を
23       // リクエストパラメータから取得
24       String action = request.getParameter("action");
25
26       // 「登録の開始」をリクエストされたときの処理
27       if (action == null) {
28         // フォワード先を設定
29         forwardPath = "WEB-INF/jsp/registerForm.jsp";
30       }
31       // 登録確認画面から「登録実行」をリクエストされたときの処理
32       else if (action.equals("done")) {
33         // セッションスコープに保存された登録ユーザーを取得
34         HttpSession session = request.getSession();
35         User registerUser =
               (User)session.getAttribute("registerUser");
36
37         // 登録処理の呼び出し
38         RegisterUserLogic logic = new RegisterUserLogic();
39         logic.execute(registerUser);
```

8章

```
40
41        // 不要となったセッションスコープ内のインスタンスを削除
42        session.removeAttribute("registerUser");    ]━ 解説①
43
44        // 登録後のフォワード先を設定
45        forwardPath = "WEB-INF/jsp/registerDone.jsp";
46      }
47
48      // 設定されたフォワード先にフォワード
49      RequestDispatcher dispatcher =
            request.getRequestDispatcher(forwardPath);
50      dispatcher.forward(request, response);
51    }
52
53    protected void doPost(HttpServletRequest request,
          HttpServletResponse response)
            throws ServletException, IOException {
54      // リクエストパラメータの取得
55      request.setCharacterEncoding("UTF-8");
56      String id = request.getParameter("id");
57      String name = request.getParameter("name");
58      String pass = request.getParameter("pass");
59
60      // 登録するユーザーの情報を設定
61      User registerUser = new User(id, name, pass);
62
63      // セッションスコープに登録ユーザーを保存
64      HttpSession session = request.getSession();
65      session.setAttribute("registerUser", registerUser);
66
67      // フォワード
```

```
68      RequestDispatcher dispatcher =
            request.getRequestDispatcher
            ("WEB-INF/jsp/registerConfirm.jsp");
69      dispatcher.forward(request, response);
70    }
71  }
```

解説①　セッションスコープ内のインスタンスを削除

removeAttribute() で、登録ユーザーの情報を削除しています。これが必要な
理由は 8.4 節で解説します。

コード 8-6　ユーザー登録入力画面を出力するビュー

registerForm.jsp (src/main/webapp/WEB-INF/jsp ディレクトリ)

```
1  <%@ page language="java" contentType="text/html; charset=UTF-8"
2      pageEncoding="UTF-8" %>
3  <!DOCTYPE html>
4  <html>
5  <head>
6  <meta charset="UTF-8">
7  <title>ユーザー登録</title>
8  </head>
9  <body>
10 <form action="RegisterUser" method="post">
11 ログインID:<input type="text" name="id"><br>
12 パスワード:<input type="password" name="pass"><br>      解説②
13 名前:<input type="text" name="name"><br>
14 <input type="submit" value="確認">
15 </form>
16 </body>
17 </html>
```

解説②　パスワードボックス

input タグの type 属性の値を password にすると、パスワードボックスが作成できます。パスワードボックスに入力した文字列は「●●●」のように伏せ字で表示されます。

コード 8-7　ユーザー登録確認画面を出力するビュー

registerConfirm.jsp (src/main/webapp/WEB-INF/jsp ディレクトリ)

```
1  <%@ page language="java" contentType="text/html; charset=UTF-8"
2      pageEncoding="UTF-8" %>
3  <%@ page import="model.User" %>
4  <%
5  User registerUser = (User) session.getAttribute("registerUser");
6  %>
7  <!DOCTYPE html>
8  <html>
9  <head>
10  <meta charset="UTF-8">
11  <title>ユーザー登録</title>
12  </head>
13  <body>
14  <p>下記のユーザーを登録します</p>
15  <p>
16  ログインID:<%= registerUser.getId() %><br>
17  名前:<%= registerUser.getName() %><br>
18  </p>
19  <a href="RegisterUser">戻る</a>
20  <a href="RegisterUser?action=done">登録</a>
21  </body>
22  </html>
```

解説③

解説③　リクエストパラメータ「action」の送信

リンクでリクエストパラメータを送る方法（p.156）を使って、「action=done」を送信しています。

コード 8-8　ユーザー登録完了画面を出力するビュー

registerDone.jsp（src/main/webapp/WEB-INF/jsp ディレクトリ）

```
1  <%@ page language="java" contentType="text/html; charset=UTF-8"
2      pageEncoding="UTF-8" %>
3  <!DOCTYPE html>
4  <html>
5  <head>
6  <meta charset="UTF-8">
7  <title>ユーザー登録</title>
8  </head>
9  <body>
10 <p>登録完了しました</p>
11 <a href="RegisterUser">戻る</a>
12 </body>
13 </html>
```

8章

8.3　セッションスコープのしくみ

8.3.1　セッション ID

なるほどな〜。セッションスコープを使えばショッピングカートが作れるんやね。これでいよいよ店を開けそうやわ。

商魂たくましいなあ（笑）。そういえば、Web ページによくあるカートって、僕が入れた内容は僕にしか見えないよね。どうなってるんだろう？

それはセッションスコープのしくみに秘密があるよ。セッションスコープはよく使うので、基本的なしくみも理解しておこう。

　セッションスコープの正体である **HttpSession インスタンスはユーザー（ブラウザ）ごとに作成されます**（そのユーザーにとって最初の getSession() を実行するタイミング）。このとき、アプリケーションサーバは内部で**セッション ID** と呼ばれるユーザー（ブラウザ）固有の ID を新たに発行し、HttpSession インスタンスとブラウザに設定します。

　次ページの図 8-5 のように、セッション ID を設定されたブラウザは、以降のリクエストのたびに設定されたセッション ID を送信します。アプリケーションサーバは送られてきたセッション ID を取得し、2 回目以降の getSession() を実行する際に、取得したセッション ID と同じ ID を持つ HttpSession インスタンスを取得します。

　このようなしくみにより、各ユーザーは自分専用のセッションスコープを使用できます。

図 8-5　セッション ID によるユーザーの区別

8.3.2　セッション ID とクッキー

でも、どうやってサーバとブラウザはセッション ID をやりとりして
いるんだろう。そんなコードを書いた覚えはないぞ。

それを実現しているのは、リクエストとレスポンスの裏で使われる、
クッキーという技術なんだ。

出た〜！　コーヒーにはクッキーやな。

　クッキー（Cookie）とは、Web サーバ（またはアプリケーションサーバ）がブラ
ウザにデータを保存、送信させるしくみです。サーバがレスポンスに「クッキー」

と呼ばれるデータを含めると、レスポンスを受信したブラウザはクッキーをコンピュータに保存します。そして以後、そのサーバにアクセスする際は、保存したクッキー情報を自動的に HTTP リクエストに付加して送信します。アプリケーションサーバは、クッキーにセッション ID を含めることで、図 8-5（p.237）のようなブラウザ／サーバ間でのセッション ID のやりとりを可能にします。

なお、**クッキーには有効期限を設定できます**。有効期限内ならブラウザを閉じてもクッキーは残り、新しく開いたブラウザからもサーバへリクエストするときに送信されます。そのため、ブラウザを開き直しても、セッション ID の有効期限が切れるまでは、セッションスコープの利用を継続できます。

ただし、**特別な設定をしない限り、アプリケーションサーバはブラウザが閉じられるまでをセッション ID の有効期限とします**。そのため、一般的に、ブラウザのセッションスコープはブラウザを閉じると二度と利用できなくなります。

ショッピングサイトで保存したカートの内容が、ブラウザを閉じて消えてしまった経験はないでしょうか。ブラウザを閉じるとサイトに保存したデータが消えてしまうのは、ブラウザを閉じたためにセッション ID の有効期限が切れるのが原因です（ブラウザを閉じてもデータが残るサイトは、有効期限を変更したり、セッションスコープ以外の方法を用いたりして、データを残しています）。

また、ブラウザのウィンドウを複数開くときは注意してください。Google Chrome などのほとんどのブラウザは、開いているすべてのウィンドウでセッション ID を共有します。そのため、何らかの処理を行ったウィンドウを残したまま次の処理を実行すると、発行済みのセッション ID が新しく開いたウィンドウにも設定されてしまいます。すると、セッションスコープは前回実行時の状態を引き継いでしまうので、もしセッションスコープが空の状態の動作を期待していたとしても、そのとおりにはなりません。予期しない動作を防ぐために、**セッションスコープを使ったプログラムの動作確認は、必ずブラウザのウィンドウをすべて閉じてからにしましょう**。

ユーザー登録機能の動作確認で注意があったのは、このことだったんだね（p.229）。

8.4 セッションスコープの注意点

8.4.1 セッションのタイムアウト

セッションスコープって便利だなぁ。これさえあれば、リクエストスコープなんかいらないや。

おっと、そうはいかない。セッションスコープにも欠点があるんだ。

　セッションスコープが便利だからといって多用し過ぎると、アプリケーションサーバがメモリ不足になり性能の低下やサーバの停止を引き起こしてしまう危険があります。なぜなら、セッションスコープの正体である HttpSession インスタンスは、使われない状態になってもサーバからすぐには消滅しないからです。

Java って、いらなくなったインスタンスを JVM が自動で捨ててくれるんじゃなかったの？

そうそう。確か「ガベージコレクション」ってヤツやね。

HttpSession インスタンスはほかのインスタンスとは異なり、使用されない状態になっても、すぐにはガベージコレクションの対象になりません。 これは、HttpSession インスタンスが不要かどうかをサーバが判断できないためです。

　たとえば、あるショッピングサイトにアクセスした湊くんが、ひととおりの買い物を終えた後、ブラウザを閉じて別の作業を始めた状況を想像してみてください。湊くんのセッションスコープは不要になりますが、サーバ側は湊くんの状況を確認できないので、ブラウザを閉じたことに気づけません。そのため、

HttpSession インスタンスをガベージコレクションの対象にできないのです。

　しかしこれでは、永遠に HttpSession インスタンスを破棄できず、アプリケーションサーバ内に大量の HttpSession インスタンスを保持し続けてしまいます。そこでアプリケーションサーバは、一定時間利用されていない HttpSession インスタンスについては不要と判断し、ガベージコレクションの対象にします。これを**セッションタイムアウト**といいます。Apache Tomcat の場合、セッションタイムアウトまでの時間は 30 分に初期設定されています。

> ああ、30 分以上操作しないと無効になりますって書いてあるのを見たことがあります。あれはタイムアウトのことだったんですね。

8.4.2　セッションスコープの破棄とインスタンスの削除

> なーんや。セッションタイムアウトがあるなら、やっぱりほっといていいんや。

> おっと、ところがそうはいかないよ。

　たとえセッションタイムアウトがあっても、短時間にリクエストが集中すれば、ガベージコレクションが間に合わずメモリがパンクする可能性があります。そうならないためにも、**開発者自身がセッションスコープに格納するインスタンスを積極的に管理する必要があります**。

　まず重要なのは、セッションスコープに保存したインスタンスが不要になったタイミングで、きちんと removeAttribute() を呼んで削除することです。

> だから、コード 8-5 のユーザー登録が終わったタイミング（解説①の部分、p.232）で削除していたんですね。

　次に重要なのは、そもそもセッションスコープ自体が不要になったタイミングで、スコープそのものを破棄することです。

セッションスコープを破棄する

session.invalidate();

※スコープ自体が破棄され、保存していたすべてのインスタンスが消滅する。

※実行後に getSession() を実行すると、新しい HttpSession インスタンスが生成される。

　セッションスコープまるごと破棄するなんて……いつやるんだろう？

　invalidate() を最もよく使うのは、ショッピングサイトなどでユーザーが「ログアウト」したタイミングです。ログイン中のユーザー ID やカートに入れた商品など、セッションスコープに格納していた内容を、invalidate() ですべてクリアできます。

8
章

　リクエストスコープはオカンが勝手に掃除してくれるけど、セッションスコープは自分で掃除せなあかんのやね。

ステートフルな通信

　リクエストをまたいでユーザーの情報を保持する通信のことを**ステートフル**な通信、反対にリクエストをまたいで情報を保持しない通信を**ステートレス**な通信といいます。

　Web アプリケーションの通信で使用される HTTP は**ステートフル**なしくみを提供していません。そのため、ステートフルを実現するには特別な工夫が必要です。今回紹介したセッションスコープはその 1 つです。セッションスコープ以外にも、リクエストパラメータやクッキーを使ってステートフルな通信を実現できます。

8.5　この章のまとめ

セッションスコープ

・ セッションスコープの正体は HttpSession インスタンスである。

・ サーブレットクラスの場合、HttpServletRequest インスタンスの getSession() で取得する。

・ JSP ファイルの場合、HttpSession インスタンスは暗黙オブジェクト 「session」で利用できる。

・ インスタンスの保存は setAttribute()、インスタンスの取得は getAttribute()、インスタンスの削除は removeAttribute() を使用する。

・ セッションスコープに保存したインスタンスは、リクエストをまたいで使用できる。

セッションスコープのしくみ

・ セッションスコープはブラウザごとに作成され、固有のセッション ID がブラウザと HttpSession インスタンスに設定される。

・ Apache Tomcat の初期設定では、ブラウザを閉じるとそれ以前に利用していた HttpSession インスタンスを利用できなくなる。

・ Apache Tomcat の初期設定では、30 分間利用されていない HttpSession インスタンスは破棄される。

・ 不要となったインスタンスを残していると不具合の原因になる。

・ HttpSession インスタンスの破棄は、invalidate() を使用する。

8.6　練習問題

練習 8-1

　サーブレットや JSP ファイルの間でオブジェクトを引き渡すために、リクエストスコープとセッションスコープのどちらかを利用します。次のそれぞれの状況でより好ましいものを選んでください。

(1)画面 A から呼び出されたサーブレットクラスが JSP ファイルに処理をリダイレクトする際にオブジェクトを引き渡したい。

(2)画面 B から呼び出されたサーブレットクラスが JSP ファイルに処理をフォワードする際にオブジェクトを引き渡したい。

(3)パスワード登録画面の「送信」ボタンのクリックで起動するサーブレットクラスで、もし登録画面で入力されたパスワードが 8 文字未満の場合、error.jsp にフォワードして「? 文字のパスワードは短すぎます」と表示したい（? には入力された文字数を表示する）。

(4)ログイン画面の「送信」ボタンのクリックで起動するサーブレットクラスにおいて、画面で入力された ID 情報（文字列インスタンス）を保存しておき、以後さまざまなサーブレットクラスや JSP ファイルで取り出して利用したい。

練習 8-2

　練習 7-2（p.215）では、Fruit インスタンスをリクエストスコープ経由でやりとりするサーブレットクラスと JSP ファイルを作成しました。このコードについて、リクエストスコープではなくセッションスコープを用いるよう修正してください。

8 章

8.7　練習問題の解答

練習 8-1 の解答

(1) セッションスコープ　　(2) リクエストスコープ

(3) リクエストスコープ　　(4) セッションスコープ

練習 8-2 の解答

FruitServlet.java
(ex パッケージ)

```java
protected void doGet(HttpServletRequest request,
    HttpServletResponse response)
    throws ServletException, IOException {
  Fruit fruit = new Fruit("いちご", 700);
  HttpSession session = request.getSession();
  session.setAttribute("fruit", fruit);
  RequestDispatcher dispatcher =
      request.getRequestDispatcher("WEB-INF/ex/fruit.jsp");
  dispatcher.forward(request, response);
}
```

fruit.jsp (src/main/webapp/WEB-INF/ex ディレクトリ)

```jsp
<%@ page contentType="text/html; charset=UTF-8" %>
<%@ page import="ex.Fruit" %>
<% Fruit fruit = (Fruit)session.getAttribute("fruit"); %>
<!DOCTYPE html>
<html>
…(省略)…
<body>
<p><%= fruit.getName() %>の値段は<%= fruit.getPrice() %>円です。</p>
```

```
</body>
</html>
```

セッションスコープと直列化

　アプリケーションサーバは、停止時にセッションスコープ内のインスタンスを直列化（p.194）してファイルに保存し、再起動時に保存したファイルからインスタンスを復元します。これにより、サーバを再起動しても、ユーザー（ブラウザ）は、再起動前の状態を保持したセッションスコープを利用できます。

　また、割り当てられたメモリがいっぱいになった場合でも、アプリケーションサーバはセッションスコープのインスタンスを直列化して、メモリからファイルに待避できます。

　このように、セッションスコープ内のインスタンスは直列化されることがあるので、java.io.Serializable インタフェースを実装して直列化に対応しておく必要があります。これを忘れると、直列化されるときに問題が発生することがあります（「エラー解決・虎の巻」A.2.5 項の 8 ）。自作クラスのインスタンスをセッションスコープに保存する場合には、直列化の対応を忘れないようにしましょう（String、Integer や ArrayList といった API に用意されている代表的なクラスはすでに直列化が実装されています）。

8章

第9章

アプリケーション
スコープ

第 7 章で紹介したリクエストスコープと第 8 章で紹介したセッションス
コープは、ユーザーごとに割り当てられるスコープです。しかし、アプ
リケーションの中にはすべてのユーザーで共通して利用したいデータも
あります。そのようなインスタンスを扱うには、別のスコープを利用す
る必要があります。この章では、全ユーザーが利用できる「懐が深い」
スコープを紹介しましょう。

9.1 アプリケーションスコープの基礎

9.1.1　アプリケーションスコープの特徴

ユーザーごとのデータが保存できちゃうなんて、セッションスコープって便利だね。

でも、みんなで共有したいデータを使いたいときもあるやん？　そういうときは、やっぱり、データベースとかを使うんかな？

確かにデータベースが一般的だけど、「アプリケーションスコープ」を使う方法もあるよ。

アプリケーションスコープは、1 つのアプリケーションにつき 1 つだけ作成されるスコープです。そのため、アプリケーションスコープに保存したインスタンスは、**Web アプリケーションが終了するまでの間、アプリケーション内のすべてのサーブレットクラスと JSP ファイルで利用できます**（次ページの図 9-1）。

データベース vs アプリケーションスコープ

　データベースは、高度なデータ管理やデータ保護のしくみを備えています。一方、アプリケーションスコープは、そのようなしくみは備えていませんが、インスタンスがサーバのメモリ上にあるため、高速にアクセスでき、手軽に利用できるのです。

　データベースとアプリケーションスコープのそれぞれの強みと弱みを把握して有効に活用しましょう。

図 9-1 アプリケーションスコープの働き

 「セッションスコープ」はオレのもの、「アプリケーションスコープ」は
みんなのものやね。

9
章

9.1.2 Web アプリケーションの開始と終了

 Web アプリケーションの終了まで使えるのはわかったんですが、そ
もそもアプリケーションっていつ終了するんですか？

Web アプリケーションの開始と終了は、次のような操作や機能で行われます。

1. サーバの起動と停止
2. オートリロード機能
3. 管理ツールによる開始と終了

 これらについて、もう少し詳しく説明するよ。

1.　サーバの起動と停止

　アプリケーションサーバの起動／停止に伴い、そのサーバで動く Web アプリケーションも一緒に開始／終了します。Eclipse の場合、「サーバービュー」でアプリケーションサーバを起動／停止できます。また、Eclipse の実行機能を使用してサーブレットクラスを実行すると、サーバの再起動（再始動）を促すダイアログが表示されることがあります。このとき「OK」をクリックするとサーバが再起動（停止と起動）します（図 9-2）。

図 9-2　サーバの再起動

2.　オートリロード機能

　Web アプリケーションサーバには、一度実行したサーブレットクラスのソースコードを修正すると、そのサーブレットクラスの Web アプリケーションを再読み込み（終了と開始）する**オートリロード**があります。

　Pleiades に同梱された Apache Tomcat では、このオートリロード機能がデフォルトで無効になっています（p.100）。

3.　管理ツールによる開始と終了

　アプリケーションサーバは、Web アプリケーションを管理するツールを提供しています。この管理ツールを使うと、特定の Web アプリケーションを開始／終了できます（Apach Tomcat の場合は「Tomcat Web アプリケーションマネージャ」というツールで行いますが、本書では、このツールは使用しません）。

　前述のとおり、本書では 2 と 3 の操作は行いません。そのため、**サーバの停止と再起動をした場合のみ Web アプリケーションが終了し、アプリケーションスコープと保存したインスタンスが消滅します**。

2 のオートリロードを有効にすると、自動で Web アプリケーションが終了するので注意しよう。

9.1.3　アプリケーションスコープの基本操作

　アプリケーションスコープの正体は javax.servlet.**ServletContext** インスタンスです。このインスタンスを介してアプリケーションスコープを操作することになります。次のコード 9-1 は、サーブレットクラスでアプリケーションスコープに JavaBeans インスタンス（コード 7-1 の Human クラス、p.194）を保存し、保存されているインスタンスを取得、削除しています。

コード 9-1　サーブレットクラスでアプリケーションスコープを利用する

```
1  // アプリケーションスコープに保存するインスタンスの生成
2  Human human = new Human("湊 雄輔", 23);
3
4  // ServletContextインスタンスの取得
5  ServletContext application = this.getServletContext();
6                                                          ← 解説①
7  // アプリケーションスコープにインスタンスを保存
8  application.setAttribute("human", human);
9
10 // アプリケーションスコープからインスタンスを取得
11 Human h = (Human)application.getAttribute("human");      ← 解説②
12
13 // アプリケーションスコープからインスタンスを削除
14 application.removeAttribute("human");
```

解説①　アプリケーションスコープの取得

　ServletContext インスタンスは、サーブレットクラスのスーパークラスである HttpServlet から継承した getServletContext() で取得できます。

アプリケーションスコープを取得する

ServletContext application = this.getServletContext();

※ javax.servlet.ServletContext をインポートする必要がある。

※「this.」は省略可。

解説②　アプリケーションスコープの基本操作

　アプリケーションスコープにインスタンスを保存する方法と、保存したインスタンスの取得と削除の操作は、ほかのスコープと同じです。

アプリケーションスコープにインスタンスを保存する

application.setAttribute("属性名", インスタンス);

※第 1 引数には保存するインスタンスの属性名を String 型で指定する。

※属性名は大文字と小文字を区別する。

※第 2 引数には保存するインスタンスを指定する。Object 型のためあらゆるクラスのインスタンスを指定できる。

※すでに同じ属性名のインスタンスが保存されている場合、上書きされる。

アプリケーションスコープからインスタンスを取得する

取得するインスタンスの型 変数名 =

　　　(取得するインスタンスの型)application.getAttribute("属性名");

※引数には取得するインスタンスの属性名を String 型で指定する。

※属性名は大文字と小文字を区別する。

※戻り値は Object 型で返されるため、取得したインスタンスは元の型にキャストする必要がある。

※指定した属性名のインスタンスが保存されていない場合、null を返す。

アプリケーションスコープからインスタンスを削除する

application.removeAttribute("属性名");

※引数には削除するインスタンスの属性名を String 型で指定する。

※属性名は大文字と小文字を区別する。

　JSP ファイルでアプリケーションスコープを利用するには、暗黙オブジェクトである application を使用します（p.146）。わざわざ getServletContext() を用いて ServletContext を取得する必要はありません。

　次のコード 9-2 は、アプリケーションスコープに保存されている JavaBeans インスタンス（コード 7-1 の Human クラス、p.194）を取得し、そのプロパティの値を出力しています。

コード 9-2　JSP ファイルでアプリケーションスコープを利用する

```
1  <%@ page language="java" contentType="text/html;
2     pageEncoding="UTF-8" %>
3  <%@ page import="model.Human" %> ┐├ 取得するインスタンスのクラスをインポート
4  <%
5  // アプリケーションスコープからインスタンスを取得
6  Human h = (Human)application.getAttribute("human");
7  %>
8  <!DOCTYPE html>
   …（省略）…
9  <%= h.getName() %>さんは<%= h.getAge() %>歳です
   …（省略）…
```

9 章

暗黙オブジェクトが違うだけで、使い方はやっぱり同じやな！

9.2 アプリケーションスコープを使ったプログラムの作成

9.2.1 評価ボタン機能を作ってみよう

 それじゃあアプリケーションスコープを使って、全ユーザーでデータを共有するアプリケーションを作ってみよう。

　アプリケーションスコープを使ってサイトの評価ボタン機能を作ってみましょう。「よいね」と「よくないね」をクリックした人数をカウントし、アプリケーションスコープに保存します。

　まずは評価ボタン機能の画面遷移を確認しましょう（図 9-3）。

図 9-3　評価ボタン機能の画面遷移

ここでは次のサーブレットクラスと JSP ファイルを作成します。

- SiteEV.java　　　：サイト評価に関する情報（「よいね」と「よくないね」の数）を持つ JavaBeans のモデル
- SiteEVLogic.java：サイト評価に関する処理（「よいね」または「よくないね」の数を増やす）を行うモデル
- minatoIndex.jsp　：湊くんのサイトのトップ画面を出力するビュー
- MinatoIndex.java：湊くんのサイトのトップ画面に関するリクエストを処理するコントローラ

　ポイントはアプリケーションスコープに保存するサイト評価の情報（SiteEV インスタンス）です。これはアプリケーションに関する情報なので、セッションスコープではなくアプリケーションスコープに保存します。

　サーブレットクラス MinatoIndex は、リクエストパラメータ「action」の値が、「like」ならば「よいね」が、「dislike」ならば「よくないね」がクリックされたと判断します。そして、「SiteEVLogic」に依頼してサイトの評価を変更します。

　これらを次ページの図 9-4 のように組み合わせて作成します。

9.2.2　評価ボタン機能の作成

9章

　それでは、次ページからのコード 9-3 〜 9-6 を参考にプログラムを作成してください。作成後、次のいずれかの方法で動作を確認しましょう。

- 「http://localhost:8080/example/MinatoIndex」に、ブラウザでリクエストする。
- 「MinatoIndex.java」を Eclipse の実行機能で実行する。

　アプリケーションスコープの効果として、ブラウザを閉じた後に再度アクセスしても「よいね」と「よくないね」の人数が残ることも確認しましょう。

　なお、9.1.2 項（p.249）で解説したように、サーバの停止や再起動を行うと、アプリケーションスコープに保存されているインスタンスが消滅するため、「よいね」と「よくないね」の数が 0 に戻ります（オートリロード有効時は特に注意）。

図9-4　評価ボタン機能のしくみ

コード 9-3　サイト評価に関する情報を持つ JavaBeans

SiteEV.java
（model パッケージ）

```
1  package model;
2  import java.io.Serializable;
3
4  public class SiteEV implements Serializable {
5    private int like;    // よいねの数
6    private int dislike; // よくないねの数
7
```

```
 8    public SiteEV() {
 9      like = 0;
10      dislike = 0;
11    }
12    public int getLike() { return like; }
13    public void setLike(int like) {
14      this.like = like;
15    }
16    public int getDislike() { return dislike; }
17    public void setDislike(int dislike) {
18      this.dislike = dislike;
19    }
20  }
```

コード 9-4　サイト評価に関する処理を行うモデル

SiteEVLogic.java
（model パッケージ）

```
 1  package model;
 2
 3  public class SiteEVLogic {
 4    public void like(SiteEV site) {
 5      int count = site.getLike();
 6      site.setLike(count + 1);
 7    }
 8    public void dislike(SiteEV site) {
 9      int count = site.getDislike();
10      site.setDislike(count + 1);
11    }
12  }
```

9
章

コード 9-5　サイトのトップ画面に関するリクエストを処理するコントローラ

MinatoIndex.java
（servlet パッケージ）

```java
1   package servlet;
2
3   import java.io.IOException;
4   import javax.servlet.RequestDispatcher;
5   import javax.servlet.ServletContext;
6   import javax.servlet.ServletException;
7   import javax.servlet.annotation.WebServlet;
8   import javax.servlet.http.HttpServlet;
9   import javax.servlet.http.HttpServletRequest;
10  import javax.servlet.http.HttpServletResponse;
11  import model.SiteEV;
12  import model.SiteEVLogic;
13
14  @WebServlet("/MinatoIndex")
15  public class MinatoIndex extends HttpServlet {
16    private static final long serialVersionUID = 1L;
17
18    protected void doGet(HttpServletRequest request,
          HttpServletResponse response)
          throws ServletException, IOException {
19      // アプリケーションスコープに保存されたサイト評価を取得
20      ServletContext application = this.getServletContext();
21      SiteEV siteEV = (SiteEV)application.getAttribute("siteEV");
22
23      // サイト評価の初期化（初回リクエスト時実行）
24      if (siteEV == null) {    ]━ 解説①
25        siteEV = new SiteEV();
26      }
27
```

```
28        // リクエストパラメータの取得
29        request.setCharacterEncoding("UTF-8");
30        String action = request.getParameter("action");
31
32        // サイトの評価処理（初回リクエスト時は実行しない）
33        SiteEVLogic siteEVLogic = new SiteEVLogic();
34        if (action != null && action.equals("like")) {
35          siteEVLogic.like(siteEV);
36        } else if (action != null && action.equals("dislike")) {
37          siteEVLogic.dislike(siteEV);
38        }
39
40        // アプリケーションスコープにサイト評価を保存
41        application.setAttribute("siteEV", siteEV);
42
43        // フォワード
44        RequestDispatcher dispatcher =
            request.getRequestDispatcher
            ("WEB-INF/jsp/minatoIndex.jsp");
45        dispatcher.forward(request, response);
46      }
47  }
```

9章

解説①　スコープからインスタンスが取得できなかった場合

　最初の画面表示（図9-4の左上の状態、p.256）のときは、そもそも評価情報を持つSiteEVを生成していません。スコープにも保存していないため、getAttribute()はnullを返します。

コード9-6　サイトのトップ画面を出力するビュー

> **minatoIndex.jsp** (src/main/webapp/WEB-INF/jsp ディレクトリ)

```
1  <%@ page language="java" contentType="text/html; charset=UTF-8"
```

259

```
2         pageEncoding="UTF-8" %>
3   <%@ page import="model.SiteEV" %>
4   <%
5   SiteEV siteEV = (SiteEV)application.getAttribute("siteEV");
6   %>
7   <!DOCTYPE html>
8   <html>
9   <head>
10  <meta charset="UTF-8">
11  <title>湊くんのページ</title>
12  </head>
13  <body>
14  <h1>湊くんのページへようこそ</h1>
15  <p>
16  <a href="MinatoIndex?action=like">よいね</a>:
17  <%= siteEV.getLike() %>人
18  <a href="MinatoIndex?action=dislike">よくないね</a>:
19  <%= siteEV.getDislike() %>人
20  </p>
21  <h2>湊くんとは！？ </h2>
22  <p>・・・</p>
23  </body>
24  </html>
```

それそれっ！

あー！　「よくないね」をいっぱいにするなー！！

9.3 アプリケーションスコープの注意点

9.3.1 アプリケーションスコープのトラブル

ミナト先輩の「よいね」を増やすの、協力したるわ。オラオラー！！

 よし、僕も。連打♪連打♪……って、あれ？ 連打した割に「よいね」が増えてないぞ？

　湊くんが気づいたのはアプリケーションスコープに起因する問題です。ここで、アプリケーションスコープ利用時の注意点を2つ紹介しておきましょう。

注意① 同時アクセスによる不整合
　アプリケーションスコープ内のインスタンスを更新する複数のリクエストをほぼ同じタイミングで行うと、インスタンスに不整合が発生する場合があります。
　たとえば、評価ボタン機能の場合、ほぼ同時に2人が「よいね」をクリックすると1人分しか「よいね」の人数が増えません。これは、綾部さんが実行したサーブレットクラスが人数を更新する前に、ほぼ同時に実行した湊くんのサーブレットクラスが人数を取得してしまう、競合が原因です（次ページの図9-5）。
　この問題に対処するには、このような不整合がアプリケーションにとって致命的になるデータをアプリケーションスコープに保存しないようにします。または、保存は一度だけに限り、後の処理では更新せずに取得だけにとどめます。
　どうしても更新が必要な処理では、競合への根本的な対応が必要です。具体的には、「スレッド」による調停を行います。**スレッド**とは処理の単位を表し、リクエストごとに作成されます。次ページの図9-5の「湊くんのリクエストの処理」と「綾部さんのリクエストの処理」をそれぞれのスレッドと捉えるとよいでしょう。スレッドの競合と調停については、コラム（p.341）を参照してください。

9章

図 9-5　ほぼ同時にリクエストされると不整合が生じる

注意②　インスタンスの保存期間

　アプリケーションスコープに保存したデータ（インスタンス）は、Web アプリケーションを終了すると消滅します。Web アプリケーションの再開後でも使用できるようにするには、ファイルやデータベースなど、アプリケーションの外に保存する必要があります。また、セッションスコープと違いタイムアウトがないので、明示的に削除しないとメモリにインスタンスが残り続けてしまいます。大量のインスタンスを保存したままにすると、メモリを圧迫し続けるので注意が必要です。

9.4　スコープの比較

9.4.1　各スコープの特徴

第Ⅱ部を通して、リクエスト、セッション、アプリケーションといったさまざまなスコープを学習しました。各スコープの特徴を表 9-1 に整理してみます。

表9-1　各スコープの特徴

	リクエストスコープ	セッションスコープ	アプリケーションスコープ
インスタンス	HttpServletRequest	HttpSession	ServletContext
暗黙オブジェクト	request	session	application
作成される単位	リクエストごと	ユーザーごと（ブラウザごと）	アプリケーションごと
保存したインスタンスが取得できる期間	削除するかレスポンスするまで	削除するか、セッションタイムアウトするまで	削除するか、アプリケーションが終了するまで
リクエストをまたいでインスタンスを保存	できない	できる	できる
ユーザーごとのインスタンスを保存	できる（リクエストごとに保存する）	できる	できない（全ユーザーで共有する）

> ちなみに第 4 のスコープである「ページスコープ」は、意識的に利用することがほとんどないから、上記の 3 つをしっかりマスターすれば大丈夫だ。

Web アプリケーション開発では、これらのスコープを使いこなせるかどうかがとても重要になります。時間をかけて、確実に身に付けていきましょう。

9章

9.5　この章のまとめ

アプリケーションスコープ

・アプリケーションスコープの正体は ServletContext インスタンスである。

・サーブレットクラスの場合、スーパークラス（HttpServlet）の getServlet Context() で取得する。

・JSP ファイルの場合、ServletContext インスタンスは暗黙オブジェクト「application」で利用できる。

・インスタンスの保存は setAttribute()、インスタンスの取得は getAttribute()、インスタンスの削除は removeAttribute() を使用する。

・アプリケーションごとに作成され、保存したインスタンスは全ユーザー共通で利用できる。

・保存したインスタンスはアプリケーションが終了すると消滅する。

アプリケーションスコープの注意点

・保存したインスタンスの更新を複数のユーザーがほぼ同時に行った場合、不整合が発生することがある。

・アプリケーションスコープを削除するか、アプリケーションを終了するまで、メモリにインスタンスが残るので、大量のインスタンスを保存するとメモリを圧迫する。

9.6 練習問題

練習 9-1

　次に挙げる特性は、リクエスト／セッション／アプリケーションのどのスコープに当てはまるかを答えてください。なお、2つ以上のスコープが当てはまる場合は、すべて挙げてください。

(1) 保存したインスタンスはアプリケーションサーバにアクセスする複数のユーザーで共有される。

(2) サーバからブラウザにレスポンスが返ると、中身が消えてしまう。

(3) 基本的には、ブラウザを閉じても中身が消えない。

(4) getAttribute() と setAttribute() を用いて、インスタンスを保存、取得できる。

(5) invalidate() を用いて、スコープ自体を破棄できる。

(6) アプリケーションサーバを停止したり、明示的な削除指示をしたりしなければ、保存したインスタンスは自動では消えないため、乱用するとメモリを圧迫する点に特に注意が必要である。

練習 9-2

　練習 8-2（p.243）では、Fruit インスタンスをセッションスコープ経由でやりとりするサーブレットクラスと JSP ファイルを作成しました。このコードについて、セッションスコープではなくアプリケーションスコープを用いるように修正してください。

9
章

9.7　練習問題の解答

練習 9-1 の解答

(1) アプリケーションスコープ　　(2) リクエストスコープ

(3) アプリケーションスコープ

(4) リクエスト／セッション／アプリケーションのすべてのスコープ

(5) セッションスコープ　　　　　(6) アプリケーションスコープ

練習 9-2 の解答

```java
                                            FruitServlet.java
                                              (ex パッケージ)
protected void doGet(HttpServletRequest request,
    HttpServletResponse response)
    throws ServletException, IOException {
  Fruit fruit = new Fruit("いちご", 700);
  ServletContext application = this.getServletContext();
  application.setAttribute("fruit", fruit);
  RequestDispatcher dispatcher =
      request.getRequestDispatcher("WEB-INF/ex/fruit.jsp");
  dispatcher.forward(request, response);
}
```

fruit.jsp（src/main/webapp/WEB-INF/ex ディレクトリ）

```jsp
<%@ page contentType="text/html; charset=UTF-8" %>
<%@ page import="ex.Fruit" %>
<% Fruit fruit = (Fruit)application.getAttribute("fruit"); %>
<!DOCTYPE html>
<html>
…(省略)…
<body>
<p><%= fruit.getName() %>の値段は<%= fruit.getPrice() %>円です。</p>
</body>
</html>
```

9
章

コンテキスト

　ServletContext の「Context」（コンテキスト）とは Web アプリケーション
のことです。Web アプリケーションをリクエストする URL には、厳密には動
的 Web プロジェクトの名前ではなく、下記のようにコンテキストの名前を指
定する必要があります。

```
http://<サーバ>/<コンテキストの名前>/…
```

　デフォルトでは、動的 Web プロジェクトの名前が、そのままコンテキスト
の名前になります。そのため本書では、動的 Web プロジェクト名を URL で指
定しています。

つぶやきアプリの開発

この章はこれまでの総決算です。より実践的な Web アプリケーション開発を通じて、これまで学んできたことへの理解を深めます。

慣れないうちはエラーがたくさん出て、なかなか思うように進まないかもしれませんが、1つひとつ復習しながらじっくりと取り組みましょう。

本書で初めて Web アプリケーション開発を学んだ人にとってはこの章がひとまずゴールです。アプリケーションが完成すれば、きっと自信が持てるはずです。

CONTENTS

10.1 アプリケーションの機能と動作

10.1.1 「どこつぶ」の機能と画面設計

ここまで学んだ知識を使って、少し実践的なアプリケーションを作ってみよう。そうだな……湊くんが作りたいと言っていた、つぶやきアプリにチャレンジしようか。時間がかかってもいい。完成させて自信を付けよう。

はい！　がんばります。

　この章では、どこからでも短い文字列(つぶやき)を投稿できる Web アプリケーション「どこつぶ」を作成します。「どこつぶ」は次のような機能を持つものとします。

機能①　ログイン機能
・アプリケーションにログインする。
・入力されたパスワードをもとにユーザー認証を行う。
・パスワードは全ユーザー共通で文字列「1234」を使用する。

機能②　ログアウト機能
・アプリケーションからログアウトする。

機能③　つぶやき投稿機能
・短い文字列を「つぶやき」として投稿できる。
・投稿が空の場合、投稿を受け付けずエラーメッセージを表示する。
・投稿した「つぶやき」はアプリケーションが終了するまで保存される。
・投稿機能を使用するにはログインしている必要がある。

機能④　つぶやき閲覧機能

・全ユーザーの「つぶやき」を表示する。

・「つぶやき」は新しいものから順に表示する。

・閲覧機能を使用するにはログインしている必要がある。

　「どこつぶ」の画面遷移は図 10-1 のようになります。動作がイメージしにくい場合は、本章の掲載コードをダウンロードして実行してみましょう（p.4）。遷移は、左上の「トップ画面」から始まり、ログインを経て「メイン画面」でつぶやきの投稿や閲覧をして、ログアウトで終了します。

図10-1　「どこつぶ」の画面遷移

10章

10.1.2　「どこつぶ」作成にあたって

「どこつぶ」はこれまでの復習と Web アプリケーション作成に慣れることを目的としているため、なるべくシンプルな構成にしています。そのため、入力チェックなどの異常系操作への対応は最小限とします。また、アプリケーション内のデータの保存先にファイルやデータベースといった外部システムを使用しません。

ただし、Java API に含まれる List インタフェースと ArrayList クラスを使用するため、これらに関する基礎知識が必要です（下記コラムを参照）。

シンプルとはいえ一度にすべてを作るのは、初学者にとってはかなり難しく感じるでしょう。復習しながらじっくりと時間をかけて取り組みましょう。

ArrayList の基本的な使い方

ArrayList は java.util パッケージにあるクラスで、インスタンスを配列のようにまとめて格納できます。下記は、String インスタンスをまとめて格納し、それらを順に取得する例です。

```
// ArrayListインスタンスの生成（ざっくりとListとして扱う）
List<String> nameList = new ArrayList<>();
        └─── ジェネリクスで格納する型を指定
// Stringインスタンスを格納
nameList.add("湊");      // 0番目に格納
nameList.add("綾部");    // 1番目に格納
nameList.add("菅原");    // 2番目に格納

// 格納したStringインスタンスを順に取得
for (String name : nameList) {
  System.out.println(name);   //湊→綾部→菅原の順で出力
}
```

※コレクションの詳しい使い方は、『スッキリわかる Java 入門 第 3 版』で紹介しています。

10.2　開発の準備

10.2.1　動的 Web プロジェクトの作成

まずは「どこつぶ」の開発準備として、次の 2 つを行いましょう。各手順の操作は、Web 付録を参照してください。

・動的 Web プロジェクト「dokoTsubu」を作成する。
・動的 Web プロジェクト「dokoTsubu」をサーバに追加する。

以降は、作成した動的 Web プロジェクト「dokoTsubu」に対して作業を進めていきます。

10.2.2　JavaBeans の作成

次に、アプリケーション全体で使用する 2 つのクラスを作成しましょう。

・User.java　：ユーザーに関する情報（ユーザー名、パスワード）を持つ Java
　　　　　　　Beans のモデル
・Mutter.java：つぶやきに関する情報（ユーザー名、内容）を持つ JavaBeans
　　　　　　　のモデル

これらはどちらも単純に情報を保持するだけの JavaBeans のクラスです。コード 10-1 と次ページのコード 10-2 を参考に作成してください。

コード 10-1　ユーザーに関する情報を持つ JavaBeans

User.java
（model パッケージ）

```
1  package model;
2  import java.io.Serializable;
```

```
3
4   public class User implements Serializable {
5     private String name; // ユーザー名
6     private String pass; // パスワード
7
8     public User() {}
9     public User(String name, String pass) {
10      this.name = name;
11      this.pass = pass;
12    }
13    public String getName() { return name; }
14    public String getPass() { return pass; }
15  }
```

コード10-2　つぶやきに関する情報を持つJavaBeans

Mutter.java
（model パッケージ）

```
1   package model;
2   import java.io.Serializable;
3
4   public class Mutter implements Serializable {
5     private String userName; // ユーザー名
6     private String text;     // つぶやき内容
7     public Mutter() {}
8     public Mutter(String userName, String text) {
9       this.userName = userName;
10      this.text = text;
11    }
12    public String getUserName() { return userName; }
13    public String getText() { return text; }
14  }
```

10.2.3　トップ画面の作成

次に「トップ画面」として index.jsp を作成します（コード 10-3）。

なお、**このファイルはブラウザから直接リクエストするため、webapp 直下に保存**してください。

コード 10-3　トップ画面を出力するビュー

index.jsp（src/main/webapp ディレクトリ）

```
1  <%@ page language="java" contentType="text/html; charset=UTF-8"
2      pageEncoding="UTF-8" %>
3  <!DOCTYPE html>
4  <html>
5  <head>
6  <meta charset="UTF-8">
7  <title>どこつぶ</title>
8  </head>
9  <body>
10 <h1>どこつぶへようこそ</h1>
11 </body>
12 </html>
```

10章

10.2.4　デフォルトページ

よし完成っと。アクセスする URL は、http://localhost:8080/dokoTsubu/index.jsp やな。

あ、でもそういえば、普段僕らがいろんなサイトを使うとき、末尾に「index.jsp」なんて付けなくてもいいよね？

275

　Web アプリケーション（Web サイト）で最初にリクエストする画面は、URL の末尾からファイル名を省略してもリクエストできるのが一般的です。たとえば、株式会社インプレスのトップページは本来「https://www.impress.co.jp/index.html」ですが、末尾の index.html を省略してもアクセス可能です。

　今回作成する「どこつぶ」でも、トップ画面を「http://localhost:8080/dokoTsubu/」でリクエストできるようにしてみましょう。

さっき作った index.jsp を修正しなくちゃいけないのかな？

実は、ファイルを修正する必要はないんだ。

　末尾のファイル名を省略した URL でリクエストできるようにするしくみは、プログラムではなく、アプリケーションサーバ（Web サーバ）の機能で実現します。 アプリケーションサーバは、ファイル名を省略した URL でリクエストされた場合、あらかじめ設定しておいたファイルを自動的に探してくれるのです。

　たとえば Apache Tomcat の場合、デフォルトでは「index.html → index.htm → index.jsp → default.html → default.htm → default.jsp」の順にファイルを探して、最初に見つかったファイルを使用する、という設定になっています。そのため、トップ画面を「index.jsp」で作成すれば、「http://localhost:8080/dokoTsubu/」でトップ画面にアクセスできるのです（次ページの図 10-2）。

　このように、ファイル名や URL パターンを省略した URL でリクエストできるファイルのことを**デフォルトページ**と呼びます。

　それでは、次の方法でデフォルトページにアクセスし、トップ画面が表示されることを確認しましょう。

・「http://localhost:8080/dokoTsubu/」にブラウザでリクエストする。
・動的 Web プロジェクト「dokoTsubu」を選択し、Eclipse の実行機能で実行する。

Apache Tomcatでは、順番にファイルを検索して（❶）、最初に見つかった
ファイルを使用する（❷）。

図 10-2　トップ画面を表示する流れ

Eclipse を使う場合、これまでと実行の方法がちょっと違うから気を
つけよう。ファイルではなくプロジェクトを選んで実行するんだ。

　デフォルトページへのリクエスト方法

・ファイル名や URL パターンを省略した URL でリクエストすると、デフォ
　ルトページへのリクエストとなる。
・動的 Web プロジェクトを選択して Eclipse の実行機能で実行すると、デフォ
　ルトページへのリクエストになる。

10
章

10.3　ログイン機能を作成する

10.3.1　ログイン機能のしくみ

　トップ画面が表示できるようになったら、ログイン機能を作成します（機能①、p.270）。次の5つを作成し、図10-3のように組み合わせます。

- ・ User.java 　　　　：ユーザーに関する情報（ユーザー名、パスワード）を持つ JavaBeans のモデル（10.2 節で作成済み）
- ・ LoginLogic.java ：ログインに関する処理を行うモデル
- ・ index.jsp 　　　　：トップ画面を出力するビュー（10.2 節で作成したものを本節で修正）
- ・ loginResult.jsp ：ログイン結果画面を出力するビュー

図 10-3　ログイン機能の流れ

・Login.java　　　：ログインに関するリクエストを処理するコントローラ

　ポイントはセッションスコープに保存される User インスタンスです。サーブレットクラス Login は、ログインに成功するとログインユーザーの情報を User インスタンスに設定し、それをセッションスコープに保存します。ログイン判定結果を出力する loginResult.jsp は、このインスタンスを利用して、ログインの成功や失敗を判定し、適切な HTML を組み立てます。

10.3.2　ログイン機能の作成

　ログイン機能のしくみが理解できたら、以下のコード 10-4 〜 10-7 を参考にプログラムを作成しましょう。

コード 10-4　ログインに関する処理を行うモデル

LoginLogic.java
（model パッケージ）

```
1  package model;
2
3  public class LoginLogic {
4    public boolean execute(User user) {
5      if (user.getPass().equals("1234")) { return true; }
6      return false;
7    }
8  }
```

コード 10-5　ログインに関するリクエストを処理するコントローラ

Login.java
（servlet パッケージ）

```
1  package servlet;
2
3  import java.io.IOException;
4  import javax.servlet.RequestDispatcher;
5  import javax.servlet.ServletException;
```

10
章

```
 6  import javax.servlet.annotation.WebServlet;
 7  import javax.servlet.http.HttpServlet;
 8  import javax.servlet.http.HttpServletRequest;
 9  import javax.servlet.http.HttpServletResponse;
10  import javax.servlet.http.HttpSession;
11  import model.LoginLogic;
12  import model.User;
13
14  @WebServlet("/Login")
15  public class Login extends HttpServlet {
16    private static final long serialVersionUID = 1L;
17
18    protected void doPost(HttpServletRequest request,
          HttpServletResponse response)
          throws ServletException, IOException {
19      // リクエストパラメータの取得
20      request.setCharacterEncoding("UTF-8");
21      String name = request.getParameter("name");
22      String pass = request.getParameter("pass");
23
24      // Userインスタンス(ユーザー情報)の生成
25      User user = new User(name, pass);
26
27      // ログイン処理
28      LoginLogic loginLogic = new LoginLogic();
29      boolean isLogin = loginLogic.execute(user);
30
31      // ログイン成功時の処理
32      if (isLogin) {
33        // ユーザー情報をセッションスコープに保存
34        HttpSession session = request.getSession();
35        session.setAttribute("loginUser", user);
```

```
36      }
37      // ログイン結果画面にフォワード
38      RequestDispatcher dispatcher =
            request.getRequestDispatcher(
            "WEB-INF/jsp/loginResult.jsp");
39      dispatcher.forward(request, response);
40    }
41  }
```

トップ画面については、10.2.3 項で作成したコード 10-3（p.275）にログイン機能で使用するフォームを追加します。

コード10-6　トップ画面を出力するビュー（修正）

index.jsp (src/main/webapp ディレクトリ)

```
1   <%@ page language="java" contentType="text/html; charset=UTF-8"
2       pageEncoding="UTF-8" %>
3   <!DOCTYPE html>
4   <html>
5   <head>
6   <meta charset="UTF-8">
7   <title>どこつぶ</title>
8   </head>
9   <body>
10  <h1>どこつぶへようこそ</h1>
11  <form action="Login" method="post">
12  ユーザー名:<input type="text" name="name"><br>
13  パスワード:<input type="password" name="pass"><br>
14  <input type="submit" value="ログイン">
15  </form>
16  </body>
17  </html>
```

ログイン用の
フォームを追加

コード 10-7　ログイン結果画面を出力するビュー

loginResult.jsp（src/main/webapp/WEB-INF/jsp ディレクトリ）

```jsp
1  <%@ page language="java" contentType="text/html; charset=UTF-8"
2      pageEncoding="UTF-8" %>
3  <%@ page import="model.User" %>
4  <%
5  // セッションスコープからユーザー情報を取得
6  User loginUser = (User)session.getAttribute("loginUser");
7  %>
8  <!DOCTYPE html>
9  <html>
10 <head>
11 <meta charset="UTF-8">
12 <title>どこつぶ</title>
13 </head>
14 <body>
15 <h1>どこつぶログイン</h1>
16 <% if (loginUser != null) { %>
17   <p>ログインに成功しました</p>
18   <p>ようこそ<%= loginUser.getName() %>さん</p>
19   <a href="Main">つぶやき投稿・閲覧へ</a>    ]━ 解説①
20 <% } else { %>
21   <p>ログインに失敗しました</p>
22   <a href="index.jsp">TOPへ</a>
23 <% } %>
24 </body>
25 </html>
```

解説①　メイン画面へのリンク

　ここではまだメイン画面を作成していないので、このリンクをクリックすると
「404 ページ」が表示されます。

10.3.3　ログイン機能の動作確認

　ここまでのプログラムが作成できたら、次の手順で動作を確認しましょう。

［ログイン成功時の動作を確認する手順］

①トップ画面を表示する（10.2.4 項）。

②ユーザー名を「userA」、パスワードを「1234」でログインする。

③ログイン結果画面が表示され、ログイン成功のメッセージとユーザー名が出力
　されるのを確認する。

［ログイン失敗時の動作を確認する手順］

①トップ画面を表示する（10.2.4 項）。

②ユーザー名を「userA」、パスワードを「12345」でログインする。

③ログイン結果画面が表示され、ログイン失敗のメッセージが出力されるのを確
　認する。

　**セッションスコープを使うので、以前の実行で開いたブラウザのウィンドウを閉じ
てから実行する**ようにしてください（8.3.2 項、付録 A.2.3 項の**5**）。

10.4　メイン画面を表示する

10.4.1　メイン画面表示のしくみ

　ログイン機能が完成したら、ログイン結果画面からメイン画面の表示までを作成します。次の 4 つを図 10-4 のように組み合わせます。

- ・User.java　　　：ユーザーに関する情報（ユーザー名、パスワード）を持つ JavaBeans のモデル（10.2 節で作成済み）
- ・loginResult.jsp：ログイン結果画面を出力するビュー（10.3 節で作成済み）
- ・main.jsp　　　：メイン画面を出力するビュー
- ・Main.java　　 ：つぶやきに関するリクエストを処理するコントローラ

図 10-4　メイン画面表示の流れ（ログイン時）

図 10-4 ①の「つぶやきリスト」って何だろう？

メイン画面を表示したいだけやのに、なんでこんなもん作成したり保存する必要があるん？

　「どこつぶ」では、ユーザーから投稿されるすべてのつぶやきをメイン画面から閲覧しますので（機能④、p.271）、「つぶやきリスト」としてアプリ内部に保持します。つぶやきリストには複数件のつぶやき情報を格納するため、ArrayList クラスで実現します。

　また、「どこつぶ」にアクセスするすべてのユーザーがつぶやきリストにつぶやきを追加したり閲覧したりしますから、つぶやきリストは、アプリケーションスコープ内に格納して利用するのが適切です。

ログインが成功してメイン画面を表示する時点では、アプリケーションスコープにつぶやきリストが必ず保存されているのが前提なんだ。

　そこで、サーブレットクラス Main は、アプリケーションスコープにつぶやきリストがまだ存在しない場合（たとえば、アプリケーションサーバを起動して最初にアクセスされたときなど）、空のつぶやきリストを新規作成してアプリケーションスコープに保存します。

なるほど。これでどんなときでも必ずアプリケーションスコープ内につぶやきリストがある状態が保証されるわけやね。

　さらに Main はセッションスコープの User インスタンスの取得を試みて、ユーザーがログインしているかを確認します。取得できた場合は、main.jsp にフォワードをしてメイン画面を出力します（図 10-4 の②〜④、p.284）。

　User インスタンスがセッションスコープから取得できない場合は、ログインせ

10章

ずにリクエストしていると判定し、トップ画面にリダイレクトします（図 10-5）。

図 10-5　メイン画面表示の流れ（未ログイン時）

なんでリダイレクト？　フォワードでいいんとちゃう？

今回はフォワードよりリダイレクトのほうがいいんだ。

　フォワードを使うと、転送後に表示されるトップ画面のアドレスバーには、転送元の URL「http://localhost:8080/dokoTsubu/Main」が表示されます。これでは **URL はメイン画面なのに表示されているのはトップ画面**となり、URL と画面にズレが生じてしまいます。

　一方、リダイレクトを使うと、アドレスバーには転送先の URL「http://localhost:8080/dokoTsubu/index.jsp」が表示されるので、URL と画面が一致します（6.2.9 項、p.183）。

10.4.2　メイン画面表示の作成

　メイン画面を表示するまでのしくみが理解できたら、まず、コード 10-8 を参
考につぶやきリクエストのコントローラであるサーブレットクラスを作成してみ
ましょう。

コード 10-8　つぶやきに関するリクエストを処理するコントローラ

Main.java
（servlet パッケージ）

```java
 1  package servlet;
 2
 3  import java.io.IOException;
 4  import java.util.ArrayList;
 5  import java.util.List;
 6  import javax.servlet.RequestDispatcher;
 7  import javax.servlet.ServletContext;
 8  import javax.servlet.ServletException;
 9  import javax.servlet.annotation.WebServlet;
10  import javax.servlet.http.HttpServlet;
11  import javax.servlet.http.HttpServletRequest;
12  import javax.servlet.http.HttpServletResponse;
13  import javax.servlet.http.HttpSession;
14  import model.Mutter;
15  import model.User;
16
17  @WebServlet("/Main")
18  public class Main extends HttpServlet {
19    private static final long serialVersionUID = 1L;
20
21    protected void doGet(HttpServletRequest request,
          HttpServletResponse response)
          throws ServletException, IOException {
22      // つぶやきリストをアプリケーションスコープから取得
```

```
23    ServletContext application = this.getServletContext();
24    List<Mutter> mutterList =
          (List<Mutter>)application.getAttribute("mutterList");
25    // 取得できなかった場合は、つぶやきリストを新規作成して
26    // アプリケーションスコープに保存
27    if (mutterList == null) {
28      mutterList = new ArrayList<>();
29      application.setAttribute("mutterList", mutterList);
30    }
31
32    // ログインしているか確認するため
33    // セッションスコープからユーザー情報を取得
34    HttpSession session = request.getSession();
35    User loginUser = (User)session.getAttribute("loginUser");
36
37    if (loginUser == null) { // ログインしていない場合
38      // リダイレクト
39      response.sendRedirect("index.jsp");
40    } else { // ログイン済みの場合
41      // フォワード
42      RequestDispatcher dispatcher =
            request.getRequestDispatcher("WEB-INF/jsp/main.jsp");
43      dispatcher.forward(request, response);
44    }
45  }
46 }
```

解説①

解説②

解説③

解説①　アプリケーションスコープからつぶやきリストを取得

　アプリケーションスコープから、つぶやきリスト（ArrayList インスタンス）を取得しています。リストに格納する型には、ジェネリクスを使い、つぶやき情報を持つ JavaBeans である Mutter を指定します。なお、ArrayList クラスと List

インタフェースは、java.util パッケージに所属しているので、ともにインポートする必要があります（4 〜 5 行目）。

解説②　つぶやきリストの作成

アプリケーションスコープから取得できなかった（null だった）場合は、つぶやきリストがまだ存在していないことになります。そこで、つぶやきリストを新規に作成して、アプリケーションスコープに保存しておきます。

解説③　トップ画面へのリダイレクト

セッションスコープからユーザー情報を取得できなかった（null だった）場合は、ログインしていないと見なしてトップ画面へリダイレクトします。

次に、メイン画面を出力する main.jsp を作成しましょう。本来のメイン画面は、新たなつぶやき投稿のための入力フォームやつぶやき一覧の表示を含みますが、現時点ではログインしているユーザー名だけを出力します。

コード 10-9　メイン画面を出力するビュー

main.jsp (src/main/webapp/WEB-INF/jsp ディレクトリ)

```jsp
1  <%@ page language="java" contentType="text/html; charset=UTF-8"
2      pageEncoding="UTF-8" %>
3  <%@ page import="model.User" %>
4  <%
5  // セッションスコープに保存されたユーザー情報を取得
6  User loginUser = (User)session.getAttribute("loginUser");
7  %>
8  <!DOCTYPE html>
9  <html>
10 <head>
11 <meta charset="UTF-8">
12 <title>どこつぶ</title>
13 </head>
```

10章

289

```
14    <body>
15    <h1>どこつぶメイン</h1>
16    <p>
17    <%= loginUser.getName() %>さん、ログイン中
18    </p>
19    </body>
20    </html>
```

10.4.3　メイン画面表示の動作確認

　ここまでのプログラムが作成できたら、次の手順でログイン時と未ログイン時のメイン画面表示を確認しましょう。

［ログイン時のメイン画面表示を確認する手順］
①トップ画面を表示する（10.2.4 項）。
②任意のユーザーでログインし、ログイン結果画面を表示する。
③ログイン結果画面で「つぶやき投稿・閲覧」のリンクをクリックする。
④メイン画面が表示され、正しいユーザー名が出力されるのを確認する。

［未ログイン時のメイン画面表示を確認する手順］
①サーブレットクラス Main を次のいずれかの方法でリクエストする（すべての
　ブラウザを閉じてから行うこと）。
　・「http://localhost:8080/dokoTsubu/Main」にブラウザでリクエストする。
　・Main.java を選択して Eclipse の実行機能で実行する。
②トップ画面が表示されるのを確認する。

10.5　ログアウト機能を作成する

10.5.1　ログアウト機能のしくみ

　次に、メイン画面からログアウトできるようにします（機能②、p.270）。この機能では次の 4 つを使用します。

- ・User.java　：ユーザーに関する情報（ユーザー名、パスワード）を持つ JavaBeans のモデル（10.2 節で作成済み）
- ・main.jsp　：メイン画面を出力するビュー（10.4 節で作成したものを本節で修正）
- ・logout.jsp　：ログアウト画面を出力するビュー
- ・Logout.java：ログアウトに関するリクエストを処理するコントローラ

　サーブレットクラス Logout がセッションスコープの破棄を行い、logout.jsp へフォワードします（図 10-6）。

図 10-6　ログアウト機能の流れ

ログアウト機能の作成

　流れを理解したら、以下のコード 10-10 ～ 10-12 を参考にプログラムを作成してください。

コード 10-10　ログアウトに関するリクエストを処理するコントローラ

Logout.java
(servlet パッケージ)

```
1   package servlet;
2
3   import java.io.IOException;
4   import javax.servlet.RequestDispatcher;
5   import javax.servlet.ServletException;
6   import javax.servlet.annotation.WebServlet;
7   import javax.servlet.http.HttpServlet;
8   import javax.servlet.http.HttpServletRequest;
9   import javax.servlet.http.HttpServletResponse;
10  import javax.servlet.http.HttpSession;
11
12  @WebServlet("/Logout")
13  public class Logout extends HttpServlet {
14    private static final long serialVersionUID = 1L;
15
16    protected void doGet(HttpServletRequest request,
          HttpServletResponse response)
          throws ServletException, IOException {
17
18      // セッションスコープを破棄
19      HttpSession session = request.getSession();
20      session.invalidate();
21
22      // ログアウト画面にフォワード
23      RequestDispatcher dispatcher =
```

```
              request.getRequestDispatcher("WEB-INF/jsp/logout.jsp");
24      dispatcher.forward(request, response);
25    }
26  }
```

　メイン画面については、コード 10-9（p.289）にログアウト用のリンクを追加
します（コード 10-11）。

コード 10-11　メイン画面を出力するビュー（修正）

main.jsp (src/main/webapp/WEB-INF/jsp ディレクトリ)

```
1   <%@ page language="java" contentType="text/html; charset=UTF-8"
2       pageEncoding="UTF-8" %>
3   <%@ page import="model.User" %>
4   <%
5   // セッションスコープに保存されたユーザー情報を取得
6   User loginUser = (User)session.getAttribute("loginUser");
7   %>
8   <!DOCTYPE html>
9   <html>
10  <head>
11  <meta charset="UTF-8">
12  <title>どこつぶ</title>
13  </head>
14  <body>
15  <h1>どこつぶメイン</h1>
16  <p>
17  <%= loginUser.getName() %>さん、ログイン中
18  <a href="Logout">ログアウト</a>    ┓━ ログアウト用のリンクを追加
19  </p>
20  </body>
21  </html>
```

10章

コード10-12　ログアウト画面を出力するビュー

logout.jsp (src/main/webapp/WEB-INF/jsp ディレクトリ)

```
1  <%@ page language="java" contentType="text/html; charset=UTF-8"
2      pageEncoding="UTF-8" %>
3  <!DOCTYPE html>
4  <html>
5  <head>
6  <meta charset="UTF-8">
7  <title>どこつぶ</title>
8  </head>
9  <body>
10 <h1>どこつぶログアウト</h1>
11 <p>ログアウトしました</p>
12 <a href="index.jsp">トップへ</a>
13 </body>
14 </html>
```

10.5.3　ログアウト機能の動作確認

ここまでのプログラムが作成できたら、次の手順で動作を確認しましょう。

[ログアウト時のメイン画面表示を確認する手順]

①トップ画面を表示する（10.2.4 項）。

②任意のユーザーでログインし、メイン画面を表示する。

③メイン画面でログアウトし、トップ画面が表示されるのを確認する。

10.6　投稿と閲覧の機能を作成する

10.6.1　投稿と閲覧機能のしくみ

　いよいよ、「どこつぶ」の主機能であるつぶやきの投稿と閲覧の機能を作成しましょう（機能③④、p.270 ～ 271）。これには次の 5 つを使用し、図 10-7 のように組み合わせます。

・User.java　　：ユーザーに関する情報（ユーザー名、パスワード）を持つ
　　　　　　　　　JavaBeans のモデル（10.2 節で作成済み）
・Mutter.java　：つぶやきに関する情報（ユーザー名、内容）を持つ JavaBeans
　　　　　　　　　のモデル（10.2 節で作成済み）

①～⑤の順で処理が進められる

図 10-7　つぶやきの投稿と閲覧の流れ（メイン画面へのフォワードまで）

- PostMutterLogic.java ：つぶやきの投稿に関する処理を行うモデル
- main.jsp 　　　　　　：メイン画面を出力するビュー（10.4 節で作成したものを本節で修正）
- Main.java 　　　　　：つぶやきに関するリクエストを処理するコントローラ（10.4 節で作成したものを本節で修正）

あれ……？　そもそも Main って、つぶやき投稿の処理をするためのサーブレットクラスだっけ？

いや、単に「メイン画面を表示するサーブレットクラス」として作ったはずやけど……（コード 10-8、p.287）。

　図 10-7（p.295）のサーブレットクラス Main の役割を見て、湊くんのように混乱してしまった人もいるでしょう。このクラスは「メイン画面を表示するサーブレットクラス」として作成したのにも関わらず、図 10-7 では「つぶやき投稿するためのサーブレットクラス」として掲載されているからです。

　ここで、**サーブレットクラスを呼び出すには、GET と POST の 2 つのリクエスト方法がある**ことを思い出してください（5.1.6 項、p.137）。

情報の取得には GET、情報の登録には POST、というように使い分けるんだったよね。

　メイン画面表示のために作成したコード 10-8 の 21 行目（p.287）を確認すると、GET で呼び出された際に「メイン画面を表示する」という動作をするよう、doGet() で定義されています。そして本節では、POST で呼び出された際に「つぶやき投稿の処理」をするために機能を追加するというわけです。

Main は、GET で呼ぶか POST で呼ぶかでまったく違う動きをするのかぁ。1 人 2 役だね。

　POST によるつぶやき投稿リクエストを受信したサーブレットクラス Main は、リクエストパラメータから取得したつぶやきの内容が空でない場合、まずセッションスコープに保存されている User インスタンスからユーザー名を取得します（図 10-7 の①、p.295）。そして、そのユーザー名と、リクエストパラメータに含まれるつぶやきの 2 つの情報から Mutter インスタンスを作成し（②③）、アプリケーションスコープに保存されているつぶやきリスト（ArrayList インスタンス）の先頭に追加します（④）。

　投稿されたつぶやきを表示する処理は、次の図 10-8 のようにフォワード先の main.jsp で行います。

図10-8　つぶやきの投稿と閲覧の流れ（メイン画面へのフォワード以降）

　main.jsp はアプリケーションスコープからつぶやきリストを取得し、その中に設定されているつぶやきを取得して出力を行います。これで投稿されたつぶやきの一覧を閲覧できます。

10.6.2　投稿と閲覧機能の作成

　しくみが理解できたら、次ページ以降のコード 10-13 ～ 10-15 を参考にプログラムを作成してみましょう。

コード 10-13　つぶやきの投稿に関する処理を行うモデル

PostMutterLogic.java
（model パッケージ）

```
1  package model;
2
3  import java.util.List;
4
5  public class PostMutterLogic {
6    public void execute(Mutter mutter, List<Mutter> mutterList){
7      mutterList.add(0, mutter);    // 先頭に追加 ——解説①
8    }
9  }
```

解説①　つぶやきリストにつぶやきを保存

　ArrayList の add() は、第 1 引数に格納位置（インデックス）を、第 2 引数に格納するインスタンスを指定します。指定した位置にすでにインスタンスがある場合は、上書きではなく、指定した位置に新しく挿入し、以降のインスタンスを 1 つずつ後ろにずらしてくれます。

　前項で解説したように、サーブレットクラス Main にはつぶやき投稿をする doPost() を追加します（コード 10-14）。

コード 10-14　つぶやきに関するリクエストを処理するコントローラ（修正）

Main.java
（servlet パッケージ）

```
1  package servlet;
2
3  import java.io.IOException;
4  import java.util.ArrayList;
5  import java.util.List;
6  import javax.servlet.RequestDispatcher;
7  import javax.servlet.ServletContext;
8  import javax.servlet.ServletException;
```

```
 9  import javax.servlet.annotation.WebServlet;
10  import javax.servlet.http.HttpServlet;
11  import javax.servlet.http.HttpServletRequest;
12  import javax.servlet.http.HttpServletResponse;
13  import javax.servlet.http.HttpSession;
14  import model.Mutter;
15  import model.PostMutterLogic;     ┐── つぶやきリストに保存するモデルの
16  import model.User;                       インポートを追加
17
18  @WebServlet("/Main")
19  public class Main extends HttpServlet {
20    private static final long serialVersionUID = 1L;
21
 ⋮    …(doGet()は変更がないため省略)… ┐── コード 10-8 を参照
47
48    protected void doPost(HttpServletRequest request, ┐
        HttpServletResponse response)
        throws ServletException, IOException {         ┘── doPost() を追加
49      // リクエストパラメータの取得
50      request.setCharacterEncoding("UTF-8");
51      String text = request.getParameter("text");
52
53      // 入力値チェック
54      if (text != null && text.length() != 0) {
55        // アプリケーションスコープに保存されたつぶやきリストを取得
56        ServletContext application = this.getServletContext();
57        List<Mutter> mutterList =
              (List<Mutter>)application.getAttribute("mutterList");
58
59        // セッションスコープに保存されたユーザー情報を取得
60        HttpSession session = request.getSession();
61        User loginUser = (User)session.getAttribute("loginUser");
```

10
章

```
62
63        // つぶやきを作成してつぶやきリストに追加
64        Mutter mutter = new Mutter(loginUser.getName(), text);
65        PostMutterLogic postMutterLogic = new PostMutterLogic();
66        postMutterLogic.execute(mutter, mutterList);
67
68        // アプリケーションスコープにつぶやきリストを保存
69        application.setAttribute("mutterList", mutterList);
70      }
71
72      // メイン画面にフォワード
73      RequestDispatcher dispatcher =
            request.getRequestDispatcher("WEB-INF/jsp/main.jsp");
74      dispatcher.forward(request, response);
75    }
76  }
```

　メイン画面については、コード 10-11（p.293）に、つぶやきの投稿と閲覧に関する部分を追加します（コード 10-15）。

コード10-15　メイン画面を出力するビュー（修正）

main.jsp (src/main/webapp/WEB-INF/jsp ディレクトリ)

```
1  <%@ page language="java" contentType="text/html; charset=UTF-8"
2      pageEncoding="UTF-8" %>
3  <%@ page import="model.User, model.Mutter, java.util.List" %>
4  <%
                            インポートするクラスを追加
                                                       つぶやきリストの
                                                       取得を追加
5  // セッションスコープに保存されたユーザー情報を取得
6  User loginUser = (User)session.getAttribute("loginUser");
7  // アプリケーションスコープに保存されたつぶやきリストを取得
8  List<Mutter> mutterList =
      (List<Mutter>)application.getAttribute("mutterList");
```

```
 9  %>
10  <!DOCTYPE html>
11  <html>
12  <head>
13  <meta charset="UTF-8">
14  <title>どこつぶ</title>
15  </head>
16  <body>
17  <h1>どこつぶメイン</h1>
18  <p>
19  <%= loginUser.getName() %>さん、ログイン中
20  <a href="Logout">ログアウト</a>
21  </p>
22  <p><a href="Main">更新</a></p>          画面更新のリンクを追加
23  <form action="Main" method="post">
24  <input type="text" name="text">
25  <input type="submit" value="つぶやく">    つぶやき投稿用のフォームを追加
26  </form>
27  <% for (Mutter mutter : mutterList) {%>
28    <p><%= mutter.getUserName() %>:<%= mutter.getText() %></p>
29  <% } %>
30  </body>                                解説②
31  </html>
```

10章

解説②　ArrayList に格納されたつぶやきリストを先頭から順に取得

　ここでは、拡張 for 文を利用して、ArrayList に格納されているつぶやきを順に取得して表示しています。

```
for （変数の型 変数名 ： ArrayListインスタンス）｛…｝
```

　この for 文では、ArrayList に格納されているインスタンスの数だけループが実行されます。ループが実行されるたび、() 内で宣言した変数に、ArrayList に

格納されているインスタンスが先頭から順に代入されます。今回の場合、つぶやきリストに格納されているつぶやき（Mutter インスタンス）が、新しいものから順に取り出され、変数 mutter に代入されます。

10.6.3　投稿と閲覧機能の動作確認

ここまでのプログラムが作成できたら、次の手順で動作を確認しましょう。

[つぶやきの投稿と閲覧を確認する手順]
①トップ画面を表示する（10.2.4 項）。
②任意のユーザー（以下ユーザー A)でログインする。
③１つ目のつぶやきを投稿し、表示されるのを確認する。
④２つ目のつぶやきを投稿し、１つ目のつぶやきの上に表示されるのを確認する。
⑤空のつぶやきを投稿し、表示されないのを確認する。
⑥ユーザー A をログアウトし、ブラウザを閉じる。
⑦ユーザー A 以外のユーザー（以下ユーザー B)でログインをする。
⑧ユーザー A のつぶやきが表示されるのを確認する。
⑨１つ目のつぶやきを投稿し、ユーザー A のつぶやきの上に表示されるのを確認する。
⑩ユーザー B をログアウトする。
⑪ブラウザを閉じる。
⑫トップ画面を表示する。
⑬ユーザー A でログインする。
⑭ユーザー A とユーザー B のつぶやきが表示されるのを確認する。

　なお、つぶやきリストの有効期限に注意してください。アプリケーションスコープに保存しているため、サーブレットクラスを修正してサーバを再起動すると、それまで投稿したつぶやきは消えてしまいます。再び動作確認する場合は、最初から手順をやり直す必要があります（特に、オートリロードを有効にした場合は自動で消えるので注意しましょう）。

10.7 エラーメッセージの表示機能を追加する

10.7.1　エラー表示のしくみ

　最後に、前節で作成したつぶやき投稿機能に手を加えて、文字入力のない空の
つぶやきを投稿したらエラーメッセージが表示されるようにしましょう。

　エラーメッセージを表示するしくみは、次の図 10-9 のようになります。

図10-9　エラーメッセージ表示の流れ

　サーブレットクラス Main は、送信されてきたつぶやきが空だった場合、エラー
メッセージ（String インスタンス）を作成します。この情報は、フォワード先（main.
jsp）で利用するだけなので、リクエストスコープに保存します。

　フォワード先の main.jsp では、リクエストスコープからエラーメッセージが
取得できた場合のみ、エラーメッセージを表示します。

10.7.2　エラーメッセージ表示機能の作成

しくみが理解できたら、プログラムを作成してみましょう。

サーブレットクラス Main では、コード 10-14（p.298）の doPost() で行って
いる入力値チェックに else ブロックを追加します（コード 10-16）。

コード 10-16　つぶやきに関するリクエストを処理するコントローラ（修正）

```
package servlet;


import java.io.IOException;
import java.util.ArrayList;
import java.util.List;
import javax.servlet.RequestDispatcher;
import javax.servlet.ServletContext;
import javax.servlet.ServletException;
import javax.servlet.annotation.WebServlet;
import javax.servlet.http.HttpServlet;
import javax.servlet.http.HttpServletRequest;
import javax.servlet.http.HttpServletResponse;
import javax.servlet.http.HttpSession;
import model.Mutter;
import model.PostMutterLogic;
import model.User;


@WebServlet("/Main")
public class Main extends HttpServlet {
  private static final long serialVersionUID = 1L;

    …(doGet()メソッドは変更がないため省略)…  ┐── コード10-8 を参照


  protected void doPost(HttpServletRequest request,
```

Main.java
(servlet パッケージ)

```
            HttpServletResponse response)
            throws ServletException, IOException {
49    // リクエストパラメータの取得
50    request.setCharacterEncoding("UTF-8");
51    String text = request.getParameter("text");
52
53    // 入力値チェック
54    if (text != null && text.length() != 0) {
 ⋮      …(変更がないため省略)…
70    } else {
71      // エラーメッセージをリクエストスコープに保存
72      request.setAttribute("errorMsg",
            "つぶやきが入力されていません");
73    }
74
75    // メイン画面にフォワード
76    RequestDispatcher dispatcher =
            request.getRequestDispatcher("WEB-INF/jsp/main.jsp");
77    dispatcher.forward(request, response);
78  }
79 }
```

エラーメッセージ作成を追加

10章

　メイン画面は、コード 10-15（p.300）に、エラーメッセージの取得と表示に関する部分を追加します（コード 10-17）。

コード 10-17　メイン画面を出力するビュー（修正）

main.jsp (src/main/webapp/WEB-INF/jsp ディレクトリ)

```
1 <%@ page language="java" contentType="text/html; charset=UTF-8"
2     pageEncoding="UTF-8" %>
3 <%@ page import="model.User,model.Mutter,java.util.List" %>
4 <%
```

```
5   // セッションスコープに保存されたユーザー情報を取得
6   User loginUser = (User)session.getAttribute("loginUser");
7   // アプリケーションスコープに保存されたつぶやきリストを取得
8   List<Mutter> mutterList =
        (List<Mutter>)application.getAttribute("mutterList");
9   // リクエストスコープに保存されたエラーメッセージを取得
10  String errorMsg = (String)request.getAttribute("errorMsg");
11  %>
```

エラーメッセージの
取得を追加

```
12  <!DOCTYPE html>
13  <html>
14  <head>
15  <meta charset="UTF-8">
16  <title>どこつぶ</title>
17  </head>
18  <body>
19  <h1>どこつぶメイン</h1>
20  <p>
21  <%= loginUser.getName() %>さん、ログイン中
22  <a href="Logout">ログアウト</a>
23  </p>
24  <p><a href="Main">更新</a></p>
25  <form action="Main" method="post">
26  <input type="text" name="text">
27  <input type="submit" value="つぶやく">
28  </form>
29  <% if (errorMsg != null) { %>
30  <p><%= errorMsg %></p>
31  <% } %>
32  <% for (Mutter mutter : mutterList){%>
33  <p><%= mutter.getUserName() %>:<%= mutter.getText() %></p>
34  <% } %>
35  </body>
```

エラーメッセージ表示を追加

```
36   </html>
```

10.7.3　エラーメッセージ表示の動作確認

　ここまでのすべてのプログラムが作成できたら、次の手順で動作を確認しましょう。

[エラーメッセージを確認する手順]
①トップ画面を表示する（10.2.4 項）。
②任意のユーザーでログインする。
③空のつぶやきを投稿し、エラーメッセージが表示されるのを確認する。

……できた！！

2 人ともお疲れさま。どうだった？

いろんな知識がごちゃ混ぜになって大変やったあ……。

僕はエラーだらけで途中で泣きそうだったよ……。

でも、動いたら、めっちゃおもしろい！！

そうそう。僕は自信も付いたよ！！

10
章

2 人ともひと回り成長したね。Web アプリケーション開発は一筋縄ではいかないけど、作るごとに頭の中が整理されていき、実力も大きく伸ばせるんだ。自信が付くまで、何度でも「どこつぶ」を作ってみるといいよ。

　今回作成したアプリケーションは、世の中で動いている本物の Web アプリケーションに比べればかなりシンプルなものです。備える機能も完全ではなく、改善すべきところもたくさんあります。

　しかし、「どこつぶ」には、Web アプリケーションの開発には欠かせない、さまざまな技術やしくみが盛り込まれています。**一度きりではなく、「どこつぶ」の作成を繰り返して理解を深め、技術を磨きましょう。**スムーズに作成できるようになれば、基礎力は十分に身に付いているので、自信を持ってください。

スコープに保存したインスタンスの変更

　getAttribute() でスコープから取得したインスタンスの内容を変更すると、スコープ内のインスタンスも変更されます。これは、インスタンスをアドレス情報で参照する Java のしくみが原因です（7.3.2 項の解説①、p.208）。

　したがって、PostMutterLogic クラス（コード 10-13、p.298）でつぶやきリストにつぶやきを追加すると、アプリケーションスコープ内のつぶやきリストにもつぶやきが追加されます。そのため、コード 10-14 の 69 行目（p.300）で setAttribute() を呼び出さなくても、同じ動作結果になります。

10.8　この章のまとめ

「どこつぶ」で登場した新たなポイント

・ファイル名を省略した URL でリクエストできるファイルを「デフォルトペー
　ジ」という。

・GET と POST の 2 つのリクエストで異なる動作をする「1 人 2 役」のサーブ
　レットクラスを作成できる。

Web アプリケーション開発の勉強を始めたばかりの方へのアドバイス

・学んだことを復習しながら、焦らずじっくり時間をかけて取り組もう。

・Web アプリケーション開発に慣れるために、作成する数をこなそう。

・数々のエラーを乗り越えて、うまく動いたときの感動を味わおう。

10章

第 Ⅳ 部

応用的な知識を
深めよう

開発の奥義を使いこなそう

 「どこつぶ」もなんとか作れるようになったし、これで開発現場でバリバリやれるぞ。

 早くプロジェクトに配属されへんかな。

 ここまでよくがんばったね。でもせっかくだから、現場に行く前にもう少し知識を増やしておこうか。

 まだあるんですか！

 もちろんすべての現場で使うとは限らないけど、サーブレットとJSPは奥深いからね。より高度なアプリケーションを、さらに効率的に開発するための応用技術を紹介しておこう。

　これまで、実用的な Web アプリケーション開発に必要不可欠な基礎知識を学習してきました。しかし、実際の開発現場では、さらに深い知識と高度な文法が求められる場面もあります。第 IV 部では、現場で皆さんを助ける実践的な技術を学習します。

サーブレットクラス実行のしくみとフィルタ

これまで、サーブレットクラスでは doGet() と doPost() の 2 つのメソッドを利用してきました。しかし、サーブレットクラスには、ほかにも利用可能なメソッドがあります。

この章で学習する技術を上手に使えば、Web アプリケーションの開発効率を上げ、より高度な内容のアプリケーションを作成できるでしょう。

CONTENTS

11.1　サーブレットクラス実行の しくみ

11.1.1　サーブレットクラスのインスタンス化

> サーブレットの応用技術ってどんな内容なのかな？　難しかったらど うしよう……。

> はは、心配しなくても大丈夫だよ。それじゃあ、そんな湊くんのために、 まずはサーブレットクラスが実行されるしくみの復習から始めよう。

本書ではこれまで、doGet() や doPost() を動かすことを便宜的に「サーブレット クラスを実行」と表現してきました。しかし厳密には、これら static が付いて いないメソッドを、クラスの状態では実行できません。実行するには、インスタ ンス化が必要です。

> えっ、でもインスタンス化した覚えなんてないぞ。

> 忘れてしもたんですか。アプリケーションサーバが自動でやってくれ るんですよ。

通常のクラスは開発者が new 演算子を使って明示的にインスタンス化します。 しかし、サーブレットクラスはブラウザからリクエストされた際に、**アプリケー ションサーバ内のサーブレットコンテナによってインスタンス化**されます。よって、 開発者自身がインスタンス化を意識する必要はありません（3.1.5 項）。

そうだった。じゃあ、リクエストするたびにインスタンス化されているんだね。

ところが、そうじゃないんだ。

　アプリケーションサーバにとって、インスタンスの生成と破棄は大変な仕事です。そのため、リクエストのたびに行うと、サーバに負荷がかかり応答速度が落ちてしまいます。そのような状況を防ぐために、アプリケーションサーバ（サーブレットコンテナ）は、リクエストに応答した後もサーブレットクラスのインスタンスを破棄せずメモリに残し、**次のリクエストでも再利用します**（図 11-1）。

図 11-1　サーブレットクラスのインスタンス化

　サーバの終了などによって **Web アプリケーションが終了すると、サーブレットクラスのインスタンスはアプリケーションサーバによって破棄されます**。

 サーブレットクラスのインスタンス
- 初回のリクエスト時にインスタンス化される。
- インスタンスは以降のリクエストで再利用される。
- Web アプリケーション終了まで、インスタンスは残る。

捨てずに使い回すなんて、サーブレットはエコやなあ。

そうだね。Web アプリケーションの終了（と開始）については 9.1.2 項 (p.249) で解説しているよ。

JSP ファイルのインスタンス化

　JSP ファイルの実行にも、インスタンス化が必要です。JSP ファイルは保存後の初回リクエスト時に、まずサーブレットクラスに変換され、それがインスタンス化されます（4.1.1 項、p.108）。サーブレットクラスに変換する処理が必要なので、初回リクエスト時には実行に少し時間がかかります。

　生成されたインスタンスは、Web アプリケーションの終了または JSP ファイルの更新まで破棄されず、以降のリクエストで再利用されます。

11.1.2　init メソッド／ destroy メソッド

サーブレットクラスのインスタンスを生成したり破棄したりするたびに、ひと仕事させる方法を紹介しよう。

　サーブレットクラスは、**init()** と **destroy()** というメソッドをスーパークラスである HttpServlet から継承しています。これらのメソッドは、決まったタイミングでアプリケーションサーバが呼び出します。init() はサーブレットクラスのインスタンスが作成された直後、destroy() はサーブレットクラスのインスタンスが破棄される直前に実行されます（次ページの図 11-2）。

init() って普通のクラスのコンストラクタにちょっと似てるね。

図 11-2　init メソッドと destroy メソッド

　スーパークラスの init() と destroy() は、doGet() と doPost() 同様、サブクラスでオーバーライドして処理内容を自由に記述できます。

　init() のオーバーライドは次のように行います。

init() のオーバーライド

```
public void init(ServletConfig config) throws ServletException {
    super.init(config);    ┐── スーパークラスの init() を呼び出す
    …                      ┐── 最初の 1 回だけ実行したい処理を書く
}
```

11
章

　メソッド内に書いた処理は、サーブレットクラスのインスタンスが生成された直後（通常は初回リクエスト時）に 1 回だけ実行されます。一般的に、doGet() やdoPost() を実行可能にするための初期化処理（データベース接続など）を記述します。

　ただし、1 行目に記述する「super.init(config);」で、**あらかじめスーパークラスの****init() を実行しておく必要がある**ことに注意しましょう。

　一方、destroy() をオーバーライドするには次のように記述します。

---

destroy() のオーバーライド

```
public void destroy() {

    …   ┨━━━━━━━━━━━━ 最後に一度だけ実行したい処理を書く

}
```

メソッド内に書いた処理は、サーブレットクラスのインスタンスが破棄される直前（通常はアプリケーションサーバ停止時）に 1 回だけ実行されます。一般的に、後始末の処理（データベースの切断など）を記述します。

> ちなみに、Eclipse ではオーバーライドを手軽に指示できるんだ。

Eclipse のサーブレット作成画面で、次の図 11-3 のようにチェックを入れると、2 つのメソッドを簡単にオーバーライドできます。

図 11-3　サーブレット作成画面（Eclipse）

11.1.3　init() ／ destroy() の動作確認

実際にプログラムを動かして、init() と destroy() が自動で実行される様子を見てみよう。

　次のコード 11-1 を実行すると、画面に訪問回数が表示されます。そして、更新リンクを 1 回クリックするたびに、訪問回数が 1 つずつ増加します（図 11-4）。

図 11-4　コード 11-1 の実行画面

コード 11-1　init() と destroy() を持つサーブレットクラス

CounterServlet.java
（servlet パッケージ）

```
 1  package servlet;
 2
 3  import java.io.IOException;
 4  import java.io.PrintWriter;
 5  import javax.servlet.ServletConfig;
 6  import javax.servlet.ServletContext;
 7  import javax.servlet.ServletException;
 8  import javax.servlet.annotation.WebServlet;
 9  import javax.servlet.http.HttpServlet;
10  import javax.servlet.http.HttpServletRequest;
11  import javax.servlet.http.HttpServletResponse;
12
13  @WebServlet("/CounterServlet")
14  public class CounterServlet extends HttpServlet {
15      private static final long serialVersionUID = 1L;
```

11
章

319

```
16
17  public void init(ServletConfig config) throws ServletException {
18    super.init(config);
19    // 訪問回数を表すIntegerインスタンスを新規作成し
20    // アプリケーションスコープに保存
21    Integer count = 0;
22    ServletContext application = config.getServletContext();
23    application.setAttribute("count", count);
24
25    System.out.println("init()が実行されました");
26  }
27
28  protected void doGet(HttpServletRequest request,
        HttpServletResponse response)
        throws ServletException, IOException {
29    // アプリケーションスコープに保存された訪問回数を増加
30    ServletContext application = this.getServletContext();
31    Integer count = (Integer)application.getAttribute("count");
32    count++;
33    application.setAttribute("count", count);
34
35    // HTMLを出力
36    response.setContentType("text/html; charset=UTF-8");
37    PrintWriter out = response.getWriter();
38    out.println("<!DOCTYPE html>");
39    out.println("<html>");
40    out.println("<head>");
41    out.println("<meta charset=\"UTF-8\" />");
42    out.println("<title>訪問回数を表示</title>");
43    out.println("</head>");
44    out.println("<body>");
45    out.println("<p>訪問回数:" + count + "</p>");
```

解説①

解説②

```
46      out.println
            ("<a href=¥"CounterServlet¥">更新</a>");
47      out.println("</body>");
48      out.println("</html>");
49    }
50    public void destroy() {
51      System.out.println("destroy()が実行されました");  ┐──解説②
52    }
53  }
```

解説①　Integer インスタンスを準備

　訪問回数を表す Integer インスタンスを init() で新しく作成し、アプリケーションスコープに保存して、doGet() で利用できるように準備しています。

解説②　init() ／ destroy() の動作メッセージを出力

　init() と destroy() の実行を確認するため、System.out.println() でメッセージを出力しています。**System.out.println() の出力結果は、ブラウザには表示されませんが、Eclipse の「コンソール」ビューに表示されます**（図 11-5）。

```
情報: コマンドライン引数:        -Dwtp.deploy=C:\pleiades\2022-09\workspace\.metadata\.plugins\org.eclipse
情報: コマンドライン引数:        --add-opens=java.base/java.lang=ALL-UNNAMED [月 10月 24 14:31:14 JST 2022]
情報: コマンドライン引数:        --add-opens=java.base/java.io=ALL-UNNAMED [月 10月 24 14:31:14 JST 2022]
情報: コマンドライン引数:        --add-opens=java.base/java.util=ALL-UNNAMED [月 10月 24 14:31:14 JST 2022]
情報: コマンドライン引数:        --add-opens=java.base/java.util.concurrent=ALL-UNNAMED [月 10月 24 14:31:14 JST 2022]
情報: コマンドライン引数:        --add-opens=java.rmi/sun.rmi.transport=ALL-UNNAMED [月 10月 24 14:31:14 JS
情報: コマンドライン引数:        -Dfile.encoding=UTF-8 [月 10月 24 14:31:14 JST 2022]
情報: コマンドライン引数:        -XX:+ShowCodeDetailsInExceptionMessages [月 10月 24 14:31:14 JST 2022]
情報: 商用環境に最適な性能を発揮する APR ベースの Tomcat ネイティブライブラリが java.library.path [C:\pleiades\2022-09
情報: プロトコルハンドラ ["http-nio-8080"] を初期化します。[月 10月 24 14:31:14 JST 2022]
情報: サーバの初期化 [723]ms [月 10月 24 14:31:14 JST 2022]
情報: サービス [Catalina] を起動します [月 10月 24 14:31:14 JST 2022]
情報: サーブレット エンジンの起動:[Apache Tomcat/9.0.65] [月 10月 24 14:31:14 JST 2022]
情報: プロトコルハンドラー ["http-nio-8080"] を開始しました。[月 10月 24 14:31:14 JST 2022]
情報: サーバーの起動 [498]ms [月 10月 24 14:31:15 JST 2022]
init()が実行されました
```

図 11-5　System.out.println() の出力結果と「コンソール」ビュー

　初回リクエスト時には「init() が実行されました」と表示され、オートリロードの実行やサーバの停止により Web アプリケーションが終了すると「destroy() が

11章

実行されました」と表示されます。

　コード 11-1（p.319）を参考にプログラムを作成できたら、動的 Web プロジェクト「example」に保存し、次のいずれかの方法で動作を確認しましょう。

・「http://localhost:8080/example/CounterServlet」をブラウザでリクエストする。
・「CounterServlet」を Eclipse の実行機能で実行する。

11.1.4　init() の注意点

よーし、これから初期化は init() でやっていくぞ！

いいね。でも、init() で初期化をするときの注意点があるから、ぜひ知っておいてほしい。

　第 10 章で作成した「どこつぶ」のように複数のサーブレットクラスを使用する Web アプリケーションでは、init() を使って Web アプリケーション全体に関する初期化をすると、うまく動作しなくなることがあります。

　たとえば、Web アプリケーション全体で使用するインスタンスがあり、それをあるサーブレットクラスの init() で生成し、アプリケーションスコープに保存していたとします（次ページの図 11-6 の ServletA）。このような場合、そのサーブレットクラスがリクエストされるまでは、ほかのサーブレットクラスは、アプリケーションスコープからインスタンスを取得できません（図 11-6 の ServletB）。

　このように、**init() 実行のタイミングはサーブレットクラスがリクエストされる順番に左右されてしまう**ことに注意しましょう。

　なお、Web アプリケーション全体に関わる初期化は、次節で紹介する「リスナー」を使用すると、リクエストの順番に影響されず確実に実行できます。

図 11-6　init() の実行はリクエストの順番に影響される

サーブレットクラスのフィールドと注意点

init() と destroy()、doGet() に doPost() か。サーブレットクラスには特殊なメソッドがたくさんあるね。

メソッドといえばフィールドはどうなってるんやろ？　今まで全然使ってないけど、なんか理由があるんやろか。

鋭いね。サーブレットクラスのフィールドを使うには、特別な注意が必要なんだ。

　サーブレットクラスでも、通常のクラスのようにフィールドを定義できます。たとえば、さきほど作成した CounterServlet（コード 11-1、p.319）は、訪問回数をカウントする Integer インスタンスをアプリケーションスコープではなくフィールドに保存できます（次ページのコード 11-2）。

323

コード 11-2　フィールドを使用するサーブレットクラス

CounterServlet.java
(servlet パッケージ)

```
    …(省略)…
12  @WebServlet("/CounterServlet")
13  public class CounterServlet extends HttpServlet {
14    private static final long serialVersionUID = 1L;
15    private Integer count;                        ─── 訪問回数を保存するフィールドを作成
16
17    public void init(ServletConfig config) throws ServletException {
18      super.init(config);
19      // 訪問回数を初期化
20      count = 0;                                  ─── init() の処理を訪問回数の初期化のみに変更
21    }
22
23    protected void doGet(HttpServletRequest request,
          HttpServletResponse response)
          throws ServletException, IOException {
24      // 訪問回数を増加
25      count++;                                    ─── doGet() では訪問回数の増加のみに変更
    …(以下の処理は省略)…
44    }
45  }
```

　ただし、このようにサーブレットクラスのフィールドを利用するときは、次の2点に注意する必要があります。

注意①　フィールドは外から参照できない

　サーブレットクラスのフィールドは、ほかのサーブレットクラスや JSP ファイルから使用できません。たとえば、JSP ファイルにフォワードして訪問回数を出力する場合でも、フォワード先の JSP ファイルでは訪問回数（Integer インスタンス）を直接参照できません。

注意②　フィールドは同時リクエストで共有される

　サーブレットクラスのインスタンスは、複数のリクエストで使用します。したがって、同時にリクエストしているユーザーがいる場合、そのユーザー間で、インスタンス内のフィールドが共有されることになります（図 11-7）。

図 11-7　サーブレットクラスのフィールドは共有される

　そのため、doGet() や doPost() でフィールドの値を「変更」する処理をした場合、**リクエストのタイミングが重なると、フィールドの値に不整合が起こる**ことがあります。たとえば、さきほどの CounterServlet のようにフィールドを使用して訪問回数をカウントする場面では、2 人が同時にリクエストすると、訪問回数が 1 人分しか増えないといった現象が発生する可能性があります。これは、アプリケーションスコープで不整合が発生するしくみと同じです（9.3.1 項）。

　対応策もアプリケーションスコープと同じで、アプリケーションにとって不整合が致命的になるデータをフィールドで扱わないようにするか、競合が発生しないようスレッドによる調停をします。

このように、サーブレットクラスのフィールドは慎重に扱う必要がある。入門者のうちは、なるべく使用を避けたほうがいいだろう。

11.2 リスナー

11.2.1 リスナーとは

 サーブレットクラスがリクエストされる順番を気にしないで初期化するには、どうしたらいいんですか？

そうだね、次はそれについて紹介しよう。「リスナー」という特殊なクラスを使う方法だよ。

　サーブレットには**リスナー**と呼ばれる特殊なクラスがあります。リスナーに定義されたメソッドは、リクエストで実行されるのではなく、Web アプリケーションで特定のイベント（出来事）が発生したら自動的に実行されます（図 11-8）。

図 11-8　イベントを検知して動作するリスナー

　リスナーを使用すると、リクエストではなく、Web アプリケーションの状況に応じて処理を行えます。たとえば、Web アプリケーションが開始されたら、リスナーがアプリケーションスコープにインスタンスを保存するといったことが実現できます。

11.2.2　リスナーの作成方法

　リスナーは、あらかじめイベントごとに用意されたリスナーインタフェースを実装して作成します。つまり、**対応したいイベントに合わせて実装するリスナーインタフェースを決める**のです。

　次の表 11-1 に、イベントとそれに対応するリスナーインタフェースを挙げています。たとえば、「Web アプリケーション開始」というイベントに対応するには、ServletContextListener インタフェースを実装したリスナーを作成します。

表 11-1　イベントと対応するリスナーインタフェース

イベント	リスナーインタフェース
Web アプリケーションが開始または終了する	ServletContextListener
アプリケーションスコープにインスタンスを保存、上書き保存、またはスコープから削除する	ServletContextAttributeListener
セッションスコープを作成または破棄する	HttpSessionListener
セッションコープにインスタンスを保存、上書き保存、またはスコープから削除する	HttpSessionAttributeListener
セッションスコープが待避、または回復する	HttpSessionActivationListener
このインタフェースを実装したクラスのインスタンスをセッションスコープに保存、またはスコープから削除する	HttpSessionBindingListener
リクエストが発生する、またはレスポンスが完了する	ServletRequestListener
リクエストスコープにインスタンスを保存、上書き保存、またはスコープから削除する	ServletRequestAttributeListener

11.2.3　リスナーの動作確認

> それじゃ、「Web アプリケーション開始」のイベントに対応するリスナーの動きを実際にプログラムで確認してみよう。

**11
章**

次のコード 11-3 は、CounterServlet（コード 11-1、p.319）の init() と同じ処理を Web アプリケーション開始時に行うリスナーです。

コード 11-3　Web アプリケーションの開始に対応するリスナー

CounterListener.java
（listener パッケージ）

```java
1  package listener;
2
3  import javax.servlet.ServletContext;
4  import javax.servlet.ServletContextEvent;
5  import javax.servlet.ServletContextListener;
6  import javax.servlet.annotation.WebListener;
7
8  @WebListener  ├── 解説①                                    解説②
9  public class CounterListener implements ServletContextListener {
10    public void contextInitialized(ServletContextEvent sce) {
11      ServletContext context = sce.getServletContext();
12      Integer count = 0;
13      context.setAttribute("count", count);
14    }
15    public void contextDestroyed(ServletContextEvent sce) {
16    }
17  }
```

解説①　@WebListener アノテーションを付与

リスナーには **@WebListener アノテーション**を付与する必要があります。このアノテーションを付けられたリスナーが、Web アプリケーション開始時にインスタンス化されます。

@WebListener アノテーションの付与

@WebListener

※ javax.servlet.annotation.WebListener をインポートする必要がある。

解説②　リスナーインタフェースとメソッドを実装

　リスナーが対応するイベントに合わせて、リスナーインタフェースを実装します。リスナーインタフェースには、イベント発生時に呼び出されるメソッドが定義されています。**リスナーインタフェースを実装したら、それらのメソッドを必ず実装する必要があります**（実装しないとコンパイルエラーになります）。

　今回実装する ServletContextListener インタフェースには、次のメソッドが定義されています。

表 11-2　**ServletContextListener インタフェースのメソッド**

メソッド	実行のきっかけとなるイベント
contextInitialized()	Web アプリケーションが開始する
contextDestroyed()	Web アプリケーションが終了する

　Web アプリケーション開始時に実行される contextInitialized() で Integer インスタンスを生成し、それをアプリケーションスコープに保存します。アプリケーションスコープの正体である ServletContext インスタンスは、引数として渡される ServletContextEvent インスタンスの getServletContext() で取得できます。

　今回は、Web アプリケーション終了時に実行される contextDestroyed() では特に何も行いません。

　このリスナーを作成すると、CounterServlet の init() による処理は不要になりますので、削除またはコメントアウトしておきましょう。

　プログラムの作成後、サーバを再起動すると、Web アプリケーションが開始されリスナーが実行されます。CounterServlet を実行して、前節の init() を使った場合と動作結果が変わらない（アプリケーションスコープからインスタンスが取得できる）ことを確認しましょう。

11.2.4　リスナーの作り方

ほかのリスナーも、今回作ったのと同じように作れるのかな？

11
章

どのリスナーも決まった手順で作成できるよ。手順を整理しておこう。

リスナーは次の 4 つの作業で作成できます。

① @WebListener アノテーションを付与する。
②リスナーインタフェースを実装する。
③リスナーインタフェースのメソッドを実装する。
④リスナーインタフェースのメソッド内容を記述する。

なお、Eclipse ではリスナーを簡単に作成できます。その場合、①から③は自動で行われるので、開発者の作業は④だけで済みます。具体的な手順は Web 付録で紹介しています。
また、実装したメソッドが実行されるタイミングは API リファレンスなどを参照してください。

11.3　フィルタ

11.3.1　フィルタとは

> あー、またやってもうた。リクエストパラメータの文字コードを指定するの忘れて……。

> 「文字化け」だね。僕もよくやるよ（笑）。

　綾部さんは、次のようなサーブレットクラスを書いて文字化けを起こしてしまったようです。

```
public class AyabeServlet extends HttpServlet {
  protected void doPost(…) {
    // リクエストパラメータの取得
    String name = request.getParameter("name");
    …
  }
}
```

setCharacterEncoding() による
文字コードの指定を忘れている

11
章

> いつも書く処理やねんから、書かんで済むようにしてほしいわあ。

> 実は、毎回書かなくてもいい方法がちゃんとサーブレットには用意されているんだ。

　サーブレットには**フィルタ**という特殊なクラスが用意されています。このフィルタを設定したサーブレットクラスの **doGet()** や **doPost()** が実行される前後のタイミングで、フィルタのメソッドが自動的に実行されます（図 11-9）。

図 11-9　処理の前後で動作するフィルタ

　この**フィルタを複数のサーブレットクラスに対して設定すると、それぞれのサーブレットクラスで共通の処理をまとめる**ことができます。たとえば、ログインしていることが前提のサーブレットクラスが複数あった場合、ログイン状態をチェックするフィルタを 1 つ作成し、それを各サーブレットクラスに設定します。その結果、それぞれのサーブレットクラスでいちいちログインをチェックする処理を書かずに済みます（図 11-10）。

図 11-10　複数のサーブレットクラスで共通の処理をフィルタに任せる

> じゃあ、リクエストパラメータの文字コードを指定するフィルタを用意して、それを全部のサーブレットクラスに設定すればええんやね！

また、1つのサーブレットクラスに複数のフィルタを設定し、連続して実行できます。これを**フィルタチェーン**と呼びます（図 11-11）。

図 11-11　フィルタチェーン

11.3.2　フィルタの動作確認

それでは実際に、リクエストパラメータの文字コードを指定するフィルタの動作を見てみましょう。次のコード 11-4 に定義したフィルタは、すべてのサーブレットクラスの doGet() または doPost() が実行される前に、リクエストパラメータの文字コード指定を行います。

コード 11-4　リクエストパラメータの文字コードを指定するフィルタ

SetEncodingFilter.java
(filter パッケージ)

```
1  package filter;
2
3  import java.io.IOException;
4
5  import javax.servlet.Filter;
6  import javax.servlet.FilterChain;
```

```
 7  import javax.servlet.FilterConfig;
 8  import javax.servlet.ServletException;
 9  import javax.servlet.ServletRequest;
10  import javax.servlet.ServletResponse;
11  import javax.servlet.annotation.WebFilter;
12
13  @WebFilter("/*")  ]—解説①
14  public class SetEncodingFilter implements Filter {  ]—解説②
15      public void init(FilterConfig fConfig) throws ServletException {  }
16      public void doFilter(ServletRequest request,
            ServletResponse response, FilterChain chain)
            throws IOException, ServletException {
17        request.setCharacterEncoding("UTF-8");  ]
18        chain.doFilter(request, response);       —解説③
19      }
20      public void destroy() {  }
21  }
```

解説①　@WebFilter アノテーションを付与

フィルタには **@WebFilter アノテーション**を付与する必要があります。このアノテーションが付けられたフィルタは、Web アプリケーション開始時にインスタンス化されます。

@WebFilter アノテーションの付与

@WebFilter("/設定するサーブレットクラスのURLパターン")

※ javax.servlet.annotation.WebFilter をインポートする必要がある。

フィルタを設定するサーブレットクラスは、@WebFilter アノテーションで指定します。複数のサーブレットクラスに設定するには「/*」を使用します。次に設定例を挙げておきます。

・URL パターンが「/Sample」のサーブレットクラスに設定する場合

```
@WebFilter("/Sample")
```

・URL パターンが「/Sample/ ～」のサーブレットクラスへ設定する場合

```
@WebFilter("/Sample/*")
```

・すべてのサーブレットクラスに設定する場合

```
@WebFilter("/*")
```

解説②　Filter インタフェースを実装

フィルタは javax.servlet.Filter インタフェースを実装して作成します。この Filter インタフェースには表 11-3 に挙げた 3 つのメソッドが定義されており、**必ずこれらのメソッドをすべて実装する**必要があります。今回、init() と destroy() では特に何も処理しませんが、コンパイルエラーを防ぐために、空の処理を実装しています。

実装したこれらのメソッドは、決められたタイミングで自動的に実行されます。

表 11-3　**javax.servlet.Filter インタフェースのメソッド**

メソッド	実行のタイミング
init()	フィルタがインスタンス化された直後
destroy()	フィルタのインスタンスが破棄される直前
doFilter()	設定したサーブレットクラスがリクエストされたとき

解説③　doFilter メソッドに前処理／後処理を記述

サーブレットクラスの前処理と後処理をこのメソッド内に記述します。コード 11-4（p.333）の「chain.doFilter(request, response);」（18 行目）より**前に書いた処理が前処理、後ろに書いた処理が後処理**として実行されます。リクエストパラメータの文字コード指定は、サーブレットクラス内の処理で利用されるものですから、前処理として記述します。

11
章

このフィルタを作成した動的 Web プロジェクトのサーブレットクラスでは、リクエストパラメータの文字コード指定をする必要がありません。次のコード11-5 のように削除（またはコメントアウト）し、取得したリクエストパラメータが文字化けしないのを確認してください。

5.3.3 項でやったのと同じ方法で実行すればいいんだね。

コード11-5　フィルタの動作を確認するサーブレットクラス（コード5-4）

FormServlet.java
（servlet パッケージ）

```
   …（省略）…
11 @WebServlet("/FormServlet")
12 public class FormServlet extends HttpServlet {
13   private static final long serialVersionUID = 1L;
14
15   protected void doPost(HttpServletRequest request,
         HttpServletResponse response)
         throws ServletException, IOException {
16     // リクエストパラメータを取得
17     // request.setCharacterEncoding("UTF-8");  ← コメントアウト
18     String name = request.getParameter("name");
19     String gender = request.getParameter("gender");
     …（省略）…
```

11.3.3　フィルタの作り方

フィルタを作成する手順も確認しておこう。

フィルタは、次の 4 つの作業で作成できます。

① @WebFilter アノテーションを付与し、設定するサーブレットクラスを指定する。

② javax.servlet.Filter インタフェースを実装する。

③ init() ／ destroy() ／ doFilter() を実装する (処理がない場合は空)。

④ doFilter() の「chain.doFilter(request, response);」の前後に前処理、後処理を記述する。

　Eclipse ではフィルタを簡単に作成できます。その場合、**①から③は自動で行われるので、開発者の作業は④だけ**で済みます。具体的な手順は Web 付録で紹介しています。

JSP ファイルと HTML ファイルへのフィルタ適用

　フィルタはサーブレットクラスだけでなく、JSP ファイルや HTML ファイルにも適用できます。たとえば、JSP ファイル「index.jsp」に適用する場合、@WebFilter アノテーションで次のように指定します。

```
@WebFilter("/index.jsp")
```

　また、本節で紹介した次の指定では、すべてのサーブレットクラスだけでなく、すべての JSP ファイルと HTML ファイルにも設定されます。

```
@WebFilter("/*")
```

11
章

11.4　この章のまとめ

サーブレットクラス実行のしくみ

・サーブレットクラスのインスタンスは、最初のリクエスト時にインスタンス化され、以降のリクエストでも再利用される。

・サーブレットクラスは、インスタンス化された直後に init() が実行される。

・サーブレットクラスは、インスタンスが破棄される直前に、destory() が実行される。

リスナーの利用

・Web アプリケーションで発生するイベントに応じて処理を実行するには、リスナーを利用する。

・リスナーを利用するには、処理を実行したいタイミングで発生するイベントに応じたリスナーインタフェースを実装する。

フィルタの利用

・サーブレットクラスの doGet() と doPost() の前後で処理を実行するには、フィルタを利用する。

・1 つのフィルタを複数のサーブレットクラスに設定できる。

・1 つのサーブレットクラスに複数のフィルタを設定して連続実行できる（フィルタチェーン）。

・フィルタを利用するには、javax.servlet.Filter インタフェースを実装する。

11.5　練習問題

練習 11-1

次のような Web アプリケーションで、以下の 1 〜 4 の操作を行った場合に実行される処理①〜⑧について、選択肢から適切なものを選んで入れてください。

[前提]
- init()、doGet()、destroy() の各メソッドを持つサーブレットクラス A がある。
- サーブレットクラス A にはフィルタ B が設定されている。
- ServletContextListener インタフェースを実装したリスナー C がある。

[操作]
1. サーバを起動　　　　　　　　　　　　① が実行
2. サーブレット A をリクエスト　② → ③ → ④ の順で実行
3. サーブレット A をリクエスト　⑤ → ⑥ の順で実行
4. サーバを終了　　　　　　　　　⑦ → ⑧ の順で実行

[選択肢]
(ア) A の init()　　　　　　　(イ) A の destroy()
(ウ) A の doGet()　　　　　　(エ) B の doFilter()
(オ) C の contextInitialized()
(カ) C の contextDestroyed()

練習 11-2

ある開発プロジェクトでは、アプリケーションスコープの利用を禁止にしました。そこで、アプリケーションスコープにインスタンスを保存しようとすると、System.out.println() でコンソールに警告文を出力するリスナー NoAppScope Listener.java を listener パッケージに作成してください（ヒント：ServletContext AttributeListener を用います）。

11
章

11.6　練習問題の解答

問題 11-1 の解答

①オ　②ア　③エ　④ウ　⑤エ　⑥ウ　⑦イ　⑧カ

問題 11-2 の解答

```
                                          NoAppScopeListener.java
                                          （listener パッケージ）
package listener;

import javax.servlet.ServletContextAttributeEvent;

import javax.servlet.ServletContextAttributeListener;

import javax.servlet.annotation.WebListener;

@WebListener
public class NoAppScopeListener
    implements ServletContextAttributeListener {
  public void attributeAdded(ServletContextAttributeEvent arg) {
    System.out.println("警告：格納は禁止されています");
  }
  public void attributeRemoved(ServletContextAttributeEvent arg) {}
  public void attributeReplaced(ServletContextAttributeEvent arg) {}
}
```

※このリスナーを適用すると、開発者がアプリケーションスコープを使っていなくても警告が出力されること
　があります。これは、Apache Tomcat などのアプリケーションサーバが、内部でアプリケーションスコー
　プを利用している場合があるためです。

スレッドとサーブレット

　Java には複数の処理を同時に実行する「マルチスレッド」というしくみが備わっています。これにより、ネットワークの通信処理をしながら計算処理をする、といったことが可能になります。このとき、それぞれの処理は別々のスレッドが担当しています。

　「スレッド」とは、1 つの処理の流れを表す単位です。Web アプリケーションでいえば、サーバ上で待ち受けていて、リクエストが届いたら開始される処理の流れそのものです。サーブレットクラス（JSP ファイル）はマルチスレッドで動作するので、1 つのリクエストを受けるごとに 1 つのスレッドが生成され、そのスレッドが処理を実行します。

　マルチスレッドによって複数のリクエストを同時に処理できるのですが、複数のスレッドが同時に同じデータにアクセスしてその内容を壊してしまう、「スレッドの競合」という現象が起こることがあります。

　サーブレットでスレッドの競合が起こる代表例が、アプリケーションスコープと、サーブレットクラスのフィールドです。なぜなら、これらはスレッド間で共有されるためです。競合を避けるには、競合が起こる可能性のあるデータを 1 つのスレッドが利用している間、ほかのスレッドは待機するようにコントロールする必要があります。このコントロールのことを、スレッドの調停や同期、排他処理などと呼びます（スレッドの調停については、『スッキリわかる Java 入門 実践編 第 3 版』で解説しています）。

11
章

アクションタグとEL式

業務向けの Web アプリケーションでは、画面の見栄えをよくするために、Web デザイナーが JSP ファイルを編集します。しかし、Web デザイナーの専門分野は HTML であり Java ではありません。そのため、JSP ファイルに Java のコードがたくさん書かれていると、作業効率が悪いだけでなく、不具合を引き起こしかねません。

この章では、JSP ファイルから Java のコードを極力減らす方法を紹介します。結果、分業がしやすくなり、Web デザイナーだけでなく開発者の負担軽減にもつながるでしょう。

CONTENTS

12.1 インクルードと標準アクションタグ

12.1.1 動的インクルードと標準アクションタグ

よいしょ、よいしょ……。ふー、疲れた。

ミナト先輩、大変そうやね。何してるんです？

全部のページにフッターを付けようと思って。同じ内容だし、コピー＆ペーストしてるんだけど、数が多いから大変なんだ。

ちょっと待った。そのやり方は止めといたほうがいいぞ。

　Webページの最上部の領域を「ヘッダー」、最下部の領域を「フッター」と呼び、同じWebサイト内では各ページのヘッダーやフッターの内容を統一するのが一般的です。内容に決まりはありませんが、ヘッダーにはロゴや各コンテンツへのリンク（ナビゲーションメニュー）などを表示し、フッターにはコピーライトやサイトマップ、プライバシーポリシーの記載ページへのリンクなどを表示しているWebサイトが多く見られます。

　このような各ページ共通の内容を掲載するためにまず思いつくのが、湊くんのように掲載内容を各JSPファイルにコピー＆ペーストする方法です。しかし、この方法の場合、後で内容に変更があれば、すべてのJSPファイルを変更する必要が出てきます。そもそも、JSPファイルの数が多ければ時間も労力もかかってしまい、効率がよくありません。

たくさんの JSP ファイルに共通の内容を入れたいなら、うってつけの方法があるんだ。

　この問題を解決するのが、**動的インクルード**です。動的インクルードを使用すると、JSP ファイルの実行中にほかの JSP ファイルを呼び出して実行できます（図12-1 の**❶**）。さらに、**動的インクルードによって呼び出された JSP ファイル（図12-1 の❷）が出力した内容を、元の JSP ファイルの出力に取り込む**ことができます（図 12-1 の**❸**）。

図12-1　動的インクルード

12章

　ヘッダーやフッターといった各ページで共通の内容を出力する JSP ファイルを用意しておき、それを動的インクルードで取り込むことで、共通の内容の反映や修正が簡単に実現できます。フォワードとよく似た動きですが、フォワードは実行後にフォワード元に処理が戻ってこないのに対して、**動的インクルードは実行後にインクルード元に処理が戻ってくる**という違いがあります。
　動的インクルードを行うには、フォワードと同様に RequestDispatcher インスタンスの **include()** を利用します。

```
<%
RequestDispatcher dispatcher =
    request.getRequestDispatcher("インクルード対象");
dispatcher.include(request, response);
%>
```

> ありがとうございます！　早速、このコードを書いて動的インクルードをやってみます！

> まあ慌てないで。実は、このコードをいちいち書く必要はないんだ。

　動的インクルードは、JSP ファイルだけでなく、上記のコードを書けばサーブレットクラスでも行えます。しかし、**JSP ファイルの場合は、このコードを書かなくても次の <jsp:include> タグを書くだけで指示できます。**

<jsp:include> タグによる動的インクルード

次のいずれかで記述する。

① <jsp:include page="インクルード対象" />

② <jsp:include page="インクルード対象"></jsp:include>

※インクルード対象は、インクルード元 JSP ファイルのディレクトリを起点とした相対パスで指定する。

> えっ？　たった 1 行書くだけでいいんですか！　しかもこれって、タグですか？

ああ、でも HTML タグとは別物だよ。表 4-1（p.112）で紹介した、
JSP ファイルを構成する要素の 1 つなんだ。

これは**アクションタグ**といって、**Java のコードを呼び出せるタグ**です（図 12-2）。

アクションタグ

```
<jsp:include page="index.jsp" />
```

呼び出す

Javaのコード

```
<%
RequestDispatcher dispatcher = request.getRequestDispatcher("index.jsp");
dispatcher.include(request, response);
%>
```

図 12-2　アクションタグは Java のコードを呼び出す

見た目はただのタグだけど、正体は Java のコードなんですね。

<jsp:include> タグのように、最初から用意されているアクションタグを**標準ア
クションタグ**と呼びます。主なものを表 12-1 に挙げました。

表 12-1　主な標準アクションタグ

アクションタグ名	機能
<jsp:useBean>	スコープから JavaBeans インスタンスを取得（取得できない ときは JavaBeans インスタンスを新規作成してスコープに 保存）
<jsp:setProperty>	JavaBeans のプロパティの値を設定
<jsp:getProperty>	JavaBeans のプロパティの値を取得
<jsp:include>	インクルード
<jsp:forward>	フォワード

12
章

これらの標準アクションタグは、基本的に次のように記述します。

標準アクションタグ

次のいずれかで記述する。

① <jsp:アクション名 属性名="値" />

② <jsp:アクション名 属性名="値">…</jsp:アクション名>

※大文字と小文字が区別される。

※終了タグは省略できない。

　アクションタグの文法は HTML タグと基本的に同じですが、**大文字と小文字は区別され、終了タグは省略できない**ので注意しましょう。たとえば、次のような書き方をしてしまうと動的インクルードは失敗し、**JasperException 例外**がスローされます。

```
<jsp:Include page="index.jsp" />   // 「i」が大文字になっている
<jsp:include page="index.jsp">     // 終了タグが省略されている
```

12.1.2　動的インクルードの動作確認

　動的インクルードを使って、実際にほかの JSP ファイルが出力するフッターを取り込んでみましょう。

　次ページのコード 12-1 は、footer.jsp（コード 12-2）が出力するページフッターを動的インクルードによって取り込み、次の図12-3のような画面出力を行います。

インクルード先（footer.jsp）が
出力した部分

図12-3　動的インクルードによってフッターが取り込まれる

コード12-1　動的インクルードを行う JSP ファイル

includeTag.jsp (src/main/webapp ディレクトリ)

```
1  <%@ page language="java" contentType="text/html; charset=UTF-8"
2     pageEncoding="UTF-8" %>
3  <!DOCTYPE html>
4  <html>
5  <head>
6  <meta charset="UTF-8">
7  <title>動的インクルードによるフッター表示</title>
8  </head>
9  <body>
10 <h1>どこつぶへようこそ</h1>
11 <p>「どこつぶ」は・・・</p>
12 <jsp:include page="footer.jsp" />
13 </body>
14 </html>
```

解説①

コード12-2　動的インクルードで取り込まれる JSP ファイル

footer.jsp (src/main/webapp ディレクトリ)

```
1  <%@ page language="java" contentType="text/html; charset=UTF-8"
2     pageEncoding="UTF-8" %>
3  <p>Copyright どこつぶ制作委員会 All Rights Reserved.</p>
```

12章

解説①　インクルード対象を指定

　インクルードする対象を相対パスで指定します。footer.jsp は includeTag.jsp と同じティレクトリにあるため、ファイル名のみを指定しています。もし「webapp/WEB-INF/jsp」に配置するならば、「WEB-INF/jsp/footer.jsp」とします。

12.1.3　静的インクルード

> JSP ファイルには、もう 1 つ、インクルードの方法があるんだ。動作が微妙に異なるから、こちらも紹介しておこう。

　もう 1 つの方法は**静的インクルード**といい、表 4-1（p.112）で紹介した JSP ファイルを構成する要素の 1 つである **include ディレクティブ**を用います。

　動的インクルードは「実行中」にほかの JSP ファイルの「出力結果」を取り込むのに対して、静的インクルードは「実行前」にほかの JSP ファイルの「内容」を取り込みます（図 12-4）。

図 12-4　include ディレクティブは対象の内容を取り込む

　このように、実行前に JSP ファイルの内容を取り込む静的インクルードでは、インクルード対象の JSP ファイルで作成した変数やインスタンスや、インポートしたクラスやインタフェース、taglib ディレクティブ（12.3.2 項で解説）で利用

可能にしたタグライブラリなどを、**インクルード元で利用できる**ようになります。

> 静的インクルードを指示する include ディレクティブは、page ディレクティブと似たような書き方をするよ。

---

include ディレクティブによる静的インクルード

<%@ include file="インクルード対象" %>

※インクルード対象は、インクルード元 JSP ファイルのディレクトリを起点とした相対パスで指定する。

次のコード 12-3 は、インクルード対象（common.jsp、次ページのコード 12-4）でインポートした Date クラスと SimpleDateFormat クラス、そして定義した変数 name を利用しており、自分ではインポートをしていない点に注目してください。前項で動きを確認した動的インクルードでは、インクルード元とインクルード対象は別々のインスタンスで動作するので、このような利用はできません。

コード 12-3　静的インクルードを行う JSP ファイル

includeDirective.jsp (src/main/webapp ディレクトリ)

```
1  <%@ page language="java" contentType="text/html; charset=UTF-8"
2     pageEncoding="UTF-8" %>
3  <%@ include file="common.jsp" %>
4  <%
5  Date date = new Date();
6  SimpleDateFormat sdf = new SimpleDateFormat("MM月dd日");
7  String today = sdf.format(date);
8  %>
9  <!DOCTYPE html>
   …（省略）…
16 <%= name %>さんの<%= today %>の運勢は…
   …（省略）…
```

（3行目付近）common.jsp で import したクラスを使用

（6行目付近）common.jsp で定義した変数を使用

12 章

コード 12-4　静的インクルードで取り込まれる JSP ファイル

common.jsp（src/main/webapp ディレクトリ）

```
1   <%@ page language="java" pageEncoding="UTF-8" %>
2   <%@ page import="java.util.Date, java.text.SimpleDateFormat" %>
3   <% String name = "湊 雄輔"; %>
```

contentType 属性は不要

あれ？　common.jsp（コード 12-4）で変数 name の内容を「綾部
めぐみ」に変更したのに、表示はミナト先輩のまま変われへん。

おっと、静的インクルードを使う場合、JSP ファイルの更新には注
意が必要なんだ。

　include ディレクティブを使用する際は、インクルード対象となる JSP ファイル
の更新への注意が必要です。JSP ファイルは最初のリクエストでインスタンス
化されると、そのインスタンスのもとになった JSP ファイルが更新されるまでは、
以降のリクエストでもそのインスタンスを繰り返し利用します（コラム「JSP ファ
イルのインスタンス化」、p.316）。

　綾部さんは includeDirective.jsp（コード 12-3、p.351）を更新していないため、
そのインスタンスが再利用され、common.jsp の更新は実行結果に反映されなかっ
たというわけです。このように、**インクルード対象の JSP ファイルを更新したら、
それに伴ってインクルード元の JSP ファイルも更新する**必要があります。

このように、2 つのインクルードには違いがあるので、それをしっか
り理解しておこう。

動的インクルードと静的インクルード

動的インクルード

・インクルード対象の実行結果を取り込む。

・インクルード対象の JSP ファイルに書かれた内容は利用できない。

静的インクルード

・インクルード対象の JSP ファイルに書かれた内容を取り込む。

・インクルード対象の JSP ファイルに書かれた内容を利用できる。

・インクルード対象の JSP ファイルを更新したら、インクルード元も更新する必要がある。

インクルード元の自動更新

　本書で使用する Apache Tomcat は、インクルード対象の JSP ファイルを更新すると、インクルード元の JSP ファイルも自動で再コンパイルします。そのため、インクルード元を手動で更新しなくても実行結果に反映されます。このような自動更新機能の有無は、アプリケーションサーバによって異なるので利用前の確認が必要です。

12
章

12.2　EL 式

12.2.1　EL 式とは

 インクルードのおかげでだいぶ助かりました。こんな便利なものがあったんですね。

ほかにも便利なもの隠してるんとちゃうの？

 ばれたか（笑）。JSP の基本は身に付いたみたいだし、とっておきを教えておこう。

　ビューである JSP ファイルは、主にスコープに保存されている JavaBeans インスタンスのプロパティの値を出力する役割を担っています。たとえば、セッションスコープに属性名「human」で保存されている Human インスタンス（コード7-1、p.194）の name プロパティの値を出力するには、これまでは次のように書いていました。

```
<%@ page import="model.Human" %>
<% Human human = (Human)session.getAttribute("human"); %>
<%= human.getName() %>
```

　これを **EL 式** と呼ばれる要素を使って記述すると、次のようにとても簡潔になります。

```
${human.name}
```

めっちゃ短かなってるやん！　素敵やわ、EL 式って！

これは覚えないと損ですね！

　EL 式は、属性名やプロパティ名をドル記号（$）と中カッコ（{}）で囲んで表します。中カッコの中に記述するものを「式」と呼びます。スコープに保存したインスタンスは次の EL 式で利用できます。

スコープに保存されたインスタンスを利用する EL 式

・スコープに保存されているインスタンスを取得する。

　${属性名}

・スコープに保存されているインスタンスのプロパティの値を取得する。

　${属性名.プロパティ}

※指定したプロパティの getter が自動で実行される。

　EL 式に記述する内容と、スコープに保存されたインスタンスの関係を確認しておきましょう（図 12-5）。

図 12-5　EL 式とスコープに保存されたインスタンスの関係

12.2.2　EL式とスコープ

> EL式はとても便利だから、使い方についてもう少し詳しく解説しておこう。

　図12-5（p.355）では、インスタンスがリクエストスコープに保存されていますが、保存先がセッションスコープやアプリケーションスコープでもEL式の書き方は変わりません。なぜなら、**EL式は指定した属性名のインスタンスを、ページスコープ→リクエストスコープ→セッションスコープ→アプリケーションスコープの順に探す**からです。

> 「ページスコープ」は第7章の最初に名前だけ出てきたヤツやね。

> そうだね。ページスコープは4種類のスコープのうちの1つで、JSPファイルのみが持つスコープだよ。このスコープに保存したインスタンスは、そのJSPファイルでしか取得できないんだ。この後に登場するから覚えておこう。

　このように、EL式はすべてのスコープを自動で探し回ってくれるので非常に便利ですが、問題が起こる場面が2つあります。
　1つ目は、指定した属性名のインスタンスがどのスコープにも存在しない状況です。EL式を記述した部分には何も出力されないだけでなく、例外も発生しません。問題の発生に気づきにくいため、注意が必要です。

インスタンスが見つからなくてもエラーは起きない
EL式で指定した属性名のインスタンスがスコープに保存されていない場合、例外はスローされず何も出力されない。

2つ目は、複数のスコープに同じ属性名のインスタンスが保存されている状況です。たとえば、リクエストスコープとセッションスコープに「msg」という属性名のインスタンスが保存されている場合、「${msg}」と書くと常にリクエストスコープに保存されたインスタンスが利用され、セッションスコープに保存された同名のインスタンスは利用できなくなってしまいます。

これを解決するには、次のように検索する対象のスコープを指定します。

```
${sessionScope.msg}
```

この「sessionScope」は、セッションスコープを表すEL式独自のオブジェクトです。EL式にはこのような特別なオブジェクトがいくつか用意されています。これらを **EL式の暗黙オブジェクト**といい、EL式の中だけで使用できます。主なEL式の暗黙オブジェクトを表12-2に挙げました。

表12-2　主な EL 式の暗黙オブジェクト

暗黙オブジェクト名	説明
pageScope	ページスコープを表す暗黙オブジェクト
requestScope	リクエストスコープを表す暗黙オブジェクト
sessionScope	セッションスコープを表す暗黙オブジェクト
applicationScope	アプリケーションスコープを表す暗黙オブジェクト
param	リクエストパラメータの名前と値を対応させた Map オブジェクト
header	リクエストのヘッダーの名前と値を対応させた Map オブジェクト
cookie	クッキーの名前と値を対応させた Map オブジェクト

> **！ EL 式で検索するスコープの指定**
> ・検索するスコープは EL 式の暗黙オブジェクトを使用して指定できる。
> ・検索するスコープを指定しない場合、「ページ→リクエスト→セッション→アプリケーション」の順にスコープが検索される。

5.2.3 項に出てきた JSP の暗黙オブジェクトとは別物だよ。表記が異なるので注意しよう。たとえば、JSP の暗黙オブジェクトは「sessionScope」ではなく「session」だ。

12.2.3　EL 式による改良

　EL 式を使って、これまでに登場したプログラムを書き直してみましょう。次のコード 12-5 は、コード 7-8 の healthCheckResult.jsp（p.209）を、EL 式を利用して改良したものです。

コード 12-5　EL 式を使用した JSP ファイル

healthCheckResult.jsp (src/mainwebapp/WEB-INF/jsp ディレクトリ)

```
 1  <%@ page language="java" contentType="text/html; charset=UTF-8"
 2      pageEncoding="UTF-8" %>                        ポイント①
 3  <!DOCTYPE html>
 4  <html>
 5  <head>
 6  <meta charset="UTF-8">
 7  <title>スッキリ健康診断</title>
 8  </head>
 9  <body>
10  <h1>スッキリ健康診断の結果</h1>
11  <p>
12  身長:${health.height}<br>
13  体重:${health.weight}<br>           ポイント②③
14  BMI:${health.bmi}<br>
15  体型:${health.bodyType}
16  </p>
17  <a href="HealthCheck">戻る</a>
18  </body>
19  </html>
```

以下のポイントについて、元のソースコードと比較して違いを把握しましょう。

ポイント①　クラスのインポートとスコープ経由のインスタンス取得が不要

　EL 式を利用すれば、page ディレクティブを使ってクラスを**インポートしなくても、スコープに保存されているインスタンスを利用**できます。さらに、getAttribute() でスコープからインスタンスを取得する必要もありません。

ポイント②　プロパティの値を自動的に取得

　プロパティの値を取得するために getter メソッドを記述していましたが、EL 式では**プロパティ名を指定すると自動的に getter メソッドが実行**されます。たとえば 12 行目では、「health」という属性名でスコープに保存されているインスタンス（今回は Health インスタンス）の getHeight() が実行されます。ただし、指定したプロパティに対応する getter メソッドが存在しない場合、**PropertyNotFoundException 例外**がスローされるので注意しましょう（付録 A.2.6 項の**10**）。

ポイント③　スクリプト式が不要

　変数の値やメソッドの戻り値を出力するためにスクリプト式を記述していましたが、EL 式を**テンプレートに書くだけで EL 式の結果が出力**されます。

EL 式の特徴

・スコープから取得するインスタンスのクラスをインポートしなくてよい。

・プロパティ名を指定すると、getter メソッドが自動で実行される。

・テンプレートに記述すると、式の結果が出力される。

12 章

めっちゃシンプルになったなあ！

12.2.4　EL 式の演算子

　EL 式では演算子も使用できます。大部分は Java と同じ書き方ができますが、次の **empty 演算子**のような Java にないものもあります。

---

empty 演算子

${empty 対象}

※対象が以下の場合、true を返す。

- スコープに保存されていない
- null
- 空文字
- 要素数が 0 の配列
- インスタンスを 1 つも格納していないコレクションクラス（リスト、マップ、セット）のインスタンス

※ empty 演算子の結果を反転したい場合、**not empty 演算子**を使用する。

・通常の演算子の例（スコープは図 12-5 の状態とする）

```
${human.age + 1}
```
┓ー **結果は 24 になる**
```
${human.age >= 18}
```
┓ー **結果は true になる**

・empty 演算子の例（スコープは図 12-5 の状態とする）

```
${empty human}
```
┓ー **結果は false となる**
```
${not empty human}
```
┓ー **結果は true となる**

演算子を使った EL 式は、次節で登場するので楽しみにしていてほしい。

12.2.5　EL式とコレクション

EL式の基本はわかったかな。ここからは、EL式をより上手に使いこなすために知っておいたほうがよい知識を紹介しよう。

リストやマップといったコレクションクラスのインスタンスをスコープに保存し、JSPファイルで利用したい場面があります（たとえば第10章で使用したArrayListはリストの1つです）。EL式でリストやマップを利用するには、次のように記述します。

スコープに保存されたコレクションを利用するEL式
・スコープに保存されているリスト内のインスタンスを取得する。
$\{属性名[インデックス]\}$
・スコープに保存されているマップ内のインスタンスを取得する。
$\{属性名["キー "]\}$

たとえば、図12-6のようなArrayListがスコープに保存されている場合、「${humanList[0].name}」とすると、リストの0番目にあるHumanインスタンスのgetName()が実行され、nameの値を取得できます。

図12-6　EL式とスコープに保存されたインスタンスの関係（リスト）

12.2.6　EL 式とスクリプト要素

図 12-6 の状況では、格納されているインスタンスを先頭から順に取り出せると便利です。そのために、EL 式を使った次のような for 文を思いつくかもしれません。

```
<% for (int i=0; i < ${humanList.size()}; i++) { %> … <% } %>
<% for (Human human : ${humanList}) { %> … <% } %>   ─ 拡張 for 文の場合
```

　しかし、この書き方はエラーになります。なぜなら、**EL 式はスクリプト要素（スクリプトレットやスクリプト式）の中では使用できない**というルールがあり、for 文や if 文と一緒に EL 式は使えないからです。**繰り返しや条件分岐で EL 式を使用したい場合は、次節で紹介する JSTL を使う必要があります。**

EL 式とスクリプト要素は相性が悪し、なんやね。

12.3　JSTL

12.3.1　JSTL とカスタムタグ

EL 式って便利ですね！　もっといろいろな処理で使えるように、EL
式で分岐や繰り返しをする方法を教えてください。

よかった、気に入ったみたいだね。最後にそのやり方を紹介しよう。

　JSP には、<jsp:include> といったアクションタグが標準でいくつか用意されて
いましたが、実は、それ以外のアクションタグを**カスタムタグ**として独自に作成
できます。作成したカスタムタグを**タグライブラリ**にまとめて配布すれば、第三
者も利用できます。

　EL 式で分岐や繰り返しを行うには、**JSTL**（JavaServer Pages Standard Tag
Library）と呼ばれるタグライブラリを利用します。JSTL は、一般的によく使用
されるカスタムタグをまとめたライブラリで、JSP の標準として広く使われてい
ます。

カスタムタグは作るより使う機会のほうが多いからね。まずは使い方
に慣れよう。

　JSTL を使用するには、JSTL の JAR ファイルをダウンロードして、動的 Web
プロジェクトに配置します。JAR ファイルについては付録 B.2.3 項を、JSTL の
入手方法と配置の手順は、Web 付録を参照してください。

12
章

> JAR ファイルをダウンロードして、プロジェクトに配置……っと。
> よぉし、準備できたぞ！

12.3.2　JSTL の構成と tablib ディレクティブ

JSTL は、5 つのタグライブラリで構成されています（表 12-3）。この中で特に使用頻度の高いものが、この後に紹介する **Core タグライブラリ**です。

表12-3　JSTL のタグライブラリ一覧

タグライブラリ	内容
Core	変数、条件分岐、繰り返しなどの基本的な処理に関するタグ
I18N	数値や日付のフォーマット、国際化対応に関するタグ
Database	データベース操作に関するタグ
XML	XML 操作に関するタグ
Functions	コレクションや文字列を操作する関数

> EL 式で分岐や繰り返しを使うには、Core タグライブラリに含まれるカスタムタグを使うんだよ。

　JSP ファイルでタグライブラリを利用するには、**taglib ディレクティブ**で使用するタグライブラリを指定します。

---

taglib ディレクティブによるタグライブラリの指定

<%@ taglib prefix="接頭辞" uri="使用するタグライブラリのURI" %>

---

　prefix 属性で指定する接頭辞は、タグライブラリに付けるあだ名のようなものです。任意の文字列を指定できますが、**Core タグライブラリなら「c」**、I18N タグライブラリなら「fmt」など、規定の接頭辞もあります。uri 属性に指定するタ

グライブラリの URI（Web 上の住所）は、使用するタグライブラリによって決められています。

　JSTL のタグライブラリと prefix 属性や uri 属性の組み合わせは、次の表 12-4 を参考にしてください。

表12-4　JSTL タグライブラリの taglib ディレクティブ

タグライブラリ	prefix 属性と uri 属性の組み合わせ
Core	<%@ taglib prefix="c" uri="http://java.sun.com/jsp/jstl/core" %>
I18N	<%@ taglib prefix="fmt" uri="http://java.sun.com/jsp/jstl/fmt" %>
Database	<%@ taglib prefix="sql" uri="http://java.sun.com/jsp/jstl/sql" %>
XML	<%@ taglib prefix="x" uri="http://java.sun.com/jsp/jstl/xml" %>
Functions	<%@ taglib prefix="fn" uri="http://java.sun.com/jsp/jstl/functions" %>

12.3.3　Core タグライブラリ

> Core タグライブラリの中でも、特に使用頻度が高いタグを紹介するよ。

　Core タグライブラリを使用すると、変数宣言、分岐と繰り返し、例外処理などの Java プログラミングの基本処理をタグで行えるようになります（表 12-5）。

表12-5　Core タグライブラリの主なタグ（接頭辞を「c」にした場合）

タグの機能		タグ
変数宣言	変数設定	<c:set>
	変数削除	<c:remove>
	変数出力	<c:out>
分岐	2 分岐	<c:if>
	多分岐	<c:choose>、<c:when>、<c:otherwise>
繰り返し		<c:forEach>
リダイレクト		<c:redirect>

12
章

　また、タグライブラリ内のカスタムタグは、次の構文で使用できます。

カスタムタグの利用

<接頭辞:タグ名 属性名="値">・・・</接頭辞:タグ名>

<接頭辞:タグ名 属性名="値" />

※接頭辞は taglib ディレクティブの prefix 属性で指定した値。

　ここからは、表 12-5（p.365）で紹介したタグを使用して、変数出力・分岐・繰り返しの記述方法を解説します。

・変数出力

<c:out> タグで変数の値を出力できます。

<c:out> タグ

<c:out value="変数名" />

---

　value 属性に EL 式を使用すれば、スコープに保存されたインスタンスのプロパティの値を簡単に出力できます。たとえば、図 12-5（p.355）の Human インスタンスが持つ name プロパティの値を出力するには、次のように記述します。

```
<c:out value="${human.name}" />
```

　変数の値を出力するだけならば、前節で紹介したように、<c:out> タグを使わずに EL 式だけでも可能です。しかし、出力内容に「<」や「>」といった HTML にとって特殊な意味を持つ記号が含まれていた場合、そのまま出力すると、ページが改ざんされたり、クロスサイトスクリプティング（XSS）と呼ばれる攻撃に利用されたりする恐れがあります。<c:out> タグは、記号の意味を無害化する処理（**エスケープ**）を行ってから出力してくれるので、**セキュリティの点でより優れています**。特に、

ユーザーが入力した内容を出力する処理では、<c:out> タグを使用するほうがよいでしょう。

・**分岐**

<c:if> タグでシンプルな if 文と同じ処理を記述できます。

<c:if> タグ

<c:if test="条件式">

　　条件式がtrueなら実行される処理

</c:if>

---

　test 属性の条件式に EL 式を使用すれば、スコープに保存されたインスタンスを分岐条件に指定できます。たとえば、図 12-5（p.355）の Human インスタンスに対して、成人（human.age が 18 以上）の場合にのみ行う処理は次のように記述します。

```
<c:if test="${human.age >= 18}">
  あなたは成人です
</c:if>
```

　<c:if> タグは、test 属性が false になった場合、何も処理をしません。false のときにも処理を行う「if-else if-else 文」のような多分岐にするには、**<c:choose>タグ**を使用します。

12章

<c:choose> タグ

<c:choose>

　<c:when test="条件式">

　　条件式がtrueなら実行される処理

　</c:when>

```
    <c:otherwise>
        whenの条件式がすべてfalseなら実行される処理
    </c:otherwise>
</c:choose>
```

※ <c:when> タグは複数記述できる。

たとえば、図 12-5（p.355）の Human インスタンスに対して、成人と未成年とで処理を分岐できます。

```
<c:choose>
  <c:when test="${human.age >= 18}">
    あなたは成人です
  </c:when>
  <c:otherwise>
    あなたは未成年です
  </c:otherwise>
</c:choose>
```

よし、EL 式を使って分岐をする方法がわかったぞ。

・繰り返し

繰り返しには **<c:forEach>** タグを使用します。

<c:forEach> タグ（通常の for 文）

```
<c:forEach var="カウンタ変数" begin="カウンタ変数の最初の値"
    end="カウンタ変数の最後の値" step="カウンタの増加値">
    繰り返し実行する処理
</c:forEach>
```

　一見ややこしそうに見えますが、通常のfor文と書き方はよく似ています。次の例を見てください。

```
<c:forEach var="i" begin="0" end="9" step="1">
  <c:out value="${i}" />
</c:forEach>
```

ページスコープに保存された変数iを参照

　ループをカウントする変数iが作成され（var）、その値が0でループが開始されます（begin）。ループを1回実行するごとにiの値は1つ増加し（step）、その値が10になるとループが終了します（end）。end属性に指定した値までループする（値を超過したらループを抜ける）点に注意してください。

これを普通のfor文で書くなら、「for (int i=0; i<=9; i++)」になるね。

　var属性で作成した変数は自動的にページスコープ（p.356）に保存されるため、「${変数名}」でその値を取得できます。上記の場合、0〜9が出力されます。
　また、<c:forEach>タグは拡張for文と同じ処理を実現できます。

<c:forEach>タグ（拡張for文）

<c:forEach var="変数名" items="インスタンスの集合">

　　繰り返し実行する処理

</c:forEach>

※items属性には、インスタンスのコレクション（リスト、マップ、セット）や、インスタンスの配列などのインスタンスの集合を指定する。

---

　items属性にはEL式を使ってインスタンスの集合を指定します。リストを指定すると、リストに格納されているインスタンスの数だけループが実行されます。ループを実行するたびにリストの先頭から順にインスタンスが取り出され、var

属性の変数に代入されます。

たとえば、図 12-6（p.361）の場合、次のように記述すると、スコープに保存されている ArrayList に格納された Human インスタンスを先頭から順に取得できます。

```
<c:forEach var="human" items="${humanList}" >
  名前:<c:out value="${human.name}" />、年齢:<c:out value="${human.age}" />
</c:forEach>
```

> これを拡張 for 文で表すと、「for (Human human: humanList)」になるんやね。

ここまで、Core タグを使った変数出力・分岐・繰り返しの方法を解説しました。ここで紹介したものがすべてではないので、興味があればほかの機能もぜひ調べてみましょう。

12.3.4　JSTL による改良

「どこつぶ」で作成したコード 10-15 の main.jsp（p.300）を、JSTL を使って書き直してみましょう（コード 12-6）。変更した箇所を青字で示しているので、どのように変わったかを比較してください。

コード 12-6　どこつぶのメイン画面（EL 式 &JSTL 版）

main.jsp（src/main/webapp/WEB-INF/jsp ディレクトリ）

```
1  <%@ page language="java" contentType="text/html; charset=UTF-8"
2     pageEncoding="UTF-8" %>
3  <%@ taglib prefix="c" uri="http://java.sun.com/jsp/jstl/core" %>
4  <!DOCTYPE html>
5  <html>
6  <head>
```

```
 7  <meta charset="UTF-8">
 8  <title>どこつぶ</title>
 9  </head>
10  <body>
11  <h1>どこつぶメイン</h1>
12  <p>
13  <c:out value="${loginUser.name}" />さん、ログイン中
14  <a href="Logout">ログアウト</a>
15  </p>
16  <p><a href="Main">更新</a></p>
17  <form action="Main" method="post">
18  <input type="text" name="text">
19  <input type="submit" value="つぶやく">
20  </form>
21  <c:if test="${not empty errorMsg}">
22    <p><c:out value="${errorMsg}" /></p>
23  </c:if>
24  <c:forEach var="mutter" items="${mutterList}">
25    <p><c:out value="${mutter.userName}" />:
         <c:out value="${mutter.text}" /></p>
26  </c:forEach>
27  </body>
28  </html>
```

　動作確認の前に、JSTL の JAR ファイルを WEB-INF/lib に配置するのを忘れないようにしましょう。また、実行は、トップ画面から行ってください（p.276）。実行結果はこれまでと変わりません。

> すごいや！　Java のコードが1つもないのに、同じ動きをしてくれてる！

12.3.5　アクションタグと EL 式の関係

　この章では、標準アクションタグとカスタムタグという 2 種類のアクション
タグを紹介しました。また、標準アクションタグの代表として <jsp:include> タ
グを、カスタムタグの代表として JSTL の Core タグライブラリに用意されてい
るタグの使い方を解説しました。

　一方、EL 式は、非常にシンプルな書き方で、スコープに保存されているイン
スタンスやそのプロパティの利用を可能にします。単独の使用で出力に利用でき
るほか、アクションタグの属性として使うこともできます。

なお、EL 式は、カスタムタグだけでなく、標準アクションタグの属
性にも使えるよ。

EL 式とアクションタグは相性ばっちりなんだね。

　**アクションタグと EL 式を組み合わせて使うと、JSP ファイルから Java のコード(ス
クリプト要素)をなくす**ことができます。先ほどのコード 12-6 (p.370)をもう一度
確認してください。Java のコードが一切入っておらず、ディレクティブを除け
ばタグ (HTML タグやアクションタグ)と通常のテキストしか書かれていません。

でも、Java のコードでも同じことができるんやし、無理してタグを
使う必要ないんとちゃう?

いや。ちゃんとメリットはあるんだよ。

　ビューである JSP ファイルの作成や変更は、Java の開発者ではなく、主に
Web デザイナーが担当するのが一般的です。Web デザイナーの専門分野は
HTML や CSS であり、Java ではありません。そのため、JSP ファイルに Java のコー

ドが多くあると編集作業がしにくくなるだけでなく、不用意にコードを触ってしまいバグを混入しやすくなります。しかし、コード 12-6 (p.370) のように、**JSP ファイルの内容がタグが主体になっていれば、作業の効率が上がり、かつ安全に編集できる**ようになります。

Web アプリケーションの開発者がアクションタグの名前や属性を指示して、Web デザイナーがそのアクションタグを書く、というやり方も可能になるんだよ。

分業がもっとしやすくなるんやね。それって、とっても素敵やん。

12
章

12.4　この章のまとめ

アクションタグ

・アクションタグを使って Java のコードを呼び出せる。

・JSP に最初から用意されているアクションタグを「標準アクションタグ」という。

・<jsp:include> タグを使用すると、サーブレットクラスや JSP ファイルを実行し、その出力結果を取り込むことができる。

・独自に作成したアクションタグを「カスタムタグ」という。

・「JSTL」は 5 つのタグライブラリで構成されたカスタムタグである。

・JSTL の Core タグライブラリを使用すると、変数の操作や分岐・繰り返しといった基本的な処理をタグで行える。

EL 式

・スコープ内のインスタンスをシンプルな書き方で利用できる。

・テンプレート（HTML）で使用すると式の結果が出力される。

・アクションタグの属性に記述できる。

・スクリプト要素（スクリプトレット、スクリプト式、スクリプト宣言）内では使用できない。

・アクションタグと組み合わせると、Java のコードが登場しない JSP ファイルを作成でき、分業しやすくなる。

12.5 練習問題

練習 12-1

次の文章とコードの①〜⑦に適切な語句を入れてください。

　アクションタグには、最初から利用可能な　①　と、開発者が独自に作成する　②　がある。代表的な　①　として、ほかの JSP ファイルの　③　結果を取り込むことができる <jsp:include> タグがある。一方、便利な　②　の集合である JSTL は複数のタグライブラリから構成されており、その一部である　④　は、条件分岐・繰り返しといった基本的な処理を行うタグを提供している。

　EL 式を使うと、　⑤　に保存されたインスタンスを利用する処理を簡潔に記述できる。ただし、EL 式で分岐や繰り返し処理を表すには　④　を使用する必要がある。たとえば、スコープの状態が図 12-6 (p.361) の場合は次のように記述できる。

```
<c:forEach ⑥="human" ⑦="${humanList}">
  名前:<c:out value="${human.name}" />、年齢:<c:out value="${human.age}" />
</c:forEach>
```

練習 12-2

　練習 9-2 (p.265) では、アプリケーションスコープから Fruit インスタンスを取り出して表示するサーブレットクラスと JSP ファイルを作成しました。JSP ファイルについて、EL 式を用いるように修正してください。ただし、インスタンスは常にアプリケーションスコープから取得するものとします。なお、JSTL は使用しません。

12.6　練習問題の解答

練習 12-1 の解答

① 標準アクションタグ　　② カスタムタグ　　③ 出力
④ Core タグライブラリ　　⑤ スコープ　　　　⑥ var
⑦ items

練習 12-2 の解答

```
fruit.jsp (src/main/webapp/WEB-INF/ex ディレクトリ)

<%@ page contentType="text/html; charset=UTF-8" %>
<!DOCTYPE html>
<html>
…(省略)…
<body>
<p>
${applicationScope.fruit.name}の値段は
${applicationScope.fruit.price}円です。
</p>
</body>
</html>
```

　常にアプリケーションスコープからインスタンスを取得するためには、「applicationScope」を明示的に記述します。

JDBC プログラムと DAO パターン

これまでの学習では、画面から入力したデータはサーバのメモリ上にあるため、サーバを停止すると消滅してしまいました。停止後もデータを残すには、一般的にデータベースを利用します。これにより、データを保存できるだけでなく、高度なデータ管理も可能になります。

この章では、データベースの利用経験がない人に向けて、データベースを Java プログラムで利用するために必要な基礎知識を紹介します。

CONTENTS

13.1 データベースと JDBC プログラム

13.1.1　データベースの基礎知識

ちょっと、どこつぶを修正しようっと。サーバを再起動して……、よし、反映された！

あーっ！　僕のつぶやきが消えちゃったじゃないかあ。

　これまでに作成したプログラムは、データをスコープに保存しただけなので、サーバを停止するとデータも消滅してしまいます。**サーバを停止してもデータを残すには、ファイルやデータベース（DB）といった外部システムにデータを保存**しておく必要があります。業務で開発する本格的なアプリケーションでは、データの保存先として、データベースを使用するのが一般的です。

　この章では、Java プログラムからのデータベースの利用に必要な基礎知識を紹介します。

データベース？　聞いたことはあるけど、実はよぉ知らんねん……。

大丈夫。まずはデータベースの基礎を解説するからね。なお、データベースの詳しい働きは『スッキリわかる SQL 入門 第 3 版』、Java での詳しい利用方法は『スッキリわかる Java 入門 実践編 第 3 版』を参考にしてほしい。

　データベースを使うと、大量のデータを効率よく安全に蓄積できます。データベースは、データの保存や管理方法により種類が分かれますが、**テーブル**（表）形式での管理を採用する**リレーショナルデータベース**が広く使用されています。単にデータベースという場合、ほとんどがこのリレーショナルデータベースを指しています。

　リレーショナルデータベースでは、1 件分のデータを 1 行で表します。この行を**レコード**と呼びます（図 13-1）。また、テーブルの列はデータの要素を表します。

図 13-1　リレーショナルデータベース

データベースはテーブルの入れ物なんやね。

　現在、データベースには商用からオープンソースまで、多くの製品が提供されています（表 13-1）。

表 13-1　主なデータベース製品

商用	オープンソース
Oracle Database	MySQL
Microsoft SQL Server	PostgreSQL
IBM Db2	H2 Database

　データベースに蓄積されたデータは、**DBMS（データベース管理システム）**というソフトウェアが管理しています。したがって、**データベース内のデータを操作するには、DBMS に指示を出す**必要があります。

　DBMS に指示を出すには、データベース専用言語の **SQL**（Structured Query

Language)を使います（図 13-2）。

図 13-2 DBMS は SQL で操作する

SQL を使ってデータベースの中にあるデータを探せるんだね。

なんや、Excel みたいに直接データを触るのと違うんか。

SQL では、次の 4 つの命令（SQL 文）を使ってデータを操作します。

- SELECT 文 ： レコードを検索
- INSERT 文 ： レコードを追加
- UPDATE 文 ： レコードを変更
- DELETE 文 ： レコードを削除

なお、DBMS とデータベースはセットで動作するので、両者を併せて「データベース」と呼ぶ場面も多くあります。

「（広義の）データベース＝ DBMS ＋データベース」なんやね。

　ここからは、次の図 13-3 のようなテーブルとデータを持つデータベースを前提に解説を進めていきます。EMPLOYEES テーブルは従業員の情報を格納するテーブルです。

ID	NAME	AGE
EMP001	湊 雄輔	23
EMP002	綾部 めぐみ	22

「EMPLOYEES」（従業員）テーブル

「example」データベース

図 13-3　本章の解説に使うデータベースの構成

　本書ではデータベースに H2 Database を使用するので、Web 付録を参考に次の①～④の手順で環境を準備してください。

① H2 Database をインストールする。
② H2 Database にデータベース「example」を作成する。
③ データベース「example」に、テーブル「EMPLOYEES」を作成する。
④ テーブル「EMPLOYEES」にレコード（データ）を追加する。

よし、準備完了です！

H2 Database

　H2 Database は Java で作成されており、本体は 1 つの JAR ファイルです。この JAR ファイルをクラスパスに追加するだけで使用できるので、手軽に H2 Database を導入できます。しかも、その機能は豊富で高性能ですから、学習や規模の小さい開発などによく利用されています。

13
章

13.1.2　JDBC プログラムの準備

環境の準備ができたら、Java プログラムからデータベースを利用する方法を紹介しよう。

　Java プログラムでデータベースを利用するには、プログラムからデータベースに SQL 文を送信して、結果を取得します。それを行うのが **java.sql パッケージ**に含まれているクラスやインタフェースです（表 13-2）。

表 13-2　java.sql パッケージの主なクラスやインタフェース

クラス／インタフェース	機能
DriverManager	DBMS への接続準備を行う
Connection	DBMS への接続や切断を行う
PreparedStatement	SQL 文の送信を行う
ResultSet	DBMS から検索結果を受け取る
SQLException	データベースに関するエラー情報を提供する

　java.sql パッケージは、Java SE の標準 API で提供されているので、インポートして使用します。

※①のSQL文については付録B.4節を参照。

図 13-4　Java プログラムからデータベースを利用

　図 13-4（p.382）は、Java プログラムとデータベースの間でデータのやりとりに用いる java.sql パッケージのクラスやインタフェースを表したものです。**Connection** はプログラムとデータベースとを結ぶ道路、**PreparedStatement** は SQL 文を運ぶ車、**ResultSet** は検索結果を受け取る宅配ボックスのようなものと考えてください。

> Java でデータベースを利用するには、java.sql パッケージのほかに、あともう１つ必要なものがあるんだ。

　Java プログラムからデータベースを利用するには、java.sql パッケージのクラスやインタフェースのほかに、**JDBC ドライバ**と呼ばれるライブラリが必要です。JDBC ドライバは、**データベースを操作するのに必要なクラスやインタフェース群**です。各データベース製品の開発元が JAR ファイルとして提供しており、開発元の Web サイトなどから入手できます。

　JDBC ドライバに格納されたクラスやインタフェースは直接使用するのではなく、**java.sql パッケージのクラスやインタフェースを介して間接的に使用**します。そのため、開発者が JDBC ドライバの内容を詳しく知っておく必要はありません。

　このように、java.sql パッケージと JDBC ドライバを使用して、データベースを利用する Java プログラムを **JDBC プログラム**と呼びます。

　この後に紹介する JDBC プログラムを実際に動作させるには、H2 Database の JDBC ドライバを入手して、適切な場所に配置する必要があります（導入手順は Web 付録を参照してください）。

- -

JDBC プログラム開発に必要なもの

① java.sql パッケージのクラスやインタフェース

　　インポートして使用する（Java の API に含まれているので準備は不要）。

② JDBC ドライバ

　　使用するデータベースの開発元から入手し、適切な場所に配置する。

　※ Eclipse の動的 Web プロジェクトの場合、src/main/webapp/WEB-INF/lib に配置する。

- -

13 章

13.1.3　JDBC プログラムを見てみよう

それでは、JDBC プログラムを見てみましょう。次のコード 13-1 は、図 13-3
（p.381）の EMPLOYEES テーブルから全レコード（全従業員の情報）を取得して表
示するだけのプログラムです。ざっと目を通してみてください。

コード 13-1　全従業員情報の検索（JDBC プログラム）

SelectEmployees.java
（デフォルトパッケージ）

```java
 1  import java.sql.Connection;
 2  import java.sql.DriverManager;
 3  import java.sql.PreparedStatement;
 4  import java.sql.ResultSet;
 5  import java.sql.SQLException;
 6
 7  public class SelectEmployees {
 8    public static void main(String[] args) {
 9      // JDBCドライバを読み込む
10      try {
11          Class.forName("org.h2.Driver");
12      } catch (ClassNotFoundException e) {
13          throw new IllegalStateException(
              "JDBCドライバを読み込めませんでした");
14      }
15      // データベースに接続
16      try (Connection conn = DriverManager.getConnection(
            "jdbc:h2:tcp://localhost/~/example", "sa", "")) {
17
18      // SELECT文を準備
19      String sql = "SELECT ID,NAME,AGE FROM EMPLOYEES";
20      PreparedStatement pStmt = conn.prepareStatement(sql);
21
22      // SELECTを実行し、結果表（ResultSet）を取得
```

接続先 DB、ユーザ名、パスワード

SQL を DB に届ける PreparedStatement インスタンスを取得する

```
23    ResultSet rs = pStmt.executeQuery();
24                    ResultSet インスタンスに SELECT 文の結果が格納される
25    // 結果表に格納されたレコードの内容を表示
26    while (rs.next()) {    結果表の取り出し対象レコードを 1 つ進める
27      String id = rs.getString("ID");
28      String name = rs.getString("NAME");    取り出し対象レコードの
                                                各列の値を取得する
29      int age = rs.getInt("AGE");
30
31      // 取得したデータを出力
32      System.out.println("ID:" + id);
33      System.out.println("名前:" + name);    取得したデータ
                                                を利用する
34      System.out.println("年齢:" + age + "¥n");
35    }
36  } catch (SQLException e) {
37    e.printStackTrace();    接続や SQL 処理失敗時の処理※
38  }
39  }
40 }
```

※必要に応じて適切な処理を入れる。

……何だかごちゃごちゃしてますね。

細かく見るのではなく、ポイントを押さえよう。

13
章

　注目してほしいポイントは青字で表した部分です。これは、Java プログラム
からデータベースを利用するために、表 13-2（p.382）にある java.sql パッケージ
のクラスやインタフェースを利用しているコードです。

こんなに書かないとダメなんか……。

データベースを利用するために必要な手続きなんだ。

　もしこのプログラムを Eclipse で実行するなら、「実行するファイルを選択→右クリック→実行→ Java アプリケーション」を選択してください。
　実行すると Eclipse の「コンソール」ビューに次の結果が表示されます。

```
ID:EMP001
名前:湊 雄輔
年齢:23

ID:EMP002
名前:綾部 めぐみ
年齢:22
```

すごい！！　データベースの中のデータを抜き出せてるわ。あの長いコードを打ち込んだかいがあるなぁ。

JDBC ドライバ読み込み失敗時の対応

　コード 13-1（p.384）の 11 行目では、H2 Database の JDBC ドライバを読み込んでいます。もし JDBC ドライバが適切に配置されていなければ、ClassNotFoundException が発生します。JDBC ドライバを読み込めないと後続のデータベース処理が行えないため、ここではアプリケーションが適切な状態でないことを表す「IllegalStateException」例外を発生させて、処理を強制終了します。この例外が発生したら、Web 付録を参照して JDBC ドライバが適切に配置されているかを確認してください。

13.2 DAO パターン

13.2.1　JDBC プログラムの問題

JDBC プログラムって、クラスをたくさん使うわ、例外処理もいるわで大変やねぇ。

ソースコードがごちゃごちゃになっちゃうよね。

　前節のコード 13-1（p.384）のように、Java のプログラムからデータベースを利用するには、データベースを利用するための処理、すなわち「JDBC プログラム特有のコード」をたくさん書く必要があります。そのため、プログラム本来の処理に関係しないコードが多く入ることになり、湊くんの言うように、**雑然としたわかりにくいソースコード**になってしまいます。

　コード 13-1 に示したプログラムでは、JDBC プログラム特有のコードを目立たせていますが、それがなければ本来の目的（全従業員の情報を出力する処理）に関係するコードを見分けるのは困難でしょう。

さっきのプログラムの目的は、取得したデータをただ出力するだけやったけど……。

想像してごらん。もし、プログラム本来の処理がもっと複雑だったらどうなるか。

ソースコードがもっと大変なことになりそう……。

　ソースコードの見通しが悪くなると、バグが混入する可能性が高くなったり、不具合が起きたときに原因を見つけて修正するのに時間がかかったりするため、好ましくありません。

せやけど、しゃあないんやないですか。大丈夫！　気合と根性でなんとかしますわ！

いつまでそう言っていられるかな（笑）。

　問題はこれだけではありません。アプリケーションの規模が大きくなれば、アプリケーション内のさまざまな場所にデータベースを利用する処理が登場するでしょう。たくさんのクラスがデータベースを使用し、それぞれのクラスに「JDBCプログラム特有のコード」がある場合、データベースやテーブルが変更されると、それぞれのクラスで修正が必要になります。結果として、そのアプリケーションの保守性は大きく低下してしまいます（図 13-5）。

図 13-5　データベースの変更による保守性の低下

もし、データベースを利用するクラスが 100 個あったら、1 つも漏らさずに修正できるかい？

気合と根性だけでは、どないもなりません……。

13.2.2　DAO パターンによる解決

　こうした問題の解決策として生まれたのが **DAO パターン**です。DAO パターンは Java でのデータベース利用の手本となる考え方で、おおまかにいえば、「データベース専門の担当者を作って、データベース利用の処理をすべて任せる設計にしましょう」というものです。

　具体的には、**DAO**（Data Access Object）と呼ばれる、データベースの操作（テーブルに対する検索、追加、変更、削除など）を担当するクラスを用意します。データベースを利用するクラスは、直接ではなく、必ず DAO を介してデータベースを利用します（図 13-6）。

図 13-6　DAO パターンによる保守性の向上

13
章

　DAO パターンを用いると、**データベースを利用するクラスから JDBC プログラム特有のコードを排除できます**。それにより、ソースコードの見通しはよくなり、利用するデータベースに変更があっても修正箇所は最低限に抑えられます。加えて、データベースの知識がない開発者でも DAO を介してデータベースの利用が可能になるので、開発の効率も上がります。

> データベースの知識がなくても利用できるんや。それって素敵やん♪

 DAO パターンとは

データベースにアクセスする専用の DAO クラスを作成し、DAO クラスを介してデータベースを利用する方法で、以下のメリットを見込める。

・JDBC プログラムの知識がなくてもデータベースを利用できる。

・コードの見通しがよくなる。

・データベースに関する仕様変更に対応しやすくなる。

　DAO クラスはテーブルごとに作成し、クラス名を「テーブル名＋ DAO」とするのが一般的です。たとえば、EMPLOYEES テーブルを担当する DAO は「EmployeesDAO」という名前にします（テーブル単位に作成しない場合もあります）。

13.2.3　DAO パターンを試してみよう

　では、EMPLOYEES テーブルを担当する EmployeesDAO を見てみましょう。このクラスは EMPLOYEES テーブルの全レコードを検索する findAll() を持っています。このメソッドは、呼び出されると次ページの図 13-7 の順で次の処理をします。

① EMPLOYEES テーブルからレコードを取得する。

② 取得したレコードの内容を Employee インスタンスのフィールドに設定する。

③ Employee インスタンスを ArrayList インスタンスに追加する。

④ 取得したレコードの数だけ①③の処理を繰り返す。

⑤ ArrayList インスタンスを呼び出し元に返す。

図 13-7　EmployeesDAO の findAll メソッド

　②で利用する Employee クラスは、EMPLOYEES テーブルの 1 件分のデータを
格納するクラスです（コード 13-2）。**DAO パターンでは、このような各テーブルの
レコードを表すクラスを用いるのが一般的**です。

コード 13-2　EMPLOYEES テーブルのレコードを表すクラス

Employee.java
(model パッケージ)

```
1  package model;
2
3  public class Employee {
4    private String id;
5    private String name;
6    private int age;
7
```

13
章

```
8    public Employee(String id, String name, int age) {
9      this.id = id;
10     this.name = name;
11     this.age = age;
12   }
13   public String getId() { return id; }
14   public String getName() { return name; }
15   public int getAge() { return age; }
16 }
```

次のコード 13-3 が、EMPLOYEES テーブルを担当する DAO クラスです。

コード 13-3　EMPLOYEES テーブルを担当する DAO

EmployeesDAO.java
(dao パッケージ)

```
1    package dao;
2
3    import java.sql.Connection;
4    import java.sql.DriverManager;
5    import java.sql.PreparedStatement;
6    import java.sql.ResultSet;
7    import java.sql.SQLException;
8    import java.util.ArrayList;
9    import java.util.List;
10   import model.Employee;   ← Employee クラスをインポート
11
12   public class EmployeesDAO {
13     // データベース接続に使用する情報
14     private final String JDBC_URL =
              "jdbc:h2:tcp://localhost/~/example";
15     private final String DB_USER = "sa";
16     private final String DB_PASS = "";
17
```

```
18    public List<Employee> findAll() {
19      List<Employee> empList = new ArrayList<>();
20      // JDBCドライバを読み込む
21      try {
22          Class.forName("org.h2.Driver");
23      } catch (ClassNotFoundException e) {
24          throw new IllegalStateException(
                "JDBCドライバを読み込めませんでした");
25      }
26      // データベースに接続
27      try (Connection conn = DriverManager.getConnection(
          JDBC_URL, DB_USER, DB_PASS)) {
28
29        // SELECT文を準備
30        String sql = "SELECT ID, NAME, AGE FROM EMPLOYEES";
31        PreparedStatement pStmt = conn.prepareStatement(sql);
32
33        // SELECTを実行し、結果表を取得
34        ResultSet rs = pStmt.executeQuery();
35
36        // 結果表に格納されたレコードの内容を
37        // Employeeインスタンスに設定し、ArrayListインスタンスに追加
38        while (rs.next()) {
39          String id = rs.getString("ID");
40          String name = rs.getString("NAME");           レコードの値を取得する
41          int age = rs.getInt("AGE");
42          Employee employee = new Employee(id, name, age);
43          empList.add(employee);
44        }                                    取得した値を Employee イン
                                                スタンスに格納する
45      } catch (SQLException e) {
46        e.printStackTrace();               ArrayList インスタンスに Employee
                                              インスタンスを追加する
47        return null;
```

13
章

```
48      }
49      return empList;
50    }
51 }
```

EmployeesDAO を利用すると、SelectEmployees.java（コード 13-1、p.384）は、次のように書き換えられます。

コード 13-4　全従業員情報の検索（DAO を利用）

SelectEmployees.java
（デフォルトパッケージ）

```java
1  import java.util.List;
2  import model.Employee;
3  import dao.EmployeesDAO;
4
5  public class SelectEmployees {
6    public static void main(String[] args) {
7      // EMPLOYEESテーブルの全レコードを取得
8      EmployeesDAO empDAO = new EmployeesDAO();
9      List<Employee> empList = empDAO.findAll();
10
11     // 取得したレコードの内容を出力
12     for (Employee emp : empList){
13       System.out.println("ID:" + emp.getId());
14       System.out.println("名前:" + emp.getName());
15       System.out.println("年齢:" + emp.getAge() + "\n");
16     }
17   }
18 }
```

JDBC プログラム特有のコードがないやん。これやったら私でも書けるわ！

　DAO パターンのメリットを再度確認しておきましょう。データベースを利用するクラス（コード 13-4、p.394）には、Connection や ResultSet の利用、SQL 文、例外処理などの **JDBC プログラム特有のコードが一切書かれていない**点に注目してください（java.sql パッケージのインポートすらしていません）。このため、元のコード 13-1（p.384）に比べて本来の処理が明らかになっただけでなく、データベースに変更があっても影響を受けません。さらに、綾部さんのように **JDBC プログラムの知識がなくてもクラス内でデータベースを利用できます**。

デザインパターン

　DAO パターンは有名な**デザインパターン**の 1 つです。デザインパターンとは「○○をしたければ、こういうふうにクラスを設計したらいいよ。そうすれば開発もしやすいし、後々の修正や改善も楽だよ」という、いわば設計の定石です。
　デザインパターンに従ってクラスを設計する（クラスに役割を与える）ことで、開発効率や保守性の高いクラス設計が可能になります。デザインパターンは、先人たちの苦労から生み出された汗と涙の結晶といえるでしょう。
　デザインパターンをまとめたものとして、「GoF のデザインパターン」や「J2EE デザインパターン」が有名です。DAO パターンは J2EE パターンの 1 つです。

13.2.4　Web アプリケーションと DAO パターンの関係

DAO パターン、すごいですね！　そうだ、これを使えば僕のつぶやきも保存できる！　どこつぶにはどうやって使えばいいんですか？

それについて考えるために、Web アプリケーションと DAO パターンの関係を整理しておこう。

13
章

　Web アプリケーションの場合、DAO は、サーブレットクラス、JSP ファイル、一般的な Java のクラスのどれからでも利用可能です。

　どれから DAO を呼び出すかは設計によって異なりますが、MVC モデルでは、モデルがアプリケーションで扱う情報の管理を担うので、通常は**モデルのクラス**（**ユーザーの要求に応える処理を担う一般的な Java のクラス**）**から DAO を利用**します（図 13-8）。

図 13-8　MVC モデルと DAO パターン（図 6-2 に DB と DAO を組み込んだもの）

サーブレットクラスや JSP ファイルからは、なるべくデータベースを利用しないようにしよう。

13.3 どこつぶでデータベースを利用する

13.3.1 データベース化の準備

> よし！　DAO パターンを使って、どこつぶのつぶやきを保存できるように変更するぞ！

　第 10 章で作成した「どこつぶ」を改良します。つぶやきの保存先をアプリケーションスコープからデータベースに変更して、サーバを停止しても投稿したつぶやきが残るようにしましょう。データベースや JDBC プログラミングの経験がない人には難しい課題かもしれませんが、ぜひチャレンジしてください。

> JDBC プログラムのところは自信ないけど、私も見よう見まねで挑戦してみるわ。

　まずは、H2 Database に図 13-9 のデータベースを準備します。

ID	NAME	TEXT
1	湊	今日は休みだ
2	綾部	いいな〜

「MUTTERS」テーブル

「dokoTsubu」
データベース

図 13-9　どこつぶ用のデータベースとテーブル

H2 Database の準備
①どこつぶ用のデータベース「dokoTsubu」を作成する。
②データベースにつぶやきを保存するテーブル「MUTTERS」を作成する。

③ MUTTERS テーブルにレコードを追加する。

次に、動的 Web プロジェクトに JDBC ドライバを準備します（すでに配置済み
の場合は不要です）。

動的 Web プロジェクト「dokoTsubu」の準備

src/main/webapp/WEB-INF/lib に JDBC ドライバを配置する。

それぞれの手順の詳しい内容は、Web 付録を参照してください。

13.3.2　データベース化のしくみ

 準備ができたら、第 10 章で作成したプログラムのうち、変更するも
のと新しく作るものを確認しよう。

つぶやきをデータベースに保存するには、既存のクラスの変更や、クラスの新
規作成を行います。

表 13-3　「どこつぶ」プログラムの変更と新規作成

クラス	区分	内容
Mutter.java	既存	MUTTERS テーブルのレコードを格納するように変更
Main.java	既存	つぶやきの取得と追加の処理を変更
PostMutterLogic.java	既存	つぶやきの保存処理を変更
GetMutterListLogic.java	新規	全つぶやきをデータベースから取得する
MuttersDAO.java	新規	MUTTERS テーブルを担当する DAO 全レコード取得とレコード追加のメソッドを持つ

表 13-3 のクラスを使用して、つぶやきリストの取得と、つぶやき投稿の処理
を次ページの図 13-10 のように変更します。その内容を詳しく見てみましょう。

図 13-10　つぶやきリストの取得とつぶやきの投稿

　まず、図 13-10 の上段でつぶやきリスト取得の流れを確認しましょう。サーブレットクラス Main は、つぶやきリストの取得を GetMutterListLogic に依頼します（❶）。GetMutterListLogic は MUTTERS テーブル担当の MuttersDAO に検索を依頼します（❷）。MuttersDAO の findAll() は、MUTTERS テーブルに対して SELECT 文を実行して検索を行い（❸）、取得したレコードの内容を Mutter インスタンスに設定して、それを ArrayList に格納して返します（❹）。GetMutterListLogic は返ってきた ArrayList インスタンスを、つぶやきリストとしてサーブレットクラス Main に返します（❺）。

　次に、図の下段でつぶやき投稿の流れを確認します。サーブレットクラス Main は、追加するつぶやき（Mutter インスタンス）を PostMutterLogic に渡し、その追加を依頼します（①）。PostMutterLogic は、MUTTERS テーブル担当の MuttersDAO に追加を依頼します（②）。MuttersDAO の create() が MUTTERS テーブルに対して INSERT 文を実行し、レコードを追加します（③）。

13
章

399

13.3.3　プログラムの作成

　ここまでの内容を理解できたら、実際にプログラムを作成していきましょう。まずは、つぶやきに関する情報を持つMutter.javaを、MUTTERSテーブルのレコードに対応するように変更します（コード13-5）。

コード13-5　MUTTERSテーブルのレコードを表すクラス

```java
1  package model;
2
3  import java.io.Serializable;
4
5  public class Mutter implements Serializable {
6    private int id;            // ID      ← ID列に対応するフィールドを追加
7    private String userName;   // ユーザー名
8    private String text;       // つぶやき内容
9
10   public Mutter() {}
11   public Mutter(String userName, String text) {
12     this.userName = userName;
13     this.text = text;
14   }
15   public Mutter(int id, String userName, String text) {
16     this.id = id;
17     this.userName = userName;
18     this.text = text;
19   }
20   public int getId() { return id; }
21   public String getUserName() { return userName; }
22   public String getText() { return text; }
23 }
```

Mutter.java
（model パッケージ）

id フィールド追加に伴い、コンストラクタを変更、getter を追加

　次に、MUTTERS テーブルを担当する DAO を新しく作成します。全レコード
を取得する findAll メソッドと、レコードを追加する create メソッドを含みます
（コード 13-6）。

コード 13-6　MUTTERS テーブルを担当する DAO

MuttersDAO.java
（dao パッケージ）

```
 1  package dao;
 2
 3  import java.sql.Connection;
 4  import java.sql.DriverManager;
 5  import java.sql.PreparedStatement;
 6  import java.sql.ResultSet;
 7  import java.sql.SQLException;
 8  import java.util.ArrayList;
 9  import java.util.List;
10  import model.Mutter;
11
12  public class MuttersDAO {
13    // データベース接続に使用する情報
14    private final String JDBC_URL =
          "jdbc:h2:tcp://localhost/~/dokoTsubu";
15    private final String DB_USER = "sa";
16    private final String DB_PASS = "";
17
18    public List<Mutter> findAll() {
19      List<Mutter> mutterList = new ArrayList<>();
20      // JDBCドライバを読み込む
21      try {
22          Class.forName("org.h2.Driver");
23      } catch (ClassNotFoundException e) {
24          throw new IllegalStateException(
              "JDBCドライバを読み込めませんでした");
```

13
章

```
25      }
26      // データベース接続
27      try (Connection conn = DriverManager.getConnection(
           JDBC_URL, DB_USER, DB_PASS)) {
28
29        // SELECT文の準備
30        String sql =
             "SELECT ID,NAME,TEXT FROM MUTTERS ORDER BY ID DESC";
31        PreparedStatement pStmt = conn.prepareStatement(sql);
32
33        // SELECTを実行
34        ResultSet rs = pStmt.executeQuery();
35
36        // SELECT文の結果をArrayListに格納
37        while (rs.next()) {
38          int id = rs.getInt("ID");
39          String userName = rs.getString("NAME");
40          String text = rs.getString("TEXT");
41          Mutter mutter = new Mutter(id, userName, text);
42          mutterList.add(mutter);
43        }
44      } catch (SQLException e) {
45        e.printStackTrace();
46        return null;
47      }
48      return mutterList;
49    }
50    public boolean create(Mutter mutter) {
51      // JDBCドライバを読み込む
52      try {
53          Class.forName("org.h2.Driver");
54      } catch (ClassNotFoundException e) {
```

ID の大きい順に
検索結果を並べる

```
55        throw new IllegalStateException(
                "JDBCドライバを読み込めませんでした");
56    }
57    // データベース接続
58    try (Connection conn = DriverManager.getConnection(
          JDBC_URL, DB_USER, DB_PASS)) {
59
60      // INSERT文の準備（idは自動連番なので指定しなくてよい）
61      String sql = "INSERT INTO MUTTERS(NAME, TEXT) VALUES(?, ?)";
62      PreparedStatement pStmt = conn.prepareStatement(sql);
63
64      // INSERT文中の「?」に使用する値を設定してSQL文を完成
65      pStmt.setString(1, mutter.getUserName());
66      pStmt.setString(2, mutter.getText());
67
68      // INSERT文を実行（resultには追加された行数が代入される）
69      int result = pStmt.executeUpdate();
70      if (result != 1) {
71        return false;
72      }
73    } catch (SQLException e) {
74      e.printStackTrace();
75      return false;
76    }
77    return true;
78  }
79 }
```

13
章

　作成した MuttersDAO を呼び出して、Mutter インスタンスを MUTTERS テーブルに追加するよう、PostMutterLogic.java を変更します。引数につぶやきリストを受け取らないので注意してください（次ページのコード 13-7）。

コード 13-7　つぶやきの投稿に関する処理をするモデル（DAO を利用）

PostMutterLogic.java
（model パッケージ）

```
1   package model;
2
3   import dao.MuttersDAO;
4
5   public class PostMutterLogic {
6     public void execute(Mutter mutter) {
7       MuttersDAO dao = new MuttersDAO();
8       dao.create(mutter);
9     }
10  }
```

引数でつぶやきリスト
を受け取らない

DAO を利用してつぶやきを投稿

MuttersDAO を使用して MUTTERS テーブルの全レコードを取得する Get
MutterListLogic.java を新しく作成します（コード 13-8）。

コード 13-8　つぶやきの取得に関する処理をするモデル（DAO を利用）

GetMutterListLogic.java
（model パッケージ）

```
1    package model;
2
3    import java.util.List;
4    import dao.MuttersDAO;
5
6    public class GetMutterListLogic {
7      public List<Mutter> execute() {
8        MuttersDAO dao = new MuttersDAO();
9        List<Mutter> mutterList = dao.findAll();
10       return mutterList;
11     }
12   }
```

最後に、つぶやきリストの取得とつぶやき投稿の処理を変更します。アプリケーションスコープを使用していた箇所はすべて削除します。

コード13-9　つぶやきに関するリクエストを処理するコントローラ

```
                                                                    Main.java
                                                                  (servlet パッケージ)
1   package servlet;
2
3   import java.io.IOException;
4   import java.util.List;
5   import javax.servlet.RequestDispatcher;
6   import javax.servlet.ServletException;
7   import javax.servlet.annotation.WebServlet;
8   import javax.servlet.http.HttpServlet;
9   import javax.servlet.http.HttpServletRequest;
10  import javax.servlet.http.HttpServletResponse;
11  import javax.servlet.http.HttpSession;
12  import model.GetMutterListLogic;  ]— 追加
13  import model.Mutter;
14  import model.PostMutterLogic;
15  import model.User;
16
17  @WebServlet("/Main")
18  public class Main extends HttpServlet {
19    private static final long serialVersionUID = 1L;
20
21    protected void doGet(HttpServletRequest request,
          HttpServletResponse response)
          throws ServletException, IOException {
22      // つぶやきリストを取得して、リクエストスコープに保存
23      GetMutterListLogic getMutterListLogic =
            new GetMutterListLogic();
24      List<Mutter> mutterList = getMutterListLogic.execute();
```

```java
25        request.setAttribute("mutterList", mutterList);
26
27        // ログインしているか確認するため
28        // セッションスコープからユーザー情報を取得
29        HttpSession session = request.getSession();
30        User loginUser = (User)session.getAttribute("loginUser");
31
32        if (loginUser == null) { // ログインしていない
33          // リダイレクト
34          response.sendRedirect("index.jsp");
35        } else { // ログイン済み
36          // フォワード
37          RequestDispatcher dispatcher =
                  request.getRequestDispatcher("WEB-INF/jsp/main.jsp");
38          dispatcher.forward(request, response);
39        }
40      }
41      protected void doPost(HttpServletRequest request,
              HttpServletResponse response)
              throws ServletException, IOException {
42        // リクエストパラメータの取得
43        request.setCharacterEncoding("UTF-8");
44        String text = request.getParameter("text");
45
46        // 入力値チェック
47        if (text != null && text.length() != 0) {
48          // セッションスコープに保存されたユーザー情報を取得
49          HttpSession session = request.getSession();
50          User loginUser = (User)session.getAttribute("loginUser");
51
52          // つぶやきをつぶやきリストに追加
53          Mutter mutter = new Mutter(loginUser.getName(), text);
```

```
54      PostMutterLogic postMutterLogic = new PostMutterLogic();
55      postMutterLogic.execute(mutter);
56    } else {
57      // エラーメッセージをリクエストスコープに保存
58      request.setAttribute("errorMsg",
            "つぶやきが入力されていません");
59    }
60
61    // つぶやきリストを取得して、リクエストスコープに保存
62    GetMutterListLogic getMutterListLogic =
          new GetMutterListLogic();
63    List<Mutter> mutterList = getMutterListLogic.execute();
64    request.setAttribute("mutterList", mutterList);
65
66    // フォワード
67    RequestDispatcher dispatcher = request.getRequestDispatcher(
          "WEB-INF/jsp/main.jsp");
68    dispatcher.forward(request, response);
69  }
70 }
```

なお、main.jsp がコード 12-6 (p.370)ではなく、コード 10-17 (p.305)の場合
は、アプリケーションスコープではなくリクエストスコープからつぶやきリスト
を取得するよう、コード 10-17 の 8 行目を次のように変更する必要があります。

```
List<Mutter> mutterList = (List<Mutter>)request.getAttribute("mutterList");
```

> お疲れさま。これでより実践的なアプリになったね。

> 第 10 章から長い道のりでしたが、とても上達した気分です！

13
章

13.4　この章のまとめ

データベース

・データをテーブル（表）形式で管理するデータベースを「リレーショナルデータベース」という。
・1 件分のデータは 1 行で表され、「レコード」と呼ぶ。
・データの管理は DBMS（データベース管理システム）が行う。
・DBMS に命令するにはデータベース専用言語の SQL を使用する。

JDBC プログラム

・データベースを利用する Java プログラムを「JDBC プログラム」と呼ぶ。
・JDBC プログラムを作成するには次のものが必要である。
　① java.sql パッケージのクラスやインタフェース
　②データベースの開発元が配布する JDBC ドライバ
・JDBC ドライバはクラスパス（Eclipse の場合、ビルドパス）に追加する。

DAO パターン

・データベースの操作を担当する DAO クラスを作成する。
・データベースの操作は DAO を介して行う。

Web アプリケーションと DAO パターン

・MVC モデルで作成する Web アプリケーションでは、一般的に、ユーザーの要求に応える処理を担うモデルのみが DAO クラスを利用する。
・JDBC ドライバを「src/main/webapp/WEB-INF/lib」に配置する（配置したファイルはビルドパスに自動的に追加される）。

第
IV
部

13.5　練習問題

練習 13-1

次の文章の (1) ～ (8) に適切な語句を入れて、文章を完成させてください。

本格的な Web アプリケーションでは、データの格納にデータベースを用いる。なかでも、データを複数のテーブル（表）の形で格納する (1) という種類のデータベースが一般的である。 (1) には、 (2) という言語を用いてデータの読み書きを指示する。

Java から (1) を制御する目的で用いるのが JDBC と呼ばれる一連の API である。この API は、 (3) パッケージに属したクラスやインタフェースから構成される。さらに、利用するデータベース製品ごとに提供される (4) をクラスパスが通る場所に配置することで、利用可能となる。

JDBC プログラムでは、データベースの接続や切断には (5) 、SQL の送信には (6) 、検索結果を受け取るためには (7) を利用するなど、複数のクラスやインタフェースを用いるため複雑になりやすい。そこで、データベース操作を専門に受け持つ (8) と呼ばれるクラスを作成するデザインパターンが広く利用されている。

練習 13-2

コード 13-3 の EmployeesDAO (p.392) に、次のような責務を持つメソッド remove() を追加してください。

・呼び出される際、従業員 ID として文字列を 1 つ受け取る。
・従業員 ID に該当する従業員の情報をデータベースから削除する。
・従業員を削除した場合は true、該当する従業員がいない場合やエラーが発生した場合は false を戻り値として返す。

13.6　練習問題の解答

練習 13-1 の解答

（1）リレーショナルデータベース（RDB も可）

（2）SQL　　　　　　（3）java.sql　　　　　　（4）JDBC ドライバ

（5）Connection　　　（6）PreparedStatement（Statement も可）

（7）ResultSet　　　　（8）DAO

練習 13-2 の解答

EMPLOYEES テーブルを担当する DAO（該当部分のみ掲載）

EmployeesDAO.java
（dao パッケージ）

```java
public boolean remove(String id) {
  try (Connection conn = DriverManager.getConnection(
      JDBC_URL, DB_USER, DB_PASS)) {
    String sql = "DELETE FROM EMPLOYEES WHERE ID=?";
    PreparedStatement pStmt = conn.prepareStatement(sql);
    pStmt.setString(1, id);
    int result = pStmt.executeUpdate();
    return (result == 1);
  } catch (SQLException e) {
    e.printStackTrace();
  }
}
```

コネクションプーリング

　本書の方法でデータベースを利用する場合、リクエストのたびに、データベースとの接続（コネクション）の確立と切断が行われます。しかし、これらの処理はアプリケーションサーバの負荷が大きく、Web アプリケーションのボトルネックになってしまう可能性があります。

　業務で使用するような本格的な Web アプリケーションの場合、この問題を回避するために**コネクションプーリング**を使用します。コネクションプーリングは、データベースとの接続の確立と切断を下の図のように行い、接続を使い回します。これにより、リクエストごとの接続の確立と切断は不要となります。

　コネクションプーリングはアプリケーションサーバが提供する機能なので、使用方法はサーバによって異なります。使用する場合は、サーバのマニュアルや解説サイトを参照してください。

図 13-11　コネクションプーリングによるコネクションの使い回し

13
章

第V部

設計手法を
身に付けよう

第14章 Webアプリケーションの設計

実現したいものを明確にしよう

 お疲れさま。これからは今まで学んだことを使って、どんどんオリジナルの Web アプリケーションを開発していってほしい。

はい。ありがとうございました！

 あれ？　でもよく考えたら、イチから Web アプリケーションを作るのって、やったことないわ……。

本当だ。何から始めて、どうやって作っていったらいいんだろう？

 それでは卒業のはなむけに、自分の力で Web アプリケーションを作っていく手順を紹介しよう。

　これまで学んだことを組み合わせれば、かなり本格的な Web アプリケーションが作成できます。しかし、作りたい Web アプリケーションのアイデアが頭に浮かんでも、何から始めたらいいのか悩んでしまう人も多いかもしれません。

　最後となる第 V 部では、これまで学んだ知識を生かしながら、自分が望むとおりの Web アプリケーションを作成するための方法や手順について学びましょう。

第14章

Web アプリケーションの設計

これまでの各章を通じて、Web アプリケーションを作る上で必要な文法やしくみを学習してきました。しかし、思い描くアプリケーションを開発するには、まだ大きな困難を伴います。なぜなら、開発には文法やしくみ以外の知識が必要だからです。

この最終章では、入門者向けの開発手順を紹介します。少し難しいかもしれませんが、ぜひ体験して、思い通りのアプリケーションを開発する達成感を味わってください。

CONTENTS

14.1 Web アプリケーションの設計とは

14.1.1 うまくいかない理由

菅原さーん、助けてください。自分で Web アプリケーションを作りたくて、プログラムを書いてるんですけど、全然うまくいかなくて……。

ああ、プログラミングから開発を始めたんだね。大丈夫だよ。うまくいかないのにはちゃんと理由があるんだ。

　これまで学習してきた内容を組み合わせれば、いろいろな Web アプリケーションを作ることができます。理解を深めるためにも、実際に手を動かして Web アプリケーション作成にチャレンジするとよいでしょう。

　とはいえ、湊くんのようにいきなりプログラミングから始めると、うまくいかない場合がほとんどです。「どんな機能を作ろうか、どのように作ろうか」と考えながら作るため、図 14-1 のような状況に陥ってしまうのです。

図 14-1　プログラム作成がうまくいかない理由

　そこで本章では、考えながら作るのではなく、あらかじめ作る内容を明確にして、効率よく Web アプリケーションを開発する手順を紹介します。

14.1.2　要件の決定

> プログラミングを始める前にやっておくことがあるんだ。まず、どんなものを作りたいかを決めよう。

　アプリケーション開発の第一歩は、**要件**を決めることです。要件とは、ざっくりいえば、「どんなものを開発したいか」を決めてまとめたもので、具体的にはアプリケーションの機能とその仕様のことです。業務として開発する場合は、依頼元であるお客様と話し合って決めますが、学習目的の場合は、自分で要件を考える必要があります。

> ここはやっぱりショッピングサイトやろ！　実家のお好み焼きでひと儲けしたいわぁ。

> 志が高いのはいいことだけど、最初から立派なものを作ろうとすると大変だから、まずは小さな機能だけで練習してみよう。

　最初は欲張らず、1 ～ 3 つ程度の機能しか持たない小規模なアプリケーションを作ります。大きなアプリケーションの一部の機能だけを開発するのもよいでしょう。

　なお、インターネット上に公開されている実際の Web アプリケーションを参考にしてもかまいませんが、Web 開発のプロが時間とお金を十分かけて作ったものと同じレベルを最初から目指すのはおすすめしません。機能は簡単なものにして、数も減らしましょう。

> よし、「どこつぶ」をまねして作れそうな機能を考えてみよう。

　湊くんと綾部さんの 2 人は、話し合って次ページの図 14-2 の要件に決めました。本章では、これを題材に解説します。

①**ログイン機能**
　・アプリケーションにログインする。
　・ユーザー ID とパスワードの入力によりユーザーを認証する。
　・ユーザーはあらかじめ登録されている必要がある。

②**ユーザー登録機能**
　・ユーザーを登録する。
　・登録する情報は、ユーザー ID、パスワード、メールアドレス、姓名、年齢。
　・同じユーザー ID は登録できない。
（以下略）

図14-2　ショッピングサイト「スッキリ商店」の要件（抜粋）

機能要件と非機能要件

　要件には「機能要件」と「非機能要件」の2種類があり、本章では機能要件を扱っています。機能要件とは、アプリケーションが備えるべき機能や動作のことです。非機能要件とは、性能や信頼性、拡張性、運用性、セキュリティといった機能要件以外の全般を指します。開発の現場では、機能要件と非機能要件の両方を満たすように開発を進めます。

14.1.3　さまざまな設計手法

要件が決まったら、プログラムを作るんですか？

いや、まだだ。「何を」作るかを決めたら、次は「どうやって」作るかを決めるんだ。

　要件を決めたら、それをどのような構成で作るかを決める**設計**という作業を行います。文章で書かれた要件を、プログラムまでどのように落とし込むかを考える作業と捉えてもよいでしょう。具体的には、画面の遷移、テーブルやクラスの

仕様、クラス間の連係手順などを決めます。

> 大規模な Web アプリケーションを複数のメンバーで手分けして開発
> する場合、設計は特に重要だよ。

　設計の手法として、OOAD（オブジェクト指向分析／設計）や DOA（データ中心アプローチ）など、いくつもの手法が知られています。開発現場では、これらの設計手法（組織やプロジェクトの事情に合わせてカスタマイズしたものも含む）を用いて設計します。しかし、サーブレットと JSP を学んだばかりの私たちにとって、こうした本格的な設計手法を使いこなすのはまだ無理でしょう。

> 「OOAD」を調べてみたんですけど、チンプンカンプンでした……。

> 今は仕方ないよ。OOAD もゆくゆくはマスターできるから、まずは
> これから紹介する方法でやってごらん。

　この章では、入門者向けに本書独自の設計方法を紹介します。この方法は、本格的な大規模開発には向いていませんが、入門者が小規模な Web アプリケーションを開発するのには適しています。
　この方法では、設計を次の 4 つに分けます。

①テーブルの設計（14.2.1 項）
②画面の設計（14.2.3 項）
③サーブレットクラスと JSP ファイルの設計（14.2.4 項）
④サーバサイドの設計（14.2.5 項）

14
章

　最初に「テーブルの設計」（①）を行い、その後、機能ごとに画面の設計（②）、サーブレットクラスと JSP ファイルの設計（③）、サーバサイドの設計（④）を行います。

②〜④の手順で、効率的にプログラミングする資料ができあがります。最後に、この資料を使ってプログラミングを行い、機能を完成させます（図 14-3）。

図 14-3　本書における開発の手順

機能ごとに完成させていくんですね。

手間やなあ。一度で済ましたいわあ。

慣れるまでのガマンだ。慣れるまでは少しずつ完成させたほうが失敗は少ないし、作りやすいよ。

　一度の設計とプログラミングでアプリケーションを完成させるのも可能ですが、それには多くの経験と高いスキルが必要です。まずは、機能ごとに設計とプログラミングの経験を積み、スキルを高めましょう。機能ごとならば、設計で考えるべき範囲が限定されるので、経験が浅くても設計しやすくなります。

　ただし、機能ごとの設計にはデメリットもあります。ほかの機能との連係を考

慮せずに 1 つひとつの機能を設計する流れのため、それぞれの機能がうまく連係せずに全体として動作しない可能性があります。そのため、一度完成させた機能を後から修正しなければならない状況も考えられます。

　こうしたことは、**経験の浅いうちは仕方がありません**。経験を積んで慣れてくれば、連係にも気を配りながら関連する機能を 2 つ、3 つとまとめて設計できるようになります。そうなれば、修正の回数や量も自然と減っていくでしょう。今はまだ、焦らず経験を積むことを優先しましょう。

手直しも経験のうち、と思えば苦じゃなくなるよ。

14章

14.2　Webアプリケーションを設計しよう

14.2.1　テーブルの設計

　それでは実際に設計を進めていきましょう。最初はテーブルの設計です。

　アプリケーションで扱う情報の保存先にデータベースを使用する場合、テーブルを設計する必要があります。具体的には、テーブル名、列名と、列の型や制約といったテーブルの仕様を決定します。

　テーブルを設計するには、まず、作りたいアプリケーションの要件を実現するために、どのような情報を扱う必要があるのか、**要件に登場する情報を整理**しましょう。たとえば、ログイン機能（図 14-2、p.418）を実現するには、ユーザーの情報（ID やパスワード）が必要だと気づくでしょう。それらの情報を適切に保存できるように、データベースのテーブルを設計していきます。

　本格的なテーブルの設計は、「概念設計→論理設計→物理設計」という手順で行います。しかし、最初のうちはいきなり設計に取りかかるのではなく、頭の中で扱う情報を想像し、整理することから始めましょう。

> ログインとユーザー登録で扱う情報を整理して、テーブルを考えてみてごらん。

> よっしゃ！　今日のところは、うちのあふれる想像力でちゃちゃっと考えたるわ。

　綾部さんは、湊くんと一緒に、前節で決めた要件をもとにして次ページの図 14-4 のような ACCOUNTS テーブルを考えたようです。

列名	型（桁）	制約	格納する情報
USER_ID	CHAR(10)	PRIMARY KEY	ユーザーID
PASS	VARCHAR(10)	NOT NULL	パスワード
MAIL	VARCHAR(100)	NOT NULL	メールアドレス
NAME	VARCHAR(40)	NOT NULL	姓名
AGE	INT	NOT NULL	年齢

図 14-4　ログインとユーザー登録で扱う情報を整理した「ACCOUNTS テーブル」

型や制約は『スッキリわかる SQL 入門 第 3 版』で学んだ内容を使いました。「概念→論理→物理設計」も載ってるから後で復習しておこうっと。

図 14-4 の ACCOUNTS テーブルは、次の SQL 文で作成できます。

```
CREATE TABLE ACCOUNTS (
  USER_ID VARCHAR(10) PRIMARY KEY,
  PASS VARCHAR(10) NOT NULL,
  MAIL VARCHAR(100) NOT NULL,
  NAME VARCHAR(40) NOT NULL,
  AGE INT NOT NULL
);
```

　ここからは、この **ACCOUNTS テーブル**がデータベース**「sukkiriShop」に作成**されているものとして解説を進めます。

14.2.2　開発順序の決定

いよいよ設計やね。どの機能から設計したらええんやろ？

...

そう、それが肝心なんだ。設計を始める前に、開発する機能の順番を決めよう。

　どの機能から開発していくか、その順序は重要です。なぜなら、前節の最後で解説したように、機能ごとに開発をする場合、一度完成させた機能の修正が必要になる可能性があるからです。こうした修正の発生を減らすには、ほかの機能との関わりが少ない機能から作るのがポイントです。また、これまでに同じ機能やよく似た機能を開発した経験があれば、そうした機能から着手するのも一案です。

じゃあ、ログイン機能から作ろう。第 10 章で作ったし。

　開発する順番によっては、テーブルにデータの追加が必要になります。たとえば、今回のようにユーザー登録機能の前にログイン機能を作成する場合、登録されているユーザーがいないためログイン機能の動作確認ができません。あらかじめ、次のような SQL 文を使用してユーザーを登録しておきましょう。

```
INSERT INTO ACCOUNTS (USER_ID, PASS, MAIL, NAME, AGE)
VALUES('minato', '1234', 'yusuke.minato@miyabilink.jp', '湊 雄輔', 23);
```

14.2.3　画面の設計

いよいよここからは機能ごとの設計に入るよ。

　まずは開発する機能の画面について設計します。その機能に必要な画面の概要と遷移を決めて図にまとめます（次ページの図 14-5）。本章では、この図を**画面遷移図**と呼びます。

トップ画面

```
メニュー
  ・ログイン
  ・ユーザー登録
```

「ログイン」をクリック

「トップへ」をクリック

```
ログイン
ユーザーID  XXXXX
パスワード  ●●●
      ［ログイン］
```
ログイン画面

「ログイン」をクリック
（ログイン失敗）

「ログイン」をクリック
（ログイン成功）

```
ログイン成功
ようこそ{ユーザーID}さん
トップへ
```
ログイン成功画面

図14-5　画面遷移図（ログイン機能）

　画面遷移図の作成では、主に次の 2 点を明らかにして、作成します。

①画面の遷移とそのきっかけ

　機能を実現するのに必要な画面の概要と、遷移の流れをもれなく記述します。遷移のきっかけとなるユーザーの操作（送信ボタンやリンクのクリックなど）も、このタイミングでしっかりと決めて図に書き込みましょう。

②各画面における入出力項目

　それぞれの画面でどのような情報を出力し、また、ユーザーにどのような情報を入力させるのかを決定します。

> 絵にすると、作らなあかん画面がはっきりするなあ。それに、各画面がいつ表示されるのかわかりやすいわ。

14
章

14.2.4　サーブレットクラスと JSP ファイルの設計

　次に、サーブレットクラスと JSP ファイルに関する設計を行います。作成した画面遷移図にサーブレットクラスと JSP ファイルを加え、それらと画面を線でつないで関係を整理します（図 14-6）。

図 14-6　拡張した画面遷移図（ログイン機能）

　サーブレットクラスや JSP ファイルの名前はこの段階で決めておきます。また次の 3 つを決定して、画面遷移図に加えます。

①画面、サーブレットクラス、JSP ファイルのつながり

　つないだ線が、それぞれ GET リクエスト、POST リクエスト、フォワード、リダイレクト、レスポンスのいずれなのかを決めます。図 14-6 のように各線に沿って記入すると、つながりがわかりやすくなります。また、点線や矢印線を使ったり、線の色や太さを調整したりしてもよいでしょう。

②リクエストパラメータの名前

　画面からサーブレットクラスに送信するリクエストパラメータの名前を決めて、図に書き入れます。

③スコープ

　サーブレットクラスと JSP ファイルが使用するスコープの種類と、保存や取得する情報の種類、スコープ格納時の属性名を決め、もれなく記述します。

> 画面遷移図を描く過程で、MVC の「V」と「C」に関する部分を設計しているんだ。

画面遷移図が作成したら、次のポイントをチェックしましょう。

・リクエスト先はサーブレットクラスか

リクエストを受けるのは原則サーブレットクラスにします。画面から出ている線の先、またはリダイレクトの線の先が、サーブレットクラスになっているかを確認します。

・画面を出力するのは JSP ファイルか

画面に向かう線の根元が JSP ファイルであるかを確認します。

・処理に必要な情報が揃っているか

サーブレットクラスが、処理に必要な情報をリクエストパラメータまたはスコープから取得できるかを確認します。

・画面に出力する情報が揃っているか

JSP ファイルが、画面を出力するために必要な情報をスコープから取得できるかを確認します。

14
章

14.2.5　サーバサイドの設計

　最後に、サーブレットクラスにリクエストが届き、JSP ファイルからレスポンスがあるまでの間、どのように処理するかを設計します。対象となるのは、画面遷移図の中で、サーブレットクラスと JSP ファイルが連係している部分です。前項で作成した図では、**ア**、**イ**、**ウ**で示した 3 箇所が該当します（図 14-7）。

図 14-7　サーバサイドの設計が必要な部分

　それぞれのサーバサイド処理の部分について、利用するクラスとその連係をより詳細に決め、次ページの図 14-8 のような図を作成します。本書では、この図を**基本アーキテクチャ図**と呼びます。

　図 14-8 は、図 14-7 の**ウ**の部分を基本アーキテクチャ図に表したものです（図中の❶〜❾は処理の順番を表しています）。

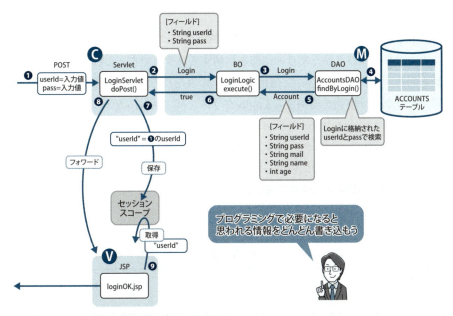

図 14-8　基本アーキテクチャ図（ログイン成功時）

　サーブレットクラスと JSP ファイルの間の処理をするクラスをどのように設計するかは自由ですが、**パターンを決めたほうが失敗は少ない**でしょう。今回紹介する方法では、次の BO、DAO、Entity の 3 種類のクラスを必ず使います。

・BO

　BO（Business Object）とは、サーブレットクラスから呼び出され、アプリケーションの中核となる処理をするクラス、またはそのインスタンスです。本書を通して、「〜 Logic」という名前が付いたクラスが該当します。通常、処理ロジックを含むメソッドを 1 つだけ持つよう設計します。プログラム作成時に迷わないよう、メソッド名と引数、戻り値を決定し、基本アーキテクチャ図に書き込んでおくとよいでしょう。

・DAO

　DAO（p.389）は、BO から呼び出され、データベース（テーブル）の操作を行います。DAO についても、メソッド名、引数、戻り値を明確にし、基本アーキテクチャ図に書き込みましょう。

14 章

・Entity

Entity とは、「どこつぶ」では User クラスや Mutter クラスなど、アプリケーション内で取り扱うひとかたまりの情報を格納するクラスです。これらのクラスは、基本的にフィールドと必要な getter/setter のみを持ちます。図 14-8（p.429）の場合、ログイン情報を格納する Login クラス、ACCOUNTS テーブルのレコードを格納する Account クラスが該当します。

Entity クラスのインスタンスは、BO や DAO の引数や戻り値に使用したり、スコープ情報を格納するのに利用したりします。**スコープへの保存が十分に予見される場合は、JavaBeans の条件を満たす**ようにします。

> ここでは MVC の「M」に関することを主に設計するんだ。

> 図 14-8 は、ログインに成功したときの処理だけですよね。ログインに失敗したときの処理も書くと、ごちゃごちゃになっちゃいそうだな。

処理が分岐する場合、1 つの図にすべての情報を書き込んでしまうと、図が複雑になり見づらくなる恐れがあります。そのような図は、プログラミングの役には立たず、解釈を誤らせて不具合の原因となる可能性もあります。それでは本末転倒なので、**図が見づらくなるような場合は、別の図として作成**しましょう。

！　基本アーキテクチャ図はプログラミングを念頭に作成する
図は、あくまでもプログラミングを目的として書く。「わかりやすさ」を重視し、誤解の余地のないものを作成しよう。

たとえば、図 14-7（p.428）の**ウ**の部分でログインが失敗したときの基本アーキテクチャ図は、次のようになります（次ページの図 14-9）。

図 14-9　基本アーキテクチャ図（ログイン失敗時）

　なお、図 14-7（p.428）の㋐のような、サーバサイドの処理が単にサーブレットから JSP ファイルへのフォワードだけの場合は、画面遷移図（図 14-6、p.426）に加える情報がないため、基本アーキテクチャ図を作成しなくてもかまいません。

ふー、これでやっとプログラミングできるなあ。せやけど、どこかにミスがないか心配やわ。

あるかもしれないね。でも、最初から完璧じゃなくていいんだ。

　要件の策定や設計作業など、プログラミング前の作業を**上流工程**と呼びます。上流工程でミスをなくすのは経験豊富なエンジニアでもとても難しいものです。サーブレットや JSP を学んだばかりで完璧にこなすのは不可能でしょう。ですから、**ある程度の要件や設計ができて、プログラムを作り始められそうだなと感じたら、プログラミングの作業に入ってかまいません。**

　ただ、**プログラミングで要件や設計のミスに気づいたら、その都度、面倒がらずに**

14
章

431

修正しましょう。こうして修正の経験を繰り返し積んでいけば、上流工程のスキルが少しずつ身に付いていきます。

14.1 節の最後でも言ったけど、修正すること自体が貴重な経験になるし、「どこをどうやって修正すればうまくいくか?」を考える過程こそがスキルを磨いてくれるよ。

14.3　プログラムを完成させよう

14.3.1　モデルの作成

> いよいよプログラムを書いてログイン機能の完成だ！　よし、得意な
> JSP ファイルから作ろうかな。

> それでもいいけど、おすすめの順番を紹介しよう。

　これまで作成した画面遷移図（図 14-6、p.426）と基本アーキテクチャ図（図
14-8、p.429，図 14-9、p.431）を参考にしながら、ログイン機能についてプロ
グラミングを行います。

　プログラムを効率よく作成するには、やはり作成する順番が重要です。この節
では、初心者にやさしいおすすめの順番でコードを紹介していきます。

① Entity クラスの作成

　まず、さまざまなクラスで使用される Entity クラスから作成します。今回の
場合、Login クラス、Account クラスが該当します（コード 14-1、14-2）。

コード 14-1　ログイン情報を表す Entity

Login.java
（model パッケージ）

```
1  package model;
2
3  public class Login {
4    private String userId;
5    private String pass;
6    public Login(String userId, String pass) {
```

14 章

```
 7      this.userId = userId;
 8      this.pass = pass;
 9    }
10    public String getUserId() { return userId; }
11    public String getPass() { return pass; }
12  }
```

コード14-2　ACCOUNTS テーブルのレコードを表す Entity

Account.java
（model パッケージ）

```
 1   package model;
 2
 3   public class Account {
 4     private String userId;
 5     private String pass;
 6     private String mail;
 7     private String name;
 8     private int age;
 9
10     public Account(String userId, String pass, String mail,
            String name, int age) {
11       this.userId = userId;
12       this.pass = pass;
13       this.mail = mail;
14       this.name = name;
15       this.age = age;
16     }
17     public String getUserId() { return userId; }
18     public String getPass() { return pass; }
19     public String getMail() { return mail; }
20     public String getName() { return name; }
21     public int getAge() { return age; }
```

```
22  }
```

② DAO の作成

次に、DAOを作成します。今回はAccountsDAOが該当します（コード14-3）。

コード14-3　ACCOUNTS テーブルを担当する DAO

AccountsDAO.java
（dao パッケージ）

```java
1   package dao;
2
3   import java.sql.Connection;
4   import java.sql.DriverManager;
5   import java.sql.PreparedStatement;
6   import java.sql.ResultSet;
7   import java.sql.SQLException;
8   import model.Account;
9   import model.Login;
10
11  public class AccountsDAO {
12    private final String JDBC_URL =
          "jdbc:h2:tcp://localhost/~/sukkiriShop";
13    private final String DB_USER = "sa";
14    private final String DB_PASS = "";
15
16    public Account findByLogin(Login login) {
17      Account account = null;
18      // JDBCドライバを読み込む
19      try {
20        Class.forName("org.h2.Driver");
21      } catch (ClassNotFoundException e) {
22        throw new IllegalStateException
            ("JDBCドライバを読み込めませんでした");
23      }
```

435

```
24        // データベースへ接続
25     try (Connection conn = DriverManager.getConnection(
           JDBC_URL, DB_USER, DB_PASS)) {
26
27        // SELECT文を準備
28        String sql = "SELECT USER_ID, PASS, MAIL, NAME, AGE
              FROM ACCOUNTS WHERE USER_ID = ? AND PASS = ?";
29        PreparedStatement pStmt = conn.prepareStatement(sql);
30        pStmt.setString(1, login.getUserId());
31        pStmt.setString(2, login.getPass());
32
33        // SELECT文を実行し、結果表を取得
34        ResultSet rs = pStmt.executeQuery();
35
36        if (rs.next()) {
37           // ユーザーが存在したらデータを取得
38           // そのユーザーを表すAccountインスタンスを生成
39           String userId = rs.getString("USER_ID");
40           String pass = rs.getString("PASS");
41           String mail = rs.getString("MAIL");
42           String name = rs.getString("NAME");
43           int age = rs.getInt("AGE");
44           account = new Account(userId, pass, mail, name, age);
45        }
46     } catch (SQLException e) {
47        e.printStackTrace();
48        return null;
49     }
50
51     return account;
52  }
53 }
```

よしっ、DAO も完成！　コンパイルエラーも出てないし。菅原さん、次は何を作ればいいんですか？

次に進む前に、作った DAO が本当に問題ないか、この段階でチェックしておこう。急がば回れ、だよ。

③ DAO のテスト

　作成した DAO の動作をチェックするために、main メソッドを持つクラスを用意します。main メソッド内で DAO のインスタンスを生成してメソッドを呼び出し、その結果（戻り値やテーブルの状態）を確認します。今回の findByLogin メソッドのように引数によって結果が変わる場合、すべての結果を確認できるように引数を変えてテストをします（コード 14-4）。

コード 14-4　AccountsDAO をテストするクラス

AccountsDAOTest.java (test パッケージ)

```
1   package test;
2
3   import model.Account;
4   import model.Login;
5   import dao.AccountsDAO;
6
7   public class AccountsDAOTest {
8     public static void main(String[] args) {
9       testFindByLoginOK(); // ユーザーが見つかる場合のテスト
10      testFindByLoginNG(); // ユーザーが見つからない場合のテスト
11    }
12    public static void testFindByLoginOK() {
13      Login login = new Login("minato", "1234");
14      AccountsDAO dao = new AccountsDAO();
15      Account result = dao.findByLogin(login);
```

14
章

```
16      if (result != null &&
            result.getUserId().equals("minato") &&
            result.getPass().equals("1234") &&
            result.getMail().equals("yusuke.minato@miyabilink.jp") &&
            result.getName().equals("湊 雄輔") &&
            result.getAge() == 23) {
17        System.out.println("testFindByLoginOK:成功しました");
18      } else {
19        System.out.println("testFindByLoginOK:失敗しました");
20      }
21    }
22    public static void testFindByLoginNG() {
23      Login login = new Login("minato", "12345");
24      AccountsDAO dao = new AccountsDAO();
25      Account result = dao.findByLogin(login);
26      if (result == null) {
27        System.out.println("testFindByLoginNG:成功しました");
28      } else {
29        System.out.println("testFindByLoginNG:失敗しました");
30      }
31    }
32  }
```

　この AccountsDAOTest は、main メソッドを持つクラスなので一般的な Java
のクラスとして実行可能です。Eclipse の場合、ファイルを選択して右クリック
→「実行」→「Java アプリケーション」を選択して実行します。
　次のような結果が表示されたらテストは成功です。

```
testFindByLoginOK: 成功しました
testFindByLoginNG: 成功しました
```

　テストに失敗した場合は、データベース、または Login クラス、Account クラス、AccountsDAO クラスに問題があると考えられるので、これらを見直します。

単体テストと JUnit

　コード 14-4（p.437）で行った DAO のテストのように、クラスのメソッドが正しく作られているか確認するテストを「単体テスト」と呼びます。今回は使用していませんが、単体テストフレームワーク「JUnit」を用いれば、効率よく単体テストを実施できます。単体テストの詳しい手法や JUnit については、『スッキリわかる Java 入門 実践編 第 3 版』で紹介しているので、興味があれば参照してください。

---

④ BO の作成

　次に BO を作成します。今回は LoginLogic クラスが該当します（コード 14-5）。

コード 14-5　ログイン処理を担当する BO

LoginLogic.java
（model パッケージ）

```
 1  package model;
 2
 3  import dao.AccountsDAO;
 4
 5  public class LoginLogic {
 6    public boolean execute(Login login) {
 7      AccountsDAO dao = new AccountsDAO();
 8      Account account = dao.findByLogin(login);
 9      return account != null;
10    }
11  }
```

14
章

⑤ BO のテスト

DAO 同様、④で作成した BO の動作を確認します。

コード14-6　LoginLogic をテストするクラス

LoginLogicTest.java
(test パッケージ)

```java
1    package test;
2
3    import model.Login;
4    import model.LoginLogic;
5
6    public class LoginLogicTest {
7      public static void main(String[] args) {
8        testExecuteOK(); // ログイン成功のテスト
9        testExecuteNG(); // ログイン失敗のテスト
10     }
11     public static void testExecuteOK() {
12       Login login = new Login("minato", "1234");
13       LoginLogic bo = new LoginLogic();
14       boolean result = bo.execute(login);
15       if (result) {
16         System.out.println("testExecuteOK:成功しました");
17       } else {
18         System.out.println("testExecuteOK:失敗しました");
19       }
20     }
21     public static void testExecuteNG() {
22       Login login = new Login("minato", "12345");
23       LoginLogic bo = new LoginLogic();
24       boolean result = bo.execute(login);
25       if (!result) {
26         System.out.println("testExecuteNG:成功しました");
27       } else {
```

```
28        System.out.println("testExecuteNG:失敗しました");
29      }
30    }
31  }
```

このクラスを実行し、次のような結果が表示されたらテストは成功です。

```
testExecuteOK: 成功しました
testExecuteNG: 成功しました
```

テストに失敗した場合、LoginLogic クラスに問題があると考えられます。

> さて、ここまででモデルが完成したよ。

モデルは一般的な Java のクラスなので、実行しやすくエラーも修正しやすいという特長があります。この特長を活かして、まずモデルから作成してテストを行い、内容を確実にします。なぜなら、この後にサーブレットクラスと連係してエラーが発生したとしても、原因の調査対象を絞れるからです。

> 作成したプログラムを一度に動作確認しようとすると大変だからね。
> こまめに行って、確実な箇所を少しずつ増やしていくんだ。

14.3.2　コントローラとビューの作成

　ここからは、Web アプリケーション独自の部品、つまりサーブレットクラスと JSP ファイルを作っていきます。まずは、これらのスムーズな連係を目的として、画面遷移の完成のみを目指します。

14
章

⑥画面遷移の作成

　サーブレットクラスと JSP ファイルの作成では、一度に完成させず、まず**画面遷移だけを先に作るのがポイント**です。また、画面遷移が分岐する場合、まずは基本のルートだけを実装します。今回の場合、ログインの成否で画面遷移が分岐しますから、「ログイン成功」を基本ルートとすればよいでしょう。

　そして、サーブレットクラスには BO の呼び出しは記述せず、フォワードまたはリダイレクトの処理だけを書きます。また、JSP ファイルも画面遷移に必要最低限の内容のみを記述しておきます。

　このように、画面遷移を先に完成させておくのは、ブラウザでプログラムを実行できるようにして、この後のテスト作業を容易にするためです。

コード 14-7　トップに関するリクエストを処理するコントローラ（遷移のみ）

WelcomeServlet.java
(servlet パッケージ)

```
1  package servlet;
2
3  import java.io.IOException;
4  import javax.servlet.RequestDispatcher;
5  import javax.servlet.ServletException;
6  import javax.servlet.annotation.WebServlet;
7  import javax.servlet.http.HttpServlet;
8  import javax.servlet.http.HttpServletRequest;
9  import javax.servlet.http.HttpServletResponse;
10
11 @WebServlet("/WelcomeServlet")
12 public class WelcomeServlet extends HttpServlet {
13   private static final long serialVersionUID = 1L;
14
15   protected void doGet(HttpServletRequest request,
         HttpServletResponse response)
         throws ServletException, IOException {
17     RequestDispatcher dispatcher = request.getRequestDispatcher(
         "WEB-INF/jsp/welcome.jsp");
```

```
18        dispatcher.forward(request, response);
19    }
20  }
```

コード 14-8　トップ画面を出力するビュー

welcome.jsp (src/main/webapp/WEB-INF/jsp ディレクトリ)

```
1   <%@ page language="java" contentType="text/html; charset=UTF-8"
2       pageEncoding="UTF-8" %>
3   <!DOCTYPE html>
4   <html>
5   <head>
6   <meta charset="UTF-8">
7   <title>スッキリ商店</title>
8   </head>
9   <body>
10  <ul>
11  <li><a href="LoginServlet">ログイン</a></li>
12  <li>ユーザー登録</li>
13  </ul>
14  </body>
15  </html>
```

　ログインを制御するサーブレットは、前述したように、基本ルートであるログイン成功時の画面遷移のみを実装します（コード 14-9）。

コード 14-9　ログインに関するリクエストを処理するコントローラ（遷移のみ）

LoginServlet.java
(servlet パッケージ)

```
1   package servlet;
2
3   import java.io.IOException;
```

```java
4   import javax.servlet.RequestDispatcher;
5   import javax.servlet.ServletException;
6   import javax.servlet.annotation.WebServlet;
7   import javax.servlet.http.HttpServlet;
8   import javax.servlet.http.HttpServletRequest;
9   import javax.servlet.http.HttpServletResponse;
10
11  @WebServlet("/LoginServlet")
12  public class LoginServlet extends HttpServlet {
13    private static final long serialVersionUID = 1L;
14
15    protected void doGet(HttpServletRequest request,
          HttpServletResponse response)
          throws ServletException, IOException {
16      RequestDispatcher dispatcher = request.getRequestDispatcher(
          "WEB-INF/jsp/login.jsp");
17      dispatcher.forward(request, response);
18    }
19    protected void doPost(HttpServletRequest request,
          HttpServletResponse response)
          throws ServletException, IOException {
20      RequestDispatcher dispatcher = request.getRequestDispatcher(
          "WEB-INF/jsp/loginOK.jsp");
21      dispatcher.forward(request, response);
22    }
23  }
```

コード14-10　ログイン画面を出力するビュー

login.jsp (src/main/webapp/WEB-INF/jsp ディレクトリ)

```jsp
1   <%@ page language="java" contentType="text/html; charset=UTF-8"
```

```
 2       pageEncoding="UTF-8" %>
 3   <!DOCTYPE html>
 4   <html>
 5   <head>
 6   <meta charset="UTF-8">
 7   <title>スッキリ商店</title>
 8   </head>
 9   <body>
10   <form action="LoginServlet" method="post">
11   ユーザー ID:<input type="text" name="userId"><br>
12   パスワード:<input type="password" name="pass"><br>
13   <input type="submit" value="ログイン">
14   </form>
15   </body>
16   </html>
```

　JSP ファイルで、スコープに保存されている情報を出力する箇所がある場合、この段階ではダミーの情報を出力しておきます（コード 14-11 の 10 行目）。

コード 14-11　ログイン成功画面を出力するビュー（ユーザー ID はダミー）

loginOK.jsp (src/main/webapp/WEB-INF/jsp ディレクトリ)

```
 1   <%@ page language="java" contentType="text/html; charset=UTF-8"
 2       pageEncoding="UTF-8" %>
 3   <!DOCTYPE html>
 4   <html>
 5   <head>
 6   <meta charset="UTF-8">
 7   <title>スッキリ商店</title>
 8   </head>
 9   <body>
```

14
章

```
10    <p>ようこそ{ユーザー ID}さん</p>
11    <a href="WelcomeServlet">トップへ</a>
12    </body>
13    </html>
```

ダミーのユーザー ID

⑦画面遷移のテスト

作成した画面遷移が正しく行われるか、ブラウザを使ってテストします。「http://localhost:8080/sukkiriShop/WelcomeServlet」にリクエストするか、Eclipse の実行機能で「WelcomeServlet」を実行して、図 14-10 のように画面が遷移するのを確認しましょう。

図 14-10　画面遷移を確認する

⑧サーブレットクラスの仕上げ

doGet() や doPost() に、リクエストパラメータを取得する処理、BO を呼び出す処理、スコープの処理などを追加して、サーブレットクラスを完成させます（次ページのコード 14-12）。

　もし、一度に完成させるのが大変だと感じたら、少しずつ処理を追加しては実行し、問題が起きないことを確認しながら進めましょう。問題が起きた場合でも、14.3.1項で DAO と BO は完成しているので、これらは調査の対象から外せます。サーブレットに新しく追加した処理を中心に、問題の原因を探しましょう。

コード 14-12　ログインに関するリクエストを処理するコントローラ

`LoginServlet.java`
`（servlet パッケージ）`

```java
 1  package servlet;
 2
 3  import java.io.IOException;
 4  import javax.servlet.RequestDispatcher;
 5  import javax.servlet.ServletException;
 6  import javax.servlet.annotation.WebServlet;
 7  import javax.servlet.http.HttpServlet;
 8  import javax.servlet.http.HttpServletRequest;
 9  import javax.servlet.http.HttpServletResponse;
10  import javax.servlet.http.HttpSession;
11  import model.Login;
12  import model.LoginLogic;
13
14  @WebServlet("/LoginServlet")
15  public class LoginServlet extends HttpServlet {
16    private static final long serialVersionUID = 1L;
17
18    protected void doGet(HttpServletRequest request,
          HttpServletResponse response)
          throws ServletException, IOException {
19      // フォワード
20      RequestDispatcher dispatcher = request.getRequestDispatcher(
          "WEB-INF/jsp/login.jsp");
21      dispatcher.forward(request, response);
22    }
```

14章

```java
23    protected void doPost(HttpServletRequest request,
          HttpServletResponse response)
          throws ServletException, IOException {
24      // リクエストパラメータの取得
25      request.setCharacterEncoding("UTF-8");
26      String userId = request.getParameter("userId");
27      String pass = request.getParameter("pass");
28
29      // ログイン処理の実行
30      Login login = new Login(userId, pass);
31      LoginLogic bo = new LoginLogic();
32      boolean result = bo.execute(login);
33
34      // ログイン処理の成否によって処理を分岐
35      if (result) { // ログイン成功時
36        // セッションスコープにユーザー IDを保存
37        HttpSession session = request.getSession();
38        session.setAttribute("userId", userId);
39
40        // フォワード
41        RequestDispatcher dispatcher =
              request.getRequestDispatcher("WEB-INF/jsp/loginOK.jsp");
42        dispatcher.forward(request, response);
43      } else { // ログイン失敗時
44        // リダイレクト
45        response.sendRedirect("LoginServlet");
46      }
47    }
48  }
```

⑨ JSP ファイルの仕上げ

前項で作成した JSP ファイル（コード 14-11、p.445）に、スコープからインスタンスを取得する処理などを加えて完成させます（コード 14-13）。開発現場で活かせる実践力を養うために、EL 式やアクションタグなど、第Ⅳ部で学んだ知識や技術を使い、スクリプト要素（スクリプトレット、スクリプト式）の記述を避けましょう。

コード 14-13　ログイン成功画面を出力するビュー

loginOK.jsp (src/main/webapp/WEB-INF/jsp ディレクトリ)

```
1  <%@ page language="java" contentType="text/html; charset=UTF-8"
2      pageEncoding="UTF-8" %>
3  <%@ taglib prefix="c" uri="http://java.sun.com/jsp/jstl/core" %>
4  <!DOCTYPE html>
5  <html>
6  <head>
7  <meta charset="UTF-8">
8  <title>スッキリ商店</title>
9  </head>
10 <body>
11 <p>ようこそ<c:out value="${userId}" />さん</p>
12 <a href="WelcomeServlet">トップへ</a>
13 </body>
14 </html>
```

ダミーのユーザー ID だった部分を <c:out> タグに変更

⑩ 機能の動作確認

開発した機能が要件を満たすか、画面遷移図どおりに遷移するか、などをブラウザを使って確認します。また、画面からさまざまな値を入力して実行し、意図どおりに動作するかを確認しましょう。

14
章

14.3.4　次の機能を開発する際のコツ

やった！　ログイン機能が完成したぞ！

お疲れさま。次の機能に進もう、と言いたいところだけど、本書での解説はここまで。あとは身に付けたことを活用して、自分たちだけでやってみてごらん。ポイントは拡張だよ。

　1 つの機能が完成したら、次の機能に取りかかります。図 14-3（p.420）で紹介したように、再び画面の設計から始めます。画面遷移図は、機能ごとに作成してもかまいませんが、前の工程で作成したものを拡張するほうが、Web システムの全体像を確認しながら開発できるので、見落としを防げます。

画面遷移図を拡張する
2 つ目以降の機能で作成する画面遷移図は、すでに作ったものを拡張するとよい。

　今回紹介した画面設計図や基本アーキテクチャ図には、厳密な記述のルールはありません。慣れてきたら、自分なりの書き方にアレンジして使いやすくしてください。

ようし！　教えてもらった方法を使って、アプリケーションをどんどん作るぞ！

機能が少ない簡単なアプリケーションでいいので、まずは手順に沿って作ることに慣れよう。

せやな、慣れていこ。細かいとこまできっちり決めなあかんて、よぉわかったわ。

　アプリケーションを開発した経験がない、または少ないなら、今回紹介した手順に沿って、アプリケーション開発の経験を積みましょう。**完成度は低くてもいいので、まずはひととおり作ってみるのが大切**です。

もう少し経験を積んだら、プロジェクトに参加してもらうよ。一緒に開発できる日を楽しみに待っているからね。

はい、僕たちも楽しみです！　待っていてください！！

14
章

14.4　この章のまとめ

アプリケーションの要件

・アプリケーション開発の第一歩として、アプリケーションに求める機能とその仕様を決める。

アプリケーションの設計

・設計は、要件をプログラムに落とし込めるよう細部まで決める作業である。

・本格的な大規模開発向けには、さまざまな設計手法がある。

・まずは、小規模開発向けの簡易な手法から始め、経験の蓄積が重要である。

入門者向けの設計開発方法

・テーブル設計を行い、開発する機能の順序を決定する。

・1 つの機能について、次の手順で設計する。

　① 画面だけの画面遷移図を作成する。

　② 利用するサーブレットや JSP を画面遷移図に書き込む。

　③ サーブレットと JSP の連係内容を基本アーキテクチャ図にまとめる。

・設計した機能について、次の手順で開発する。

　① Entity の作成

　② DAO の作成　　③ DAO のテスト

　④ BO の作成　　⑤ BO のテスト

　⑥ 画面遷移の作成　　⑦ 画面遷移のテスト

　⑧ サーブレットクラスの仕上げ

　⑨ JSP ファイルの仕上げ

　⑩ 機能の動作確認

・開発する順序に従って、ほかの機能の設計と開発を繰り返す。

付録 A

エラー解決・
虎の巻

Web アプリケーションの開発には、サーブレットクラスと JSP ファイルだけでなく、HTML や SQL、アプリケーションサーバなどさまざまな要素が絡みます。そのため、エラーが起きたときに独力で原因を探り当てて解決するのは難しい場合もあるでしょう。

この付録では、よく起きるエラーやトラブルと、その対応方法を紹介します。困ったときは、ぜひ参考にしてください。

CONTENTS •

A.1　エラーとの上手な付き合い方

A.1.1　エラー解決の 3 つのコツ

　プログラミングを学び始めて間もないうちは、作成したプログラムが思うように動かない場面も多いでしょう。1 つのエラーの解決に長い時間がかかるかもしれませんが、誰もが通る道ですから自信をなくす必要はありません。

　しかし、その「誰もが通る道」を可能な限り効率よく駆け抜けて、エラーをすばやく解決できれば理想的です。

　幸いにも、**すばやくエラーを解決するにはコツがあります**。この節ではそのコツを、次節では具体的な状況別にエラーの対処方法を紹介します。

［コツ 1］　エラーメッセージから逃げずに読む

　はじめのうちは、エラーが出ると、エラーメッセージをきちんと読まずに、思いつきでソースコードを修正してしまいがちです。しかし、**「どこの何が悪いのか」という情報は、エラーメッセージに書いてあります**。その貴重な手がかりを読まないのは、目隠しをして探し物をするのと同じです。上級者でも難しい「ノーヒント状態でのエラー解決」は、初心者にとっては至難の業でしょう。

　メッセージが英語、あるいは不親切な日本語でも、エラーメッセージはきちんと読みましょう。特に**英語の意味を調べる手間を惜しまない**でください。ほんの数分の手間で、その何倍も悩む時間を節約できる可能性さえあります。

［コツ 2］　原因を理解して修正する

　エラーが発生した原因を理解しないまま、エラーの修正に取りかかってはいけません。原因がわからないままでは、いずれまた、同じエラーに悩まされます。理解に 1 時間かかるとしても、2 度と同じエラーに悩まされないほうが合理的といえるでしょう。特に、原因を理解していなくても表面的にエラーを解消してしまう、開発ツールや統合開発環境の「エラー修正支援機能」には注意が必要です。**初心者のうちはできるだけ、この機能を使わずに、自分でエラーに対応しましょう。**

［コツ 3］　エラーの発生と試行錯誤をチャンスと考える

　熟練した開発者がすばやくエラーを解決できるのは、Java や HTML などの文法に精通しているからという理由だけではありません。エラーを起こした失敗経験と、それを解決した成功経験の引き出しをたくさん持っている、つまり、「似たようなエラーで悩んだ経験があるから」なのです。

　したがって、**エラー解決の上達には、たくさんのエラーに出会い、試行錯誤し、引き出しを 1 つずつ増やす過程が不可欠**です。誰もが避けたいと思う新しいエラーに直面して試行錯誤している時間こそ、最も成長している時間です。深く悩む場面や切羽詰まる状況もあるでしょうが、「自分は今、成長している」と考え、前向きに試行錯誤してください。

> 僕もいつもエラーが出るとイヤな気持ちになってました。でも、ポジティブに捉えればいいんですね。

> そうだよ。熟練者も最初からエラー解決がうまかったわけじゃない。初心者が経験を積み重ねた結果、熟練していったんだよ。

　以上の 3 つのコツで、**最も基本かつ重要なのが「エラーメッセージをきちんと読むこと」**です。しかし、「そもそもエラーメッセージの読み方がわからない」という初心者も多いでしょう。そこで、次項からはエラーメッセージの読み方を紹介します。

A.1.2　Eclipse とコンパイルエラー

　Eclipse には Java のコンパイラが含まれており、コードを書いたり、上書き保存したりすると自動的にコンパイルされます。その際にコンパイルエラーがあると、次ページの図 A-1 の 1 つ目の画面のように、該当する行の先頭にはエラーを表す赤色のマーク、コンパイルエラーが起きた箇所には赤色の波線が表示されます（青枠で囲んだ部分）。

■コンパイルエラーがあると赤色のマークと波線が表示される

■コンパイルエラーのマークにマウスを重ねると、エラーメッセージが表示される

■コンパイルエラーのマークをクリックすると、修正方法の候補が表示される

図 A-1　Eclipse のコンパイルエラーと修正支援機能

　ソースコードの入力中に一時的に表示されるコンパイルエラーは気にする必要
はありませんが、**保存時にコンパイルエラーが表示されたら解決する必要があります**。
エラーの印の上にマウスポインタを重ねるとエラーメッセージが表示されるの
で、それを手がかりに原因を探り、解決していきます（図 A-1、2 つ目の画面）。

　前項で述べたように、Eclipse には「エラー修正支援機能」があり、エラーのマー
クをクリックするか、赤の波線の上にマウスポインタを重ねると、修正方法の候
補がいくつか表示されます（図 A-1、3 つ目の画面）。その中から 1 つを選択する
と、自動でその処理が行われエラーが解消されます。

　ただし、ぞんざいに修正候補を選択してしまうと、単にエラーが消えただけで
根本的な解決になっていなかったり、余計にエラーを増やしてしまったりする可
能性があります。エラー発生の理由を理解しないまま、**Eclipse が提示する修正
候補を選択するのはやめましょう**（A.1.1 項のコツ 2）。

　Eclipse が表示する修正候補の意味がわからないのは、「エラーを起こした失敗
経験と、それを解決した成功経験」が不足しているためです。まずは、自分でエラー
を解決して成功経験をたくさん積みましょう。そうすれば、Eclipse のエラー修
正支援機能をうまく活用できるようになります。

　なお、次ページの図 A-2 のように、コンパイルエラーではなく警告（黄色のマー
クと波線）が表示される場合もあります（青枠で囲んだ部分）。

警告のマーク　　　　　　　　　波線で示された部分

```
 29    List<Mutter> mutterList = (List<Mutter>) context.getAttribute("mutterList");
 30    if (mutterList == null) {
 31      mutterList = new ArrayList<Mutter>();
 32      context.setAttribute("mutterList", mutterList);
 33    }
```

図 A-2　警告

警告も、コンパイルエラーと同じ操作でメッセージや修正方法を表示できます。ただし、**警告はコンパイルエラーではないので修正しなくても実行が可能**です。警告の表示を抑止したい場合は「@SuppressWarnings アノテーション」を使用します。（A.2.4 項の**2**と**3**）。

A.1.3　スタックトレースの読み方

プログラムの実行中に例外が発生し、最後まで catch されないと、「500 ページ」が表示されます（図 A-3）。

図 A-3　500 ページ

「500 ページ」には**スタックトレース**が表示されており、エラーの原因を探るのに役立ちます（スタックトレースは Eclipse のコンソールビューにも表示されます）。図 A-3 に表示されているスタックトレースを次に示します。

スタックトレースからエラーの原因を探るには、**まず先頭行を見て、発生したエラーの種類とメッセージを確認し、「何が起きたか」を把握**します。図 A-3（p.457）の例では、NumberFormatException とあるため、「数値形式を期待された箇所でそれ以外のもの（null）を使用した」と推測できます。

次に、**「どこで起きたか」を把握するために、次の行（字下げして表示されている最初の行）を見ます。**この行に記述があるクラスやメソッド内で今回のエラーが発生しており、直接の原因となった場所がわかります。

この行に表示されたメソッドが自作の場合、ソースコードを確認してエラーの原因が判明すれば、それを修正します。しかし、そのメソッドに問題が見つからない場合や、それが API のメソッドだった場合は、次の行を読みます。

たとえば、この例では、エラーの直接原因は java.lang.Integer クラスの parseInt メソッドです。しかし、API のメソッドにバグがあるとは考えにくいので、「java.lang.Integer.parseInt() の呼び出し方が悪かったのではないか」と仮定して、その呼び出し元メソッド（スタックトレースの次の行）を読みます。

そのように読み進めると、いずれ自作したクラスのメソッドが登場します。この例では、4 行目に「model.Sample.execute(Sample.java:6)」とあり、これが自分で開発したクラスであるため、誤ったコードが含まれている可能性が比較的高いといえます。Sample.java の 6 行目を確認し、エラーの原因が判明すれば、修正します。もしコードに問題がなければ、呼び出し元メソッドのコードに問題がないかを検証する作業を繰り返します。この例の場合は、execute() の呼び出し元である servlet.SampleServlet クラスの doGet() に問題がないかを検証します。

A.2 トラブルシューティング

A.2.1 リクエストしていないページや画面が表示される

1 「404ページ」が表示される（その1）

症状 サーブレットクラスやJSPファイル、HTMLファイルを実行すると「HTTP ステータス404」と書かれたページが表示される。

原因 リクエストしたファイルやサーブレットクラス、Webアプリケーション がアプリケーションサーバにありません。または、ファイルがWEB-INF 配下にあります。

対応 リンクで実行した場合は<a>タグのhref属性、フォームで実行した場合 は<form>タグのaction属性の値でURLの記述を確認します。URLに記 述したWebアプリケーションの名前に問題がない場合は、以下を確認し ます。

- ・JSPファイルやHTMLファイルを実行した場合は、ファイル名（特に大 文字・小文字の区別、つづりミス）、ファイルの配置されているディレク トリ（意図しないマウス操作などでファイルをWEB-INF配下に移動して いるなど）。
- ・サーブレットクラスを実行した場合は、サーブレットクラスのURLパ ターン（@WebServletアノテーション）。

WEB-INF配下のJSPファイルを実行したい場合は、直接ではなく、その JSPファイルにフォワードするサーブレットクラスを実行します。

参照 2.5.4、3.2.1、3.2.3、4.3.1、5.1.4各項

2 「404ページ」が表示される（その2）

症状 フォワードまたはリダイレクトを行うサーブレットクラスを実行すると 「HTTPステータス404」と書かれたページが表示される。

原因 実行したサーブレットクラスのフォワード先またはリダイレクト先があり ません。

対応 フォワード先またはリダイレクト先の指定を修正します。

参照 6.2.2、6.2.6 各項

❸「404 ページ」が表示される（その 3）

症状 サーブレットクラスや JSP ファイル、HTML ファイルを実行すると「HTTP ステータス 404」と書かれたページが表示される。

原因 Eclipse のプロジェクトは、右クリックして「プロジェクトを閉じる」を選択すると、そのプロジェクトを使用不可にできます（図 A-4）。この操作を意図せず行ってしまい、動的 Web プロジェクトを閉じている可能性があります。

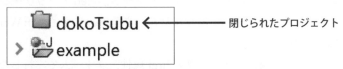

dokoTsubu ←──────── 閉じられたプロジェクト

＞ example

図 A-4　プロジェクトが閉じられた状態

対応 もしプロジェクトが閉じられていたら、プロジェクトを右クリックして「プロジェクトを開く」を選択して開きます。

❹「405 ページ」が表示される

症状 サーブレットクラスを実行すると「HTTP ステータス 405 - HTTP の XXX メソッドは、この URL ではサポートされません」というメッセージが表示される（「XXX」は GET または POST）。

原因 リクエストしたサーブレットクラスに、リクエストメソッドに対応したメソッドが定義されていません。たとえば、Eclipse の「サーバーで実行」でサーブレットクラスを呼び出した場合、そのサーブレットクラスの URL がブラウザのアドレスバーに自動入力されてアクセスが行われます。このときのリクエストは GET となるため、doPost() しか持たないサーブレットクラスでは 405 エラーが発生します。

対応 実行したサーブレットクラスに、メッセージの「XXX」の箇所が GET なら doGet()、POST なら doPost() を定義します。なお、上記のとおり Eclipse の実行機能では、doPost() しか持たないサーブレットクラスは呼び出せま

せん。このようなサーブレットクラスは、POST リクエストを送信する
フォームを準備して実行する必要があります。

参照 5.2.2 項

⑤「500 ページ」が表示される

症状 サーブレットクラスや JSP ファイルを実行すると「HTTP ステータス 500」
と書かれたページが表示される。

原因 リクエストされたサーブレットクラスや JSP ファイルの実行中に、アプリ
ケーションサーバ内部で問題が起きています。

対応 このページが表示される原因は数多くあるため、表示される情報（メッセー
ジやスタックトレースなど）を手がかりに原因を探します。多くの場合は、
catch されない例外の発生が原因です。その場合、発生した例外に対処し
ます。A.2.5 項では、よく起こる例外とその対処を紹介しているので参考
にしてください。

参照 A.1.3、A.2.5 各項

⑥真っ白なページが表示される（その 1）

症状 サーブレットクラスや JSP ファイル、HTML ファイルを実行すると、真っ
白なページが表示される。

原因 レスポンスされた HTML に致命的な誤りがあり、ブラウザが内容を表示
できません。

対応 正しい HTML がレスポンスされるように修正します。レスポンスされた
HTML は、ブラウザの「ソースを表示する」機能で確認ができます。タグの
つづりミス、タグやダブルクォーテーションの閉じ忘れ、全角の記号や全
角スペースの記述などの原因が多いので、重点的に確認しましょう。

参照 1.1.2、1.3.5 各項

⑦真っ白なページが表示される（その 2）

症状 サーブレットクラスを実行すると、真っ白なページが表示される。

原因 サーブレットクラスの doGet() や doPost() が HTML を 1 文字も出力しない
まま終了しています。具体的には、処理が書かれていない doGet() や
doPost() をリクエストして実行した状況が考えられます。また、if 文や

付録
A

switch 文でフォワード先を分岐している処理で、一致する条件がなくフォワードが行われていない場合もこの症状が発生します。

対応 どのような状況でも HTML を必ず出力するよう修正します。

⑧真っ白なページが表示される（その 3）

症状 サーブレットクラスや JSP ファイルを実行すると、真っ白なページが表示される。

原因 レスポンスの処理中に例外が発生しています。

対応 Eclipse の「コンソール」ビューに表示されているスタックトレースを手がかりに原因を探して修正します。もしスタックトレースが出力されていない場合、例外を catch しているにも関わらず、printStackTrace() を呼び出さずにエラーをもみ消している処理がないかを確認します。

参照 A.1.3 項

⑨ダウンロードの実行画面が表示される（ダウンロードが実行される）

症状 サーブレットクラスや JSP ファイルを実行すると、ダウンロードの実行画面が表示される（図 A-7）。

Eclipse の内部ブラウザの例

Google Chrome の例

ダウンロードが実行される

図 A-7　ダウンロードの実行画面

原因 ブラウザが受け取った content-type が正しくありません。

対応 レスポンスの content-type ヘッダを修正します。特に「text/html」を「test/html」と記述してしまうなどのつづりミスが多いので注意しましょう。

参照 3.1.4 項

⑩「このサイトにアクセスできません」と書かれたページが表示される（Chrome）

症状 Google Chrome でサーブレットクラスや JSP ファイル、HTML ファイルを実行すると、ブラウザに「このサイトにアクセスできません」と書かれたページが表示される（次ページの図 A-6）。

図A-6　「このサイトにアクセスできません」

原因 サーバが起動されていないか、リクエストしたサーバが存在しません。

対応 起動していない場合は、サーバを起動します。起動している場合は、URL に記述したサーバの指定に誤りがないかを確認します。特に「localhost」のつづりに注意しましょう。

⑪「Web サイトはページを表示できません」と書かれたページが表示される（IE）

症状 Internet Explorer でサーブレットクラスや JSP ファイル、HTML ファイルを実行すると、「Web サイトはページを表示できません」と書かれたページが表示される（次ページの図 A-5）。

図A-5 「Webサイトはページを表示できません」

原因 リクエストされたサーブレットクラスやJSPファイルの実行中に、アプリケーションサーバ内部で問題が起きています。通常は「500ページ」が表示されますが、何らかの理由でIEが「500ページ」ではなく上記の画面を表示する場合があります。

対応 「500ページ」が表示されたときと同じように対応します。

参照 A.2.1項の**5**

A.2.2 サーバを起動できない

1 サーバを起動すると「ポートがすでに使用中」と表示される

症状 Eclipseの「サーバービュー」でサーバを起動すると、「ローカル・ホストのTomcat vX.Xポートでいくつかのポート（8005,8080,8009）がすでに使用中です。このサーバーを始動するには、ほかのプロセスを停止するか、ポート番号を変更する必要があります。」と表示される（X.Xはバージョン番号）。

原因 すでにサーバが起動されている状態でサーバを起動しています（サーバの二重起動）。サーバを停止せずにEclipseを強制終了した場合などに発生します。

対応 次の方法で起動中のサーバを停止します。

・Windowsの場合は、タスクマネージャーの「詳細」タブを選択し、「javaw.exe」を右クリックして「タスクの終了」を選択する。
・macOSの場合は、アクティビティモニタで「java」を終了する。

2 サーバを起動すると「サーバー構成をロードできません」と表示される（その1）

症状 Eclipse の「サーバービュー」でサーバを起動すると、「¥Servers¥ローカル・ホストの Tomcat vX.X サーバー -config での Tomcat のサーバー構成をロードできませんでした。構成が破壊されているか不完全である可能性があります。」というメッセージを含む画面が表示される（X.Xはバージョン番号）。

原因 サーバの設定ファイル（server.xml）に誤りがあります。直接編集していない場合でも、server.xml は Eclipse によって書き換えられるため、適切でない Eclipse の操作により、server.xml の内容が壊れた可能性があります。

対応 Eclipse で使用するサーバを削除して作り直します。サーバを再作成した後は、動的 Web プロジェクトを追加し直します。なお、専門知識が必要になりますが、server.xml を直接修正する場合は以下の手順で行います。

① 「プロジェクト・エクスプローラービュー」の Servers プロジェクト内の「ローカル・ホストの Tomcat vX.X サーバー-config」を開く（X.X はバージョン番号）。

② server.xml を右クリックして「次で開く」→「テキストエディター」を選択する。

参照 Web 付録

3 サーバを起動すると「サーバー構成をロードできません」と表示される（その2）

症状 Eclipse の「サーバービュー」でサーバを起動すると、「¥Servers¥ローカル・ホストの Tomcat vX.X サーバー -config での Tomcat のサーバー構成をロードできませんでした。サーバープロジェクトが閉じられています。」というメッセージを含む画面が表示される（X.X はバージョン番号）。

原因 Servers プロジェクトが閉じられています。

対応 Servers プロジェクトを開きます。

参照 A.2.1 項の 3

4 サーバを起動すると「問題が発生しました」と表示される

症状 Eclipse の「サーバービュー」でサーバを起動すると、「' 開始中 ローカルホストの TomcatX(JavaX)' に問題が発生しました。サーバーローカルホストの TomcatX(JavaX) は始動に失敗しました。」と表示される（X はバージョン番号）。

付録
A

原因 さまざまな原因が考えられますが、多くは URL パターンが重複している、または URL パターン先頭の「/」が抜けていることが原因です。

対応 動的 Web プロジェクトの中に、同じ URL パターンを持つサーブレットクラスが存在しないかを確認します。特に、コピーして作成したサーブレットクラスがある場合、コピー元と同じ URL パターンが設定されている可能性が高いため、重点的に確認します。同じ URL パターンを持つサーブレットクラスが見つかったら、@WebServlet アノテーションを書き換えます。また、先頭に「/」が正しく入っているかを確認します。

参照 3.3.1 項

5 「サーバービュー」が見つからない

症状 サーバを起動／停止したいが、「サーバービュー」が見つからない。

原因 「サーバービュー」が非表示になっています。

対応 「ウィンドウ」メニュー→「ビューの表示」→「その他」→「サーバー」→「サーバー」を選択して「サーバービュー」を表示します。

A.2.3　エラーは出ないが動作がおかしい

1 ファイルの内容を変更しても実行結果に反映されない（その 1）

症状 サーブレットクラスや JSP ファイル、HTML ファイルの内容を変更しても実行結果に反映されない。

原因 ファイルの内容が保存されていません。その場合、Eclipse のエディタ上部に表示されるファイル名に「*」が付いています。または、変更したファイルとは別のファイルを実行しています。

対応 ファイルが保存されていない場合はファイルを上書き保存します。保存されている場合、変更したファイルを実行しているかを確認します。

2 ファイルの内容を変更しても実行結果に反映されない（その 2）

症状 サーブレットクラスや JSP ファイル、HTML ファイルの内容を変更しても実行結果に反映されない。

原因 ブラウザのキャッシュが使用されています。

対応 ブラウザの更新ボタンをクリックします。それでも改善されない場合は、
スーパーリロードを行うか、キャッシュをクリアします。

3 サーブレットクラスの内容を変更しても実行結果に反映されない

症状 サーブレットクラスの変更が実行結果に反映されない。

原因 変更前に実行したサーブレットクラスのインスタンスが利用されています。
または、Eclipse の設定で、ファイル保存時の自動ビルドが無効になってい
ます。

対応 サーバを再起動します（オートリロード機能を有効にしている場合は、し
ばらく待ちます）。それでも反映されない場合は、プロジェクトのクリー
ン（「プロジェクト」メニュー→「クリーン」を選択）や、Tomcat ディレクト
リのクリーンを行います（「サーバービュー」で「ローカル・ホストの Tomcat
vX.X サーバー」を右クリック（X.X はバージョン番号）→「Tomcat ワーク・
ディレクトリをクリーン」を選択）。Eclipse の自動ビルドは、「プロジェク
ト」メニューの「自動的にビルド」にチェックを入れて有効化します。

参照 3.4.1 項

4 JSP ファイルの内容を変更しても実行結果に反映されない

症状 JSP ファイルを変更しても実行結果に反映されない。

原因 通常、JSP ファイルの変更はすぐ実行結果に反映されますが、まれに JSP
ファイルの更新日時がずれたために、更新が認識されず、実行結果にも反
映されなくなる場合があります。または、Eclipse の設定で、ファイル保
存時の自動ビルドが無効になっています。

対応 JSP ファイルの更新を試します。反映されない場合は、プロジェクトのク
リーン（「プロジェクト」メニュー→「クリーン」を選択）や、Tomcat ディレ
クトリのクリーンを行います（「サーバービュー」で「ローカル・ホストの
Tomcat vX.X サーバー」を右クリック（X.X はバージョン番号）→「Tomcat
ワーク・ディレクトリをクリーン」を選択）。それでも解決しない場合は、
次のディレクトリの中身を削除します（ディレクトリは Eclipse のバージョ
ンや設定によって変わる可能性があります）。

付録
A

```
<Pleiadesインストールディレクトリ>¥workspace¥.metadata¥.plugins¥org.
eclipse.wst.server.core¥tmp0¥work¥Catalina¥localhost¥<プロジェクト名>
¥org¥apache¥jsp
```

Eclipse の自動ビルドは、「プロジェクト」メニューの「自動的にビルド」に
チェックを入れて有効化します。

⑤セッションスコープが新しく作成されない

症状 新しいセッションスコープを作成するサーブレットクラスまたは JSP ファ
イルを実行したのに、以前の実行時に作成したセッションスコープを取得
してしまう。

原因 ブラウザに以前の実行時に設定されたセッション ID が残っています。

対応 ブラウザをすべて閉じてから実行します。

参照 8.3.2 項

⑥フォームの送信ボタンをクリックしてもリクエストされない

症状 フォームの送信ボタンを押してもリクエストされず、ページが変わらない。

原因 フォームが正しく作成されていません。

対応 フォームに関係するタグを確認して修正します。特に、次のようなミスを
しやすいので慎重に確認しましょう。

・form の終了タグの書き忘れ
・form タグのつづりミス(例:form を from にするなど)
・action 属性の書き忘れ
・全角のスペースや全角のダブルクォーテーションの記述
・form の範囲(form タグの開始から終了まで)の外側に送信ボタンを配置

参照 5.1.4 項

⑦リクエストパラメータの値が文字化けする

症状 リクエストパラメータの値を取得するために HttpServletRequest の
getParameter() を使用すると、文字化けした文字列が返される。

原因 リクエストパラメータの文字コードが正しく指定されていません。

対応 getParameter() を 使 用 す る 前 に、HttpServletRequest の setCharacter

Encoding() でリクエストパラメータの文字コード（送信元ページの文字コード）を指定します。

参照 5.2.2、5.3.4 各項

⑧リクエストパラメータが取得できない

症状 リクエストパラメータの値を取得するために HttpServletRequest の getParameter() を使用すると、null が返される。

原因 getParameter() の引数で指定したリクエストパラメータが送信されていません。

対応 getParameter() の引数で指定した名前がフォームの部品の名前（name 属性の値）と完全に一致しているかを確認します。一致している場合、フォームの部品のタグが正しいかを確認します。

参照 5.1.3、5.2.2、5.3.4 各項

⑨リスナーが実行されない

症状 対応するイベントが起きてもリスナーが実行されない。

原因 リスナーがアプリケーションサーバに登録されていません。

対応 リスナーに @WebListener アノテーションを付与します。

参照 11.2.3 項

⑩フィルタが実行されない

症状 フィルタを設定したサーブレットクラスをリクエストしても、フィルタが実行されない。

原因 フィルタがアプリケーションサーバに登録されていません。

対応 フィルタに @WebFilter アノテーションを付与します。

参照 11.3.2 項

A.2.4　Eclipse のエディタで警告／エラーが表示される

付録A

①サーブレットクラスを新規作成すると、多数のエラーマークが表示される

症状 サーブレットクラスを作成すると、すぐにコンパイルエラーが発生し、import 文をはじめとして多数の赤い波線が表示される。

原因 Eclipse のプロジェクトに「サーバーランタイム」が正しく設定されていません。特に、新しく作成したサーブレットクラスの冒頭に、「import jakarta.servlet. 〜」のように「jakarta」の文字が含まれている場合、本書が前提としているバージョンとは異なる JavaEE を利用している可能性があります。

対応 動的 Web プロジェクトを作成し直します。

参照 Web 付録

❷ JavaBeans のクラスを作成すると警告が表示される

症状 JavaBeans のクラスを作成すると警告が表示され、「シリアライズ可能クラス XXX は long 型の static final serialVersionUID フィールドを宣言していません。」というメッセージが表示される（XXX はクラス名）。

原因 直列化可能なクラスでの宣言が推奨されている serialVersionUID フィールドが宣言されていません。

対応 警告を消すには、警告マークをクリックして「@SuppressWarnings 'serial' を 'XXX' に追加します」を選択します（XXX はクラス名）。または、作成したクラスに serialVersionUID フィールドを追加します。なお、このフィールドは警告マークをクリックして「デフォルト・シリアル・バージョン ID の追加」を選択すれば Eclipse が自動で追加します。

参照 7.1.3 項

❸ キャストを記述すると警告マークが表示される

症状 キャストを記述すると警告が表示され、「型の安全性：Object から XXX<YYYY> への未検査キャスト」と表示される（XXX と YYY は型名）。

原因 Object 型からジェネリクス（総称型）を利用した型へキャストしています。

対応 警告を消すには、警告マークをクリックして「@SuppressWarnings 'unchecked' を 'XXX' に追加します」を選択します（XXX は変数名またはメソッド名）。JSP ファイルの場合、警告マークをクリックしても修正の候補が表示されないため、次のようにコードの該当箇所に追加します。

```
@SuppressWarnings("unchecked")  ]— 追加
List<Mutter> mutterList =
    (List<Mutter>)application.getAttribute("mutterList");
```

参照 7.2.2 項

4 taglib ディレクティブにエラーのマークが表示される

症状 JSTL の Core タグライブラリを使用するため、taglib ディレクティブを記述するとコンパイルエラーとなり、「"http://java.sun.com/jsp/jstl/core"のタグ・ライブラリー記述子が見つかりません」と表示される。

原因 JSTL の JAR ファイルが正しく配置されていません。

対応 JSTL の JAR ファイルを WEB-INF/lib に配置します。それでも解決しない場合、taglib ディレクティブの記述が正しいかを確認します。

参照 12.3.2 項、Web 付録

A.2.5　例外が発生する

1 ServletException が発生する

症状 サーブレットクラスを実行すると ServletException が発生する。

原因 サーブレットクラスの実行中に問題が起きています。

対応 この例外が発生する原因は数多くあるため、「500 ページ」や Eclipse の「コンソールビュー」に表示される情報（メッセージやスタックトレースなど）を手がかりに原因を探して修正します。「500 ページ」の「原因」の項目に例外が表示されている場合、その例外が原因で ServletException が発生しているので、対処します。

参照 A.1.3 項

2 JasperException が発生する

症状 JSP ファイルを実行すると JasperException が発生する。

原因 JSP ファイルのコンパイルまたは実行中に問題が起きています。

対応 この例外が発生する原因は数多くあるため、「500 ページや」Eclipse の「コンソールビュー」に表示される情報（メッセージやスタックトレースなど）

付録
A

471

を手がかりに原因を探して修正します。「500ページ」の「原因」の項目に例外が表示されている場合、その例外が原因で JasperException が発生しているので、対処します。

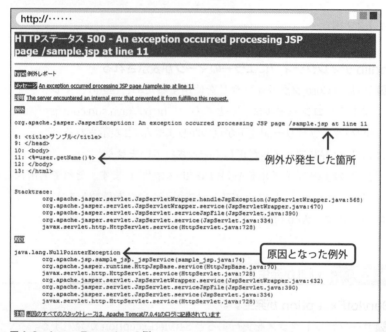

図 A-8　JasperException の例

図 A-8 では、sample.jsp の 11 行目で JasperException が発生し、原因の箇所に NullPointerException が表示されています。この場合、11 行目で NullPointerException（本項の**6**）が発生したと考えて対処します。

参照 A.1.3 項

3 JasperException（"jsp:param" 標準アクションが必要です）が発生する

症状 標準アクションタグを記述した JSP ファイルを実行すると、JasperException が発生して「"name" 属性 と "value" 属性を持つ "jsp:param" 標準アクションが必要です」というメッセージが表示される。

原因 記述した標準アクションタグが正しく閉じられていません。

対応 終了タグを追加するか、開始タグに「/」を追加してタグを閉じます。

参照 12.1.1 項

4 IllegalStateException（レスポンスをコミットした後でフォワードできません）が発生する

症状 フォワードすると、IllegalStateException が発生し「レスポンスをコミットした後でフォワードできません」というメッセージが表示される。

原因 レスポンスの実行後に、さらにレスポンスをしています。この例外は次のようなコードが原因で発生します。

```
if (条件式) {
  RequestDispatcher dispatcher = request.getRequestDispatcher(
      "a.jsp");
  dispatcher.forward(request, response);
}
RequestDispatcher dispatcher = request.getRequestDispatcher("b.jsp");
dispatcher.forward(request, response);
```

フォワードの仕様では、フォワード実行後はフォワード元の処理は行われないとされています。しかし、Apache Tomcat はフォワード後もフォワード元に戻って続きを実行します。そのため、if 文の条件式の結果が true の場合、a.jsp へフォワード後に b.jsp にもフォワードされてしまい、この例外が発生します。

対応 「500 ページ」や Eclipse の「コンソールビュー」に表示される情報（メッセージやスタックトレースなど）を手がかりに、この例外が発生した箇所を探して、レスポンスが 2 回実行されないように修正します。上のコードの場合は、次のように「return 文」を入れるとこの問題を回避できます。

```
if (条件式) {
  RequestDispatcher dispatcher = request.getRequestDispatcher(
      "a.jsp");
  dispatcher.forward(request, response);
  return; ]— 追加
```

付録
A

473

```
}
RequestDispatcher dispatcher = request.getRequestDispatcher("b.jsp");
dispatcher.forward(request, response);
```

🟧 ClassCastException が発生する

症状 スコープからインスタンスを取得すると、ClassCastException が発生する。

原因 インスタンスのキャスト（型変換）に失敗しています。たとえば、セッションスコープに model.User インスタンスが属性名「user」で設定されている場合、次のコードを実行すると発生します。

```
String user = (String)session.getAttribute("user");
```

対応 キャストで指定する型を次のいずれかにします。

・getAttribute() で取得するインスタンスと同じ型
・getAttribute() で取得するインスタンスのスーパークラスの型
・getAttribute() で取得するインスタンスのインタフェースの型

参照 7.2.2、8.1.2、9.1.3 各項

🟧 NullPointerException が発生する

症状 スコープから取得したインスタンスを利用すると、NullPointerException が発生する。

原因 null に対して、フィールドやメソッドの操作を行っています。たとえば、次のコードのように、セッションスコープに model.User インスタンスが属性名「user」で設定されているにも関わらず「User」で取り出そうとすると発生します。

```
User user = (User)session.getAttribute("User"); ── null が user に代入される
user.getName();
```

対応 getAttribute() の引数で指定する属性名は、setAttribute() の引数で指定した属性名と完全に一致させます。

参照 7.2.2、8.1.2、9.1.3 各項

７ UnsupportedEncodingException が発生する

症状 サーブレットクラスや JSP ファイルを実行すると、UnsupportedEncoding
　　 Exception が発生する。

原因 Java でサポートしていない文字コードを指定しています。多くの場合は、
　　 文字コードのつづりミスが原因です。

```
response.setContentType("text/html; charset=UFT-9");  ── 「UTF-8」の誤り
```

対応 Java でサポートしている文字コードに修正します。

８ NotSerializableException が発生する

症状 サーバの起動時や実行中に NotSerializableException が発生し、「永続記憶
　　 装置からセッションをロード中の例外です」と表示される。

原因 セッションスコープに保存したインスタンスの直列化に失敗しています。

対応 セッションスコープに保存するインスタンスは直列化可能にします。

参照 コラム「セッションスコープと直列化」(p.246)

９ ELException が発生する

症状 EL 式を含んだ JSP ファイルを実行すると、ELException が発生する。

原因 EL 式に関係した問題が発生しています。多くの場合は、次のような誤っ
　　 た EL 式の記述が原因です。

```
${user.name  ── }を忘れている
```

対応 メッセージを手がかりに、原因を探して問題を修正します。上のコードで
　　 は、次のメッセージが表示されます。

```
javax.el.ELException: Failed to parse the expression [${user.name]
```

参照 12.2.1 項

付録A

475

⑩ PropertyNotFoundException が発生する

症状 EL 式を含んだ JSP ファイルを実行すると、PropertyNotFoundException が発生する。

原因 EL 式で指定したインスタンスに必要なプロパティがありません。多くの場合は、getter の未定義が原因です。

${user.name} ⊐—【属性名 "user" のインスタンスに getName() がない】

対応 EL 式に指定したプロパティの名前が正しいかを確認します。正しい場合、EL 式で指定したインスタンスのクラスに getter を追加します。なお、エラーメッセージから追加が必要なクラスとプロパティ名を確認できます。上のコードでは、次のエラーメッセージが表示されます。

```
javax.el.PropertyNotFoundException: Property 'name' not found on type
model.User ⊐—【model.User クラスに getName() を定義する】
```

参照 12.2.1 項

⑪ ClassNotFoundException が発生する

症状 JDBC ドライバを利用したプログラムを実行すると、ClassNotFoundException が発生する。

原因 JDBC ドライバがクラスパスに追加されていません。

対応 src/main/webapp/WEB-INF/lib に JDBC ドライバが配置されているかを確認します。

参照 13.1.2 項、13.1.3 項

A.2.6　例外が発生する（JdbcSQLException）

「JdbcSQLException」は java.sql.SQLException を継承しています。このクラスは H2 Database の JDBC ドライバに含まれている例外クラスで、Java プログラムから H2 Database を利用中に問題が起こると発生します。

　本項で解説するトラブルシューティングは、H2 Database の使用を前提として

います。

❶ JdbcSQLException が発生する

症状 データベースを利用すると、JdbcSQLException が発生する。

原因 H2 Database の利用方法に誤りがあります。

対応 メッセージを手がかりに、原因を探して修正します。代表的なメッセージには、以下のものがあります。

- データベースが使用中です（本項❷）
- ユーザー名またはパスワードが不正です（本項❸）
- パラメータ "#x" がセットされていません（本項❹）
- プリペアドステートメントにこのメソッドは許されていません（本項❺）
- SQL ステートメントに文法エラーがあります（本項❻）
- テーブル "XXX" が見つかりません（本項❼）
- 列 "XXX" が見つかりません（本項❽、❾）
- データ変換中にエラーが発生しました（本項❿）

❷ JdbcSQLException（データベースが使用中）が発生する

症状 データベースに接続するために DriverManager の getConnection() を使用すると、JdbcSQLException が発生し、「データベースが使用中です」というメッセージが表示される。

原因 H2 Database が同時接続を許可しない「組み込み（Embedded）モード」の状態で稼働しており、ほかの Java プログラムやアプリケーションがすでにデータベースに接続しています。

対応 H2 コンソールで、H2 Database に接続している Java プログラムやアプリケーションを以下の手順で切断し、サーバーモードで起動し直します。

① 「設定」をクリックして「H2 コンソール設定」を開く（図 A-9 左①）。

② 「アクティブセッション」項目の「シャットダウン」をクリックする（図 A-9 右②）。

付録A

477

図 A-9 「H2 コンソール」でのアクティブセッションの切断

❸ JdbcSQLException（ユーザー名またはパスワードが不正）が発生する

症状 データベースに接続するために DriverManager の getConnection() を使用
すると、JdbcSQLException が発生し、「ユーザー名またはパスワードが不
正です」というメッセージが表示される。

原因 データベースに登録されていないユーザー名またはパスワードで接続しよ
うとしています。

対応 DriverManager の getConnection() に指定しているユーザー名とパスワー
ドを修正します。

```
Connection conn =
    DriverManager.getConnection(JDBC URL, ユーザ名, パスワード);
                                          └─── この部分を修正する
```

使用するユーザー名とパスワードはデータベースによって異なります。本
書では、H2 Database に初期ユーザーとして登録されているユーザー「sa」
（パスワードは設定がないため空文字「""」を指定）を使用しています。

参照 13.1.3 項

❹ JdbcSQLException（パラメータがセットされていません）が発生する

症状 SQL 文を実行するために PreparedStatement の executeQuery() または

executeUpdate() を使用すると、JdbcSQLException が発生し、「パラメー
タ "#x" がセットされていません」というメッセージが表示される。

原因 SQL 文中のパラメータ「?」の値を設定せずに、SQL 文を実行しています。

対応 PreparedStatement の setXxx() を追加して、値が設定されていないパラメー
タに値を設定します。値が設定されていないパラメータは、メッセージ中
の「"#x"」で確認できます。たとえば、メッセージが「パラメータ "#2" がセッ
トされていません」の場合、次のように 2 つ目のパラメータに値が設定さ
れていません。

```
String sql = "INSERT INTO MUTTERS(name, text) VALUES(?, ?)";
PreparedStatement pStmt = conn.prepareStatement(sql);
pStmt.setString(1, "湊 雄輔")  ──1つ目のパラメータのみ設定している
int result = pStmt.executeUpdate();
```

5 JdbcSQLException（このメソッドは許されていません）が発生する

症状 SQL 文を実行するために PreparedStatement の executeQuery() または
executeUpdate() を使用すると、JdbcSQLException が発生し、「プリペア
ドステートメントにこのメソッドは許されていません」と表示される。

原因 PreparedStatement の executeQuery() または executeUpdate() の引数に
SQL 文を指定しています。

対応 PreparedStatement の executeQuery() または executeUpdate() の引数を削
除します。

6 JdbcSQLException（SQL ステートメントに文法エラー）が発生する

症状 SQL 文を実行するために PreparedStatement の executeQuery() または
executeUpdate() を使用すると、JdbcSQLException が発生し、「SQL ステー
トメントに文法エラーがあります」というメッセージが表示される。

原因 PreparedStatement の executeQuery() または executeUpdate() で実行した
SQL 文に文法エラーがあります。

対応 メッセージを参照して、SQL 文を修正します。H2 Database の場合、次の
ように誤りと判断された箇所に [*] が表示されます。

付録A

```
org.h2.jdbc.JdbcSQLException: SQLステートメントに文法エラーがあります
"SELECT NAME, TEXT FORM[*] MUTTER ORDER BY ID DESC "
```
「FROM」のつづりミス

▇ JdbcSQLException（テーブル"XXX"が見つかりません）が発生する

症状 SQL 文を実行するために PreparedStatement の executeQuery() または executeUpdate() を使用すると、JdbcSQLException が発生し、「テーブル "XXX" が見つかりません」と表示される（「XXX」はテーブル名）。

原因 接続先のデータベースが間違っているか、データベースにないテーブルを SQL 文で指定しています。

対応 まず、DriverManager の getConnection() で指定する接続先データベースの指定（JDBC URL）が正しいかを確認します（図 A-10）。指定すべき JDBC URL は「H2 コンソール」の画面で調べます。

図 A-10　JDBC URL

接続するデータベースに誤りがない場合、SQL 文で指定したテーブル名に誤りがないかを確認します。

参照 13.1.3 項

❽ JdbcSQLException（列 "XXX" が見つかりません）が発生する（その 1）

症状 SQL 文を実行するために PreparedStatement の executeQuery() または executeUpdate() を使用すると、JdbcSQLException が発生し、「列 "XXX" が見つかりません」というメッセージが表示される（「XXX」は列名）。

原因 テーブルに存在しない列を SQL 文で指定しています。

対応 SQL 文で指定した列名に誤りがないかを確認します。

❾ JdbcSQLException（列 "XXX" が見つかりません）が発生する（その 2）

症状 SELECT 文の結果を取得するために ResultSet の getXxx メソッド（getString() や getInt() など）を使用すると、JdbcSQLException が発生し、「列 "XXX" が見つかりません」というメッセージが表示される（「XXX」は列名）。

原因 結果表にない列を取得しようとしています。

対応 ResultSet の getXxx メソッドの引数で指定している列名に誤りがないかを確認します。

❿ JdbcSQLException（データ変換中のエラー）が発生する

症状 SELECT 文の結果を取得するために ResultSet の getXxx メソッド（getString() や getInt() など）を使用すると、JdbcSQLException が発生し、「データ変換中にエラーが発生しました」というメッセージが表示される。

原因 ResultSet の getXxx メソッドが、取得する列の型に対応していません。

対応 取得する列の型に対応する getXxx メソッドを呼び出すよう修正します。たとえば、取得する列の型が文字列型（VARCHAR、CHAR、TEXT など）の場合は getString()、整数型（SMALLINT、INT など）の場合は getInt() を使用します。

付録
A

付録 B

補足

この付録では本編の補足的な内容を紹介します。ひととおり学習を済ませた後に目を通して、理解を深めるために役立ててください。

B.1 Java EE の基礎知識

B.1.1 Java EE と入手方法

　Java の学習にあたっては、一般的に Java SE（Standard Edition）を利用します。Java SE は、PC 上で動くアプリケーションの作成に必要な機能を備えています。

　しかし、本書で学習するサーブレットや JSP による Web アプリケーションを作成するには、Java SE に加えて **Java EE（Enterprise Edition）**が必要です。Java EE とは、企業の基幹システムのような大規模システムを開発するための機能を JavaSE とセットにしたもので、サーブレットと JSP は Java EE に含まれる機能の 1 つです。

図 B-1　Java EE と Java SE

　Java EE の機能はアプリケーションサーバが提供しています。たとえば、本書で使用する Apache Tomcat をインストールすると、Java EE の機能も利用できます。また、Java SE は Eclipse に含まれていますから、第 2 章の 2.4 節で紹介したように、**Pleiades をインストールすれば Java SE と Java EE を準備できます。**

B.1.2　Java EE の仕様と実装

前項で、アプリケーションサーバが JavaEE の機能を提供していると紹介しました。厳密には、Java EE は仕様（規格）の集まりであり、アプリケーションサーバがそれを実現（実装）しているという図式です。そのため、アプリケーションサーバをインストールすることで Java EE の機能が利用可能になるのです。

本書で使用している Apache Tomcat は、Java EE のすべての仕様を実装していません。そのため、**Apache Tomcat では Java EE の全機能を利用できるわけではありません**。たとえば、JSTL は Java EE の仕様の一部ですが、Apache Tomcat は実装していないため、実装を追加しないと利用できません。

Java EE のすべての仕様を実現しているアプリケーションサーバを、特に「Java EE アプリケーションサーバ」と呼び、GlassFish（オラクル社）、WebSphere Application Server（IBM 社）などが有名です。

Java EE から Jakarta EE へ

Java EE の仕様はオラクル社が取りまとめていましたが、2018 年 2 月に Eclipse 財団に移管され、名称が Java EE から Jakarta EE に変更されました。2019 年 9 月にリリースされた Jakarta EE8 は、名称以外の大きな変更はありませんでした。しかし、2020 年 11 月にリリースされた Jakarta EE9 では、サーブレット関連クラスのパッケージ名が「javax.servlet」から「jakarta.servlet」に変わるなど、それまでの Java EE や Jakarta EE8 との互換性が失われました。2022 年 9 月には、Jakarta EE としてはじめてのメジャーバージョンアップである Jakarta EE10 がリリースされ、Jakarta 独自の新機能が提供されました。今後はその動向をチェックしていく必要があるでしょう。

最新の Jakarta EE は長年使われてきた Java EE と互換性がなく、Pleiades に標準で搭載されている Tomcat9 は Jakarta EE9 以降に非対応のため、本書では Java EE に準拠した開発手法を解説しています。Jakarta EE 対応での開発手順は、Web 付録を参照してください。

B.1.3　サーブレットと JSP のバージョン

　サーブレットと JSP にはバージョンがあります。バージョンが異なれば、使用できる機能や構文も異なります。たとえば、**フィルタはサーブレット 2.3 以降、リスナーはサーブレット 2.4 以降、EL 式は JSP 2.0 以降で利用できます。**

　使用するバージョンは、アプリケーションサーバによって決まります（表B-1）。たとえば、Apache Tomcat の 9.x では、サーブレットのバージョンは 4.0、JSPのバージョンは 2.3 です。なお、Apache Tomcat 9.x の利用には、Java SE のバージョンが 8 以上である必要があります。

表 B-1　Apache Tomcat のバージョンに対応するサーブレット／ JSP のバージョン

Apache Tomcat のバージョン	サーブレットのバージョン	JSP のバージョン	サポートしている Java SE のバージョン
10.1.x	6.0	3.1	11 以上
10.0.x	5.0	3.0	8 以上
9.0.x	4.0		
8.5.x	3.1	2.3	7 以上
8.0.x			
7.0.x	3.0	2.2	6 以上
6.0.x	2.5	2.1	5 以上
5.5.x	2.4	2.0	1.4 以上
4.1.x	2.3	1.2	1.3 以上
3.3.x	2.1	1.1	1.1 以上

　学習目的の環境では最新バージョンのアプリケーションサーバを使用できますが、開発現場では常に最新バージョンを使うとは限りません。むしろ、稼働安定性などの理由から少し古いバージョンを使用する場合も多いようです。**業務としての開発に参加する場合は、サーブレットや JSP のバージョンを必ず確認しましょう。**

B.2 Web アプリケーションとデプロイ

B.2.1 ディレクトリ構成の違い

　アプリケーションサーバは、Java EE の仕様が定めるディレクトリ構成に従ってファイルを配置した Web アプリケーションのみを稼働できます（図 B-2）。

図 B-2　Java EE 仕様が定める Web アプリケーションのディレクトリ構成

　Web アプリケーションの最上位のディレクトリを**コンテキストルート**と呼びます。このコンテキストルート以下に、Web アプリケーションに関する次のファイル群を決められた構成で配置します。

・web.xml

Web アプリケーションの設定ファイルです。WEB-INF 直下に配置します。本書では使用していません。

・Java のクラスファイル

サーブレットクラスや通常のクラスをコンパイルして得られるクラスファイル（拡張子が「.class」のファイル）は、WEB-INF/classes に配置します。

・JAR ファイル

JSTL のタグライブラリなどで利用する JAR ファイルは、WEB-INF/lib に配置します（JAR ファイルについては B.2.3 項で解説）。なお、クラスパスは自動的に通ります。

・HTML ファイル／画像ファイル／ JSP ファイルなど

これらのファイルはコンテキストルート以下ならどこに配置してもかまいません。ただし、WEB-INF 以下に配置すると、ブラウザからはリクエストできなくなります。

あれ？　今まで作ってきた動的 Web プロジェクトとは、クラスファイルの場所が違うような……？

「動的 Web プロジェクト＝ Web アプリケーション」とざっくりと紹介したけれど（p.66）、厳密には違うんだ。

　Java EE の仕様で定められたディレクトリ構成は、動的 Web プロジェクトのものとは異なるため、動的 Web プロジェクトのままではアプリケーションサーバ上で実行できません。

　そこで Eclipse では、サーバ起動などのタイミングで、**動的 Web プロジェクトから Java EE の仕様に従ったディレクトリ構成を別に作り**、それを実行しています（次ページの図 B-3）。

図 B-3　動的 Web プロジェクトと Web アプリケーションのディレクトリ構成

デプロイと WAR ファイル

　Web アプリケーションをアプリケーションサーバに登録して利用できるように
することを**デプロイ（配備）**といいます。ざっくりいえば、アプリケーションサー
バに Web アプリケーションをインストールする作業です。

　デプロイする Web アプリケーションは、図 B-2 のディレクトリ構成のままで
もかまいませんが、一般的には単一の **WAR（Web Application Resources）ファ
イル**にまとめます。このファイルは JDK が標準で提供する jar コマンドで作成で
きます。たとえば、C:¥work にある Web アプリケーション「example」を WAR ファ
イルにする場合、コマンドプロンプトなどで次のように実行します。

```
C:¥work¥example>jar cvf example.war *
```

また、Eclipse では、次の手順で動的 Web プロジェクトから WAR ファイルを作成できます。

①動的 Web プロジェクトを選択→右クリック→「エクスポート」を選択する。
②開いた画面で「Web」→「WAR ファイル」を選択する（図 B-4）。

図 B-4　WAR ファイルの出力形式を選択

③開いた画面で、宛先の「参照」ボタンを押し、WAR ファイルの出力先を指定して、「完了」ボタンを押す（図 B-5）。

図 B-5　WAR ファイルの出力先を指定

　WAR ファイルをデプロイする方法はアプリケーションサーバによって違いますが、一般的には次に挙げる 2 つの方法のどちらかで行います。

・Web アプリケーション管理ツール

　アプリケーションサーバに付属している Web アプリケーションの管理ツールを利用する方法です。たとえば、Apache Tomcat には「Tomcat Web アプリケーションマネージャ」が付属しており、デプロイやデプロイの解除をブラウザ上で操作できます（図 B-6）。

　ツールの機能や使い方は製品によって異なるので、マニュアルを参照してください。

図 B-6　Tomcat Web アプリケーションマネージャ

・ホットデプロイ機能

アプリケーションサーバが定める特定のディレクトリに WAR ファイルを配置するだけで、自動的にデプロイされる機能を利用する方法です。WAR ファイルを配置するディレクトリは製品により異なりますが、Apache Tomcat では <Apache Tomcat ディレクトリ >¥webapps が初期設定されています。

B.2.3 JAR ファイルと JDBC ドライバによる注意点

JAR ファイルとは、クラスやインタフェースをまとめて格納したファイルです。JAR ファイルをクラスパスに追加すると、JAR ファイルに格納されているクラスやインタフェースを利用できます。

Eclipse では、JAR ファイルをプロジェクトの「ビルドパス」に追加すれば、そのプロジェクトで JAR ファイルの内容を利用できます。動的 Web プロジェクトの場合、**WEB-INF/lib 以下に JAR ファイルを配置すると自動的にプロジェクトのビルドパスに追加されます**（B.2.1 項）。

ただし、JDBC ドライバ（p.383）の配置には配慮が必要です。JDBC ドライバも JAR ファイルなので、WEB-INF/lib に配置すれば利用可能です。しかし、このディレクトリに JDBC ドライバを配置すると、クラスローダーリークと呼ばれるメモリリークが発生し、サーバが停止してしまう可能性があります。学習目的の環境では大きな影響はありませんが、本番環境でこれを防ぐには、**JDBC ドライバを <Apache Tomcat ディレクトリ >/lib に配置します**（このディレクトリに配置された JAR ファイルはすべての動的 Web プロジェクトで使用できるため、配置は一度だけで済みます）。

もし、どうしても本書のように WEB-INF/lib に JDBC ドライバを配置したい場合は、Web アプリケーション終了時に、DriverManager のリストから JDBC ドライバの登録を解除する処理を実装しましょう（本書の範囲を超えるため実例は割愛します）。なお、Tomcat6.0.24 以降では、Apache に搭載されたメモリリーク防止機能がこの処理を自動的に行ってくれます。

B.3　リクエスト先の指定

B.3.1　3種類の指定方法

第1章で紹介したリンク、第5章で紹介したフォーム、第6章で紹介したリダイレクトでは、次のようにリクエスト先の URL を指定する必要があります。

・リンク先の指定

```
<a href="リクエスト先">…</a>
```

・フォーム送信先の指定

```
<form action="リクエスト先">…</form>
```

・リダイレクト先の指定

```
response.sendRedirect("リクエスト先");
```

この「リクエスト先 URL」を記述するには、次の3つの方法があります。

①絶対 URL
②相対 URL（本書で主に採用している方法）
③ルート相対 URL

本書では主に②の方法で指定していますが、それぞれ一長一短があるので、どの方法でもリクエスト先を指定できるようにするとよいでしょう。

B.3.2 絶対 URL による指定方法

「http:// ～」から始まる**完全な URL でリクエスト先を指定する**方法です。ブラウザでサーブレットクラスや JSP ファイルをリクエストするときに、アドレスバーに指定する URL をそのまま記述します。

絶対 URL の書式

http://<サーバ>/<アプリケーション名>/<パス>

※<パス>の記述はリクエスト先によって異なる。

  ・サーブレットクラスの場合　　　：URL パターン

  ・JSP ／ HTML ファイルの場合　：webapp からのパス

・絶対 URL による指定の例

```
<a href= "http://localhost:8080/exmaple/SampleServlet">リンク</a>
```

ほかの方法に比べて記述が長くなりますが、リクエスト先のサーバを指定できるので、**リクエスト元と異なるサーバに対してリクエストできます**。

B.3.3 相対 URL による指定方法

リクエスト元の URL を基準にしてリクエスト先を指定する方法です。

相対 URL の書式

<リクエスト元のURLを基準にしたパス>

次ページの図 B-7 は、リクエスト元を「http://localhost:8080/example/index.jsp」とした場合に、書き方の違いによるリクエスト先の変化を表しています。

図 B-7　相対 URL による指定の例

　なお、JSP ファイルがサーブレットクラスからフォワードされている場合、サーブレットクラスの URL が基準になるので注意しましょう（図 B-8）。

■サーブレットクラスのURLが「http://localhost:8080/example/Servlet1」の場合

■サーブレットクラスのURLが「http://localhost:8080/example/hoge/Servlet1」の場合

図 B-8　フォワードによる相対 URL への影響

　絶対 URL による指定に比べて記述は短くなりますが、**リクエスト元と異なるサーバに対してリクエストはできません**。また、リクエスト元 URL の変更に伴い、リクエスト先の修正が必要になる場合があります。

B.3.4 ルート相対 URL による指定方法

リクエスト元のサーバを基準にしてリクエスト先を指定する方法です。

ルート相対 URL の書式

/<アプリケーション名>/<パス>

※先頭は「/」から始める。

※<パス>の記述はリクエスト先によって異なる。

・サーブレットクラスの場合　　　：URL パターン

・JSP／HTML ファイルの場合　：webapp からのパス

先頭の「/」はリクエスト元と同じサーバであることを示しています。そのため、**リクエスト元と異なるサーバに対してリクエストはできません**。また、相対 URL による指定に比べて記述は長くなるケースがほとんどですが、相対 URL のようにリクエスト元の URL が変わっても修正は不要です。

ただし、ルート相対 URL にはアプリケーション名が含まれるので、アプリケーションの名前が変更されると修正が必要となります。この修正の手間を省くには、次のように、「/アプリケーション名」を返す HttpServletRequest の getContextPath メソッドを使用するとよいでしょう。リクエスト元のアプリケーション名が「example」ならば、「/example/Servlet1」を指定したのと同じ結果になります。

```
<a href="<%= request.getContextPath() %>/Servlet1">リンク</a>
```

同様に、EL 式の暗黙オブジェクトである pageContext を使用しても同じ結果を得られます。

```
<a href="${pageContext.request.contextPath}/Servlet1">リンク</a>
```

B.4　SQL の基礎知識

B.4.1　テーブルを作成する

データベースにテーブルを作成するには、CREATE TABLE 文を使用します。

CREATE TABLE 文（テーブルを作成）

※「型」で、列に格納できる値の種類（整数、文字列、日付など）を指定する。

※「制約」を指定すると、格納する値を制限できる。

　たとえば、ID・NAME・AGE の 3 つの列を持つ EMPLOYEES テーブル（図 13-3、p.381）を作成する CREATE TABLE 文は、次のようになります。

```
CREATE TABLE EMPLOYEES (
  ID   CHAR(6) PRIMARY KEY,
  NAME VARCHAR(100) NOT NULL,
  AGE  INT NOT NULL
);
```

型と制約によって、このテーブルの各列に格納できる値は次のとおりです。

- ・ID 列 : 常に 6 桁の文字列。ほかのレコードと重複する値や NULL（空）は不可。
- ・NAME 列：最大 100 桁の文字列。NULL は不可。
- ・AGE 列 : 整数。NULL は不可。

ID 列の値には重複が許されないので、この列の値を指定すると、あるレコードを完全に特定できます。このような列のことを**主キー**といいます。一般的には、データを効率よく検索するために、**テーブルには主キーとなる列を持たせます**。

B.4.2 データを追加する

テーブルにデータ（レコード）を追加するには、INSERT 文を使用します。

INSERT 文（データを追加）

```
INSERT INTO                        ┤━━━━━━━  追加しなさい
   テーブル名（列名1, 列名2, …）     ┤━━  このテーブルのこの列に
VALUES
   ( 列名1の値, 列名2の値, …);      ┤━  この値を
```

※値が文字列の場合はシングルクォーテーションで囲む。

たとえば、EMPLOYEES テーブルにデータを追加する INSERT 文を示します。

```
INSERT INTO EMPLOYEES (ID, NAME, AGE)
          VALUES ('EMP001', '湊 雄輔', 23);
INSERT INTO EMPLOYEES (ID, NAME, AGE)
          VALUES ('EMP002', '綾部 めぐみ', 22);
```

B.4.3 データを検索する

テーブルのデータを検索するには、SELECT 文を使用します。

 SELECT 文（データを検索）

```
SELECT          ]━━ 取得しなさい
列名1,列名2, …   ]━━ この列の値を
FROM テーブル名;  ]━━ このテーブルから
```

※列名に「*」（アスタリスク）指定すると、すべての列の値を取得する。

たとえば、EMPLOYEES テーブルの全データを検索する SELECT 文（図 13-4、p.382）は、次のようになります。

```
SELECT ID, NAME, AGE FROM EMPLOYEES;
```

B.5 セキュリティリスクへの対応

　本書では、Web アプリケーション開発への第一歩に焦点を当てているため、セキュリティに関連する話題をほとんど取り上げていません。しかし、現代では、Web アプリケーションを作成するにあたってセキュリティの知識は欠かせません。そこで本節では、代表的なサイバー攻撃とその対策の概要を入門者向けに紹介します。

B.5.1　SQL インジェクション

　Web ページの検索ボックスや入力フォームに、データベースを不正に操作する命令を入力される攻撃です。SQL 文の組み立て処理に問題がある場合、データの改ざんや漏えいなどの被害が予想されます。

　これを防ぐには、入力値をエスケープする効果や、SQL としての構文解釈から分離する効果のある java.sql パッケージの PreparedStatement を利用して SQL 文の組み立てを実装するのが一般的です（13.1.2 項）。

B.5.2　クロスサイトスクリプティング（XSS）

　もともとは、利用者が入力した内容をそのまま表示する掲示板のような Web サイトで、「攻撃者が用意した別の Web サイトの横断的利用（クロスサイト）により悪意ある処理をするコード（スクリプト）」を画面のフォームなどに入力し、閲覧者にそのスクリプトを実行させる攻撃を指していました。

　現在では、別の Web サイトを利用していなくても、悪意のあるスクリプトを標的サイトの利用者に実行させる攻撃手法を XSS と呼んでいます。

　これを防ぐには、外部から入力された値を画面に表示する際、含まれる「<」「>」などの HTML として特別な意味を持つ記号を <c:out> タグなどでエスケープして無害化します（12.3.3 項）。なお、エスケープなどによるスクリプトの無害化を**サニタイジング**といいます。

B.5.3　強制的ブラウジング

Web ページに準備されたリンクをたどらずに、アドレスバーなどに直接 URL を入力して、対外的に秘匿している URL や、権限または状態（未決済や未購入状態など）によっては本来アクセスしてはならない URL に強制的にアクセスされる攻撃です。

対策として、ログイン状態やアカウント権限などをチェックするフィルタをサーブレットクラスに設定する（11.3.1 項）ほか、同様の機能を提供するフレームワークやライブラリを利用するのも一般的です。

B.5.4　パラメータ改ざん

不正なリクエストパラメータを送信される攻撃です。たとえば、画面上のラジオボタンでは数値しか選択できないにも関わらず、特殊なツールを使い想定外の文字列などの値をサーバに送りつけます。

これを防ぐには、入力値チェックなどで受け取るデータの正当性を検査します。また、正当性検査を支援するしくみを持つフレームワークを活用する場合もあります。

B.5.5　クロスサイトリクエストフォージェリ（CSRF）

ログイン機能のある Web サイトにおいて、ログアウトしていないユーザーに偽のリンクをクリックさせ、標的の Web サイト上で何らかの処理を実行させる攻撃です。

たとえば、標的サイトにログインしているユーザーであれば、自身の設定を変更できるボタンがあるとします。そのボタンでアクセスされる URL は、強制的ブラウジング（B.5.3 項）に対策しており、ログインしていない第三者がアクセスしても実行されません。しかし、標的サイトのユーザーがログイン状態を維持したまま、何らかの方法で偽サイトに誘導され、そこに設置された設定変更の URL を宛先とするクリックすると、「ログイン状態のユーザーによる設定変更のリクエスト」が標的サイトに送信され、ユーザーの意図しない設定変更が実行されてしまいます。

これを防ぐには、明示的なログアウトの推奨、強制ログアウト時間の短縮といった運用による対策のほか、トークンと呼ばれるランダムな情報の発行と照合を行う機能の導入が効果的です。また、トークンの発行と照合を支援するフレームワークを活用する場合もあります。

B.5.6　オープンリダイレクト

ユーザーからの入力内容に応じてリダイレクト先を変更する Web アプリケーションにおいて、利用者を悪意あるサイトへ誘導する攻撃です。誘導先のサイトで ID やパスワードなどの重要な情報を入力してしまう危険性があるだけでなく、別のサイバー攻撃の原因となる可能性もあります。

これを防ぐには、リダイレクト先として許可する範囲を制限します。

B.5.7　通信の盗聴／改ざん

サーバとブラウザ間の通信を第三者に読み取られたり、書き換えられたりする攻撃です。これを防ぐには、**SSL**（Secure Socket Layer）によって通信の内容を暗号化します（5.1.6 項）。SSL 証明書の購入が必要ですが、近年では非営利団体による無償の証明書発行サービスも提供されています。

INDEX

■著者
国本大悟（くにもと・だいご）

文学部・史学科卒。大学では漢文を読みつつ、IT系技術を独学で習得。一般企業でシステム開発やネットワーク・サーバ構築等に携わった後、フリーランスとして独立する。システムの提案、設計から開発に携わる一方、プログラミングやネットワーク構築等のIT研修に力を入れており、大規模SIerやインフラ系企業での登壇実績多数。

■監修・執筆協力
中山清喬（なかやま・きよたか）

株式会社フレアリンク代表取締役。IBM内の先進技術部隊に所属しシステム構築現場を数多く支援した経験から、退職後も研究開発・技術適用支援・教育研修・執筆講演・コンサルティング等を通じて「技術を味方につける経営」を支援。現役プログラマ。講義スタイルは「ふんわりスパルタ」。

飯田理恵子（いいだ・りえこ）

経営学部 情報管理学科卒。大手金融グループの基幹系システムの開発と保守にSEとして携わる。現在は株式会社フレアリンクにて、ソフトウェア開発、コンテンツ制作、経営企画などを通して技術の伝達を支援中。

■イラスト
高田ゲンキ（たかた・げんき）

神奈川県出身／1976年生。東海大学文学部卒業後、デザイナー職を経て、2004年よりフリーランス・イラストレーターとして活動。書籍・雑誌・web・広告等で活動中。
ホームページ　http://www.genki119.com

STAFF
編集　　　斎藤治生（サイトウ企画）
　　　　　片元 諭
編集協力　茂田徹郎（サイトウ企画）
　　　　　小田麻矢
イラスト　高田ゲンキ
DTP制作　SeaGrape
カバーデザイン　阿部 修（G-Co.Inc.）
カバー制作　高橋結花・鈴木 薫
編集長　　玉巻秀雄

「スッキリわかる」シリーズ

スッキリわかる Java入門 第3版

定価：本体 ¥2,600＋税
著者：中山清喬／国本大悟
監修：株式会社フレアリンク

豊富な図解で、初心者には理解しづらいオブジェクト指向を「ごまかさず、きちんと、分かりやすく」解説しました。本書読者専用のクラウドJava環境も用意。

スッキリわかる Java入門 実践編 第3版

定価：本体 3,000円＋税
著者：中山清喬
監修：株式会社フレアリンク

脱・入門者を図ってJavaのプロフェッショナルを目指すための定番書。Java17対応。現場に必要な情報を細かく更新し、GitやMavenなど、最新のツールや手法も取り込んで大幅改訂。

スッキリわかる SQL入門 第3版 ドリル256問付き！

定価：本体 2,800円＋税
著者：中山清喬／飯田理恵子
監修：株式会社フレアリンク

やさしく、楽しくデータベースとSQLに関する実践的な知識が学べる入門書です。手軽に取りくめるクラウド環境『dokoQL』で現場で使える力が身に付きます。

スッキリわかる サーブレット ＆JSP入門 第2版

定価：本体 2,800円＋税
著者：国本大悟
監修：株式会社フレアリンク

本書はHTMLやHTTPといった各種仕様、セッションやスコープといった概念を、しくみやコツ、落とし穴も含めて初学習でも一歩ずつ確実に学べる一冊です。

スッキリわかる C言語入門 第2版

定価：本体 2,700円＋税
著者：中山清喬
監修：株式会社フレアリンク

「なぜ？」「どうして？」にしっかりと答えながら解説を進めていく構成によって、「ポインタ」や「文字列操作」など、つまずきやすい部分もグングン身に付きます。Web学習環境「dokoC」で初学者も安心。

スッキリわかる Python入門

定価：本体 2,400円＋税
著者：国本大悟／須藤秋良
監修：株式会社フレアリンク

本書は、プログラミングの基礎を丹念に解きほぐし、楽しいストーリーとともに、つまずくことなく最後まで読み通せる入門書です。シリーズで好評「エラー解決・虎の巻」も収録！

FE このマークがある書籍は「基本情報処理技術者試験」（略号：FE）の午後問題対策に有効です。

本書のご感想をぜひお寄せください

https://book.impress.co.jp/books/1122101114

読者登録サービス
CLUB impress

アンケート回答者の中から、抽選で図書カード（1,000円分）などを毎月プレゼント。
当選者の発表は賞品の発送をもって代えさせていただきます。
※プレゼントの賞品は変更になる場合があります。

■商品に関する問い合わせ先

このたびは弊社商品をご購入いただきありがとうございます。本書の内容などに関するお問い合わせは、下記のURLまたは二次元バーコードにある問い合わせフォームからお送りください。

https://book.impress.co.jp/info/

上記フォームがご利用いただけない場合のメールでの問い合わせ先
info@impress.co.jp

※お問い合わせの際は、書名、ISBN、お名前、お電話番号、メールアドレス に加えて、「該当するページ」と「具体的なご質問内容」「お使いの動作環境」を必ずご明記ください。なお、本書の範囲を超えるご質問にはお答えできないのでご了承ください。

●電話やFAX でのご質問には対応しておりません。また、封書でのお問い合わせは回答までに日数をいただく場合があります。あらかじめご了承ください。
●インプレスブックスの本書情報ページ https://book.impress.co.jp/books/1122101114 では、本書のサポート情報や正誤表・訂正情報などを提供しています。あわせてご確認ください。
●本書の奥付に記載されている初版発行日から5年が経過した場合、もしくは本書で紹介している製品やサービスについて提供会社によるサポートが終了した場合はご質問にお答えできない場合があります。

■落丁・乱丁本などの問い合わせ先
FAX 03-6837-5023
service@impress.co.jp
※古書店で購入された商品はお取り替えできません。

スッキリわかるサーブレット&JSP入門 第3版

2023年 2月11日　初版発行

著　者　国本大悟
監　修　株式会社フレアリンク
発行人　小川 亨
編集人　高橋隆志
発行所　株式会社インプレス
　　　　〒101-0051　東京都千代田区神田神保町一丁目105番地
　　　　ホームページ　https://book.impress.co.jp/

印刷所　日経印刷株式会社

ISBN978-4-295-01596-3 C3055

Printed in Japan